国家出版基金项目
NATIONAL PUBLICATION FOUNDATION

"十二五"国家重点出版规划项目
雷达与探测前沿技术丛书

现代气象雷达

Modern Weather Radar

周树道　贺宏兵　等著

国防工业出版社

·北京·

内 容 简 介

本书融合了气象雷达与雷达气象的相关知识点,主要介绍雷达探测气象目标的基本原理,气象领域常用气象雷达的基本组成、工作原理、资料分析与应用等。本书共8章,第1章主要介绍气象雷达的概念、分类、组成和工作原理;第2章主要介绍气象目标与电磁波的相互作用机理;第3章至第7章主要介绍常用气象雷达,例如常规天气雷达、多普勒天气雷达、双偏振全相参多普勒天气雷达、高空气象探测雷达、风廓线雷达的功能、特点;第8章主要介绍新技术在气象雷达中的应用。

本书可作为高等院校气象专业和雷达专业的教材,也可作为气象、航空、环境等学科的教学参考书,或相关部门科研业务人员的参考书。

图书在版编目(CIP)数据

现代气象雷达 / 周树道等著. —北京 : 国防工业出版社,2017.12

(雷达与探测前沿技术丛书)

ISBN 978 - 7 - 118 - 11491 - 1

Ⅰ. ①现… Ⅱ. ①周… Ⅲ. ①气象雷达 - 研究 Ⅳ. ①TN959.4

中国版本图书馆 CIP 数据核字(2018)第 007684 号

※

国防工业出版社出版发行

(北京市海淀区紫竹院南路 23 号 邮政编码 100048)

天津嘉恒印务有限公司印刷

新华书店经售

*

开本 710 × 1000 1/16 印张 19¾ 字数 352 千字

2017 年 12 月第 1 版第 1 次印刷 印数 1—3000 册 定价 92.00 元

(本书如有印装错误,我社负责调换)

国防书店:(010)88540777 发行邮购:(010)88540776

发行传真:(010)88540755 发行业务:(010)88540717

总　序

　　雷达在第二次世界大战中初露头角。战后,美国麻省理工学院辐射实验室集合各方面的专家,总结战争期间的经验,于1950年前后出版了一套雷达丛书,共28个分册,对雷达技术做了全面总结,几乎成为当时雷达设计者的必备读物。我国的雷达研制也从那时开始,经过几十年的发展,到21世纪初,我国雷达技术在很多方面已进入国际先进行列。为总结这一时期的经验,中国电子科技集团公司曾经组织老一代专家撰著了"雷达技术丛书",全面总结他们的工作经验,给雷达领域的工程技术人员留下了宝贵的知识财富。

　　电子技术的迅猛发展,促使雷达在内涵、技术和形态上快速更新,应用不断扩展。为了探索雷达领域前沿技术,我们又组织编写了本套"雷达与探测前沿技术丛书"。与以往雷达相关丛书显著不同的是,本套丛书并不完全是作者成熟的经验总结,大部分是专家根据国内外技术发展,对雷达前沿技术的探索性研究。内容主要依托雷达与探测一线专业技术人员的最新研究成果、发明专利、学术论文等,对现代雷达与探测技术的国内外进展、相关理论、工程应用等进行了广泛深入研究和总结,展示近十年来我国在雷达前沿技术方面的研制成果。本套丛书的出版力求能促进从事雷达与探测相关领域研究的科研人员及相关产品的使用人员更好地进行学术探索和创新实践。

　　本套丛书保持了每一个分册的相对独立性和完整性,重点是对前沿技术的介绍,读者可选择感兴趣的分册阅读。丛书共41个分册,内容包括频率扩展、协同探测、新技术体制、合成孔径雷达、新雷达应用、目标与环境、数字技术、微电子技术八个方面。

　　(一)雷达频率迅速扩展是近年来表现出的明显趋势,新频段的开发、带宽的剧增使雷达的应用更加广泛。本套丛书遴选的频率扩展内容的著作共4个分册:

　　(1)《毫米波辐射无源探测技术》分册中没有讨论传统的毫米波雷达技术,而是着重介绍毫米波热辐射效应的无源成像技术。该书特别采用了平方千米阵的技术概念,这一概念在用干涉式阵列基线的测量结果来获得等效大口径阵列效果的孔径综合技术方面具有重要的意义。

（2）《太赫兹雷达》分册是一本较全面介绍太赫兹雷达的著作，主要包括太赫兹雷达系统的基本组成和技术特点、太赫兹雷达目标检测以及微动目标检测技术，同时也讨论了太赫兹雷达成像处理。

（3）《机载远程红外预警雷达系统》分册考虑到红外成像和告警是红外探测的传统应用，但是能否作为全空域远距离的搜索监视雷达，尚有诸多争议。该书主要讨论用监视雷达的概念如何解决红外极窄波束、全空域、远距离和数据率的矛盾，并介绍组成红外监视雷达的工程问题。

（4）《多脉冲激光雷达》分册从实际工程应用角度出发，较详细地阐述了多脉冲激光测距及单光子测距两种体制下的系统组成、工作原理、测距方程、激光目标信号模型、回波信号处理技术及目标探测算法等关键技术，通过对两种远程激光目标探测体制的探讨，力争让读者对基于脉冲测距的激光雷达探测有直观的认识和理解。

（二）传输带宽的急剧提高，赋予雷达协同探测新的使命。协同探测会导致雷达形态和应用发生巨大的变化，是当前雷达研究的热点。本套丛书遴选出协同探测内容的著作共 10 个分册：

（1）《雷达组网技术》分册从雷达组网使用的效能出发，重点讨论点迹融合、资源管控、预案设计、闭环控制、参数调整、建模仿真、试验评估等雷达组网新技术的工程化，是把多传感器统一为系统的开始。

（2）《多传感器分布式信号检测理论与方法》分册主要介绍检测级、位置级（点迹和航迹）、属性级、态势评估与威胁估计五个层次中的检测级融合技术，是雷达组网的基础。该书主要给出各类分布式信号检测的最优化理论和算法，介绍考虑到网络和通信质量时的联合分布式信号检测准则和方法，并研究多输入多输出雷达目标检测的若干优化问题。

（3）《分布孔径雷达》分册所描述的雷达实现了多个单元孔径的射频相参合成，获得等效于大孔径天线雷达的探测性能。该书在概述分布孔径雷达基本原理的基础上，分别从系统设计、波形设计与处理、合成参数估计与控制、稀疏孔径布阵与测角、时频相同步等方面做了较为系统和全面的论述。

（4）《MIMO 雷达》分册所介绍的雷达相对于相控阵雷达，可以同时获得波形分集和空域分集，有更加灵活的信号形式，单元间距不受 $\lambda/2$ 的限制，间距拉开后，可组成各类分布式雷达。该书比较系统地描述多输入多输出（MIMO）雷达。详细分析了波形设计、积累补偿、目标检测、参数估计等关键技术。

（5）《MIMO 雷达参数估计技术》分册更加侧重讨论各类 MIMO 雷达的算法。从 MIMO 雷达的基本知识出发，介绍均匀线阵，非圆信号，快速估计，相干目标，分布式目标，基于高阶累计量的、基于张量的、基于阵列误差的、特殊阵列结构的 MIMO 雷达目标参数估计的算法。

（6）《机载分布式相参射频探测系统》分册介绍的是 MIMO 技术的一种工程应用。该书针对分布式孔径采用正交信号接收相参的体制，分析和描述系统处理架构及性能、运动目标回波信号建模技术，并更加深入地分析和描述实现分布式相参雷达杂波抑制、能量积累、布阵等关键技术的解决方法。

（7）《机会阵雷达》分册介绍的是分布式雷达体制在移动平台上的典型应用。机会阵雷达强调根据平台的外形，天线单元共形随遇而布。该书详尽地描述系统设计、天线波束形成方法和算法、传输同步与单元定位等关键技术，分析了美国海军提出的用于弹道导弹防御和反隐身的机会阵雷达的工程应用问题。

（8）《无源探测定位技术》分册探讨的技术是基于现代雷达对抗的需求应运而生，并在实战应用需求越来越大的背景下快速拓展。随着知识层面上认知能力的提升以及技术层面上带宽和传输能力的增加，无源侦察已从单一的测向技术逐步转向多维定位。该书通过充分利用时间、空间、频移、相移等多维度信息，寻求无源定位的解，对雷达向无源发展有着重要的参考价值。

（9）《多波束凝视雷达》分册介绍的是通过多波束技术提高雷达发射信号能量利用效率以及在空、时、频域中减小处理损失，提高雷达探测性能；同时，运用相位中心凝视方法改进杂波中目标检测概率。分册还涉及短基线雷达如何利用多阵面提高发射信号能量利用效率的方法；针对长基线，阐述了多站雷达发射信号可形成凝视探测网格，提高雷达发射信号能量的使用效率；而合成孔径雷达（SAR）系统应用多波束凝视可降低发射功率，缓解宽幅成像与高分辨之间的矛盾。

（10）《外辐射源雷达》分册重点讨论以电视和广播信号为辐射源的无源雷达。详细描述调频广播模拟电视和各种数字电视的信号，减弱直达波的对消和滤波的技术；同时介绍了利用 GPS（全球定位系统）卫星信号和 GSM/CDMA（两种手机制式）移动电话作为辐射源的探测方法。各种外辐射源雷达，要得到定位参数和形成所需的空域，必须多站协同。

（三）以新技术为牵引,产生出新的雷达系统概念,这对雷达的发展具有里程碑的意义。本套丛书遴选了涉及新技术体制雷达内容的6个分册:

（1）《宽带雷达》分册介绍的雷达打破了经典雷达5MHz带宽的极限,同时雷达分辨力的提高带来了高识别率和低杂波的优点。该书详尽地讨论宽带信号的设计、产生和检测方法。特别是对极窄脉冲检测进行有益的探索,为雷达的进一步发展提供了良好的开端。

（2）《数字阵列雷达》分册介绍的雷达是用数字处理的方法来控制空间波束,并能形成同时多波束,比用移相器灵活多变,已得到了广泛应用。该书全面系统地描述数字阵列雷达的系统和各分系统的组成。对总体设计、波束校准和补偿、收/发模块、信号处理等关键技术都进行了详细描述,是一本工程性较强的著作。

（3）《雷达数字波束形成技术》分册更加深入地描述数字阵列雷达中的波束形成技术,给出数字波束形成的理论基础、方法和实现技术。对灵巧干扰抑制、非均匀杂波抑制、波束保形等进行了深入的讨论,是一本理论性较强的专著。

（4）《电磁矢量传感器阵列信号处理》分册讨论在同一空间位置具有三个磁场和三个电场分量的电磁矢量传感器,比传统只用一个分量的标量阵列处理能获得更多的信息,六分量可完备地表征电磁波的极化特性。该书从几何代数、张量等数学基础到阵列分析、综合、参数估计、波束形成、布阵和校正等问题进行详细讨论,为进一步应用奠定了基础。

（5）《认知雷达导论》分册介绍的雷达可根据环境、目标和任务的感知,选择最优化的参数和处理方法。它使得雷达数据处理及反馈从粗犷到精细,彰显了新体制雷达的智能化。

（6）《量子雷达》分册的作者团队搜集了大量的国外资料,经探索和研究,介绍从基本理论到传输、散射、检测、发射、接收的完整内容。量子雷达探测具有极高的灵敏度,更高的信息维度,在反隐身和抗干扰方面优势明显。经典和非经典的量子雷达,很可能走在各种量子技术应用的前列。

（四）合成孔径雷达(SAR)技术发展较快,已有大量的著作。本套丛书遴选了有一定特点和前景的5个分册:

（1）《数字阵列合成孔径雷达》分册系统阐述数字阵列技术在SAR中的应用,由于数字阵列天线具有灵活性并能在空间产生同时多波束,雷达采集的同一组回波数据,可处理出不同模式的成像结果,比常规SAR具备更多的新能力。该书着重研究基于数字阵列SAR的高分辨力宽测绘带SAR成像、极化层析 SAR 三维成像和前视 SAR 成像技术三种新能力。

（2）《双基合成孔径雷达》分册介绍的雷达配置灵活，具有隐蔽性好、抗干扰能力强、能够实现前视成像等优点，是 SAR 技术的热点之一。该书较为系统地描述了双基 SAR 理论方法、回波模型、成像算法、运动补偿、同步技术、试验验证等诸多方面，形成了实现技术和试验验证的研究成果。

（3）《三维合成孔径雷达》分册描述曲线合成孔径雷达、层析合成孔径雷达和线阵合成孔径雷达等三维成像技术。重点讨论各种三维成像处理算法，包括距离多普勒、变尺度、后向投影成像、线阵成像、自聚焦成像等算法。最后介绍三维 MIMO-SAR 系统。

（4）《雷达图像解译技术》分册介绍的技术是指从大量的 SAR 图像中提取与挖掘有用的目标信息，实现图像的自动解译。该书描述高分辨 SAR 和极化 SAR 的成像机理及相应的相干斑抑制、噪声抑制、地物分割与分类等技术，并介绍舰船、飞机等目标的 SAR 图像检测方法。

（5）《极化合成孔径雷达图像解译技术》分册对极化合成孔径雷达图像统计建模和参数估计方法及其在目标检测中的应用进行了深入研究。该书研究内容为统计建模和参数估计及其国防科技应用三大部分。

（五）雷达的应用也在扩展和变化，不同的领域对雷达有不同的要求，本套丛书在雷达前沿应用方面遴选了 6 个分册：

（1）《天基预警雷达》分册介绍的雷达不同于星载 SAR，它主要观测陆海空天中的各种运动目标，获取这些目标的位置信息和运动趋势，是难度更大、更为复杂的天基雷达。该书介绍天基预警雷达的星星、星空、MIMO、卫星编队等双/多基地体制。重点描述了轨道覆盖、杂波与目标特性、系统设计、天线设计、接收处理、信号处理技术。

（2）《战略预警雷达信号处理新技术》分册系统地阐述相关信号处理技术的理论和算法，并有仿真和试验数据验证。主要包括反导和飞机目标的分类识别、低截获波形、高速高机动和低速慢机动小目标检测、检测识别一体化、机动目标成像、反投影成像、分布式和多波段雷达的联合检测等新技术。

（3）《空间目标监视和测量雷达技术》分册论述雷达探测空间轨道目标的特色技术。首先涉及空间编目批量目标监视探测技术，包括空间目标监视相控阵雷达技术及空间目标监视伪码连续波雷达信号处理技术。其次涉及空间目标精密测量、增程信号处理和成像技术，包括空间目标雷达精密测量技术、中高轨目标雷达探测技术、空间目标雷达成像技术等。

（4）《平流层预警探测飞艇》分册讲述在海拔约20km的平流层，由于相对风速低、风向稳定，从而适合大型飞艇的长期驻空，定点飞行，并进行空中预警探测，可对半径500km区域内的地面目标进行长时间凝视观察。该书主要介绍预警飞艇的空间环境、总体设计、空气动力、飞行载荷、载荷强度、动力推进、能源与配电以及飞艇雷达等技术，特别介绍了几种飞艇结构载荷一体化的形式。

（5）《现代气象雷达》分册分析了非均匀大气对电磁波的折射、散射、吸收和衰减等气象雷达的基础，重点介绍了常规天气雷达、多普勒天气雷达、双偏振全相参多普勒天气雷达、高空气象探测雷达、风廓线雷达等现代气象雷达，同时还介绍了气象雷达新技术、相控阵天气雷达、双/多基地天气雷达、声波雷达、中频探测雷达、毫米波测云雷达、激光测风雷达。

（6）《空管监视技术》分册阐述了一次雷达、二次雷达、应答机编码分配、S模式、多雷达监视的原理。重点讨论广播式自动相关监视（ADS-B）数据链技术、飞机通信寻址报告系统（ACARS）、多点定位技术（MLAT）、先进场面监视设备（A-SMGCS）、空管多源协同监视技术、低空空域监视技术、空管技术。介绍空管监视技术的发展趋势和民航大国的前瞻性规划。

（六）目标和环境特性，是雷达设计的基础。该方向的研究对雷达匹配目标和环境的智能设计有重要的参考价值。本套丛书对此专题遴选了4个分册：

（1）《雷达目标散射特性测量与处理新技术》分册全面介绍有关雷达散射截面积（RCS）测量的各个方面，包括RCS的基本概念、测试场地与雷达、低散射目标支架、目标RCS定标、背景提取与抵消、高分辨力RCS诊断成像与图像理解、极化测量与校准、RCS数据的处理等技术，对其他微波测量也具有参考价值。

（2）《雷达地海杂波测量与建模》分册首先介绍国内外地海面环境的分类和特征，给出地海杂波的基本理论，然后介绍测量、定标和建库的方法。该书用较大的篇幅，重点阐述地海杂波特性与建模。杂波是雷达的重要环境，随着地形、地貌、海况、风力等条件而不同。雷达的杂波抑制，正根据实时的变化，从粗犷走向精细的匹配，该书是现代雷达设计师的重要参考文献。

（3）《雷达目标识别理论》分册是一本理论性较强的专著。以特征、规律及知识的识别认知为指引，奠定该书的知识体系。首先介绍雷达目标识别的物理与数学基础，较为详细地阐述雷达目标特征提取与分类识别、知识辅助的雷达目标识别、基于压缩感知的目标识别等技术。

（4）《雷达目标识别原理与实验技术》分册是一本工程性较强的专著。该书主要针对目标特征提取与分类识别的模式，从工程上阐述了目标识别的方法。重点讨论特征提取技术、空中目标识别技术、地面目标识别技术、舰船目标识别及弹道导弹识别技术。

（七）数字技术的发展，使雷达的设计和评估更加方便，该技术涉及雷达系统设计和使用等。本套丛书遴选了3个分册：

（1）《雷达系统建模与仿真》分册所介绍的是现代雷达设计不可缺少的工具和方法。随着雷达的复杂度增加，用数字仿真的方法来检验设计的效果，可收到事半功倍的效果。该书首先介绍最基本的随机数的产生、统计实验、抽样技术等与雷达仿真有关的基本概念和方法，然后给出雷达目标与杂波模型、雷达系统仿真模型和仿真对系统的性能评价。

（2）《雷达标校技术》分册所介绍的内容是实现雷达精度指标的基础。该书重点介绍常规标校、微光电视角度标校、球载 BD/GPS（BD 为北斗导航简称）标校、射电星角度标校、基于民航机的雷达精度标校、卫星标校、三角交会标校、雷达自动化标校等技术。

（3）《雷达电子战系统建模与仿真》分册以工程实践为取材背景，介绍雷达电子战系统建模的主要方法、仿真模型设计、仿真系统设计和典型仿真应用实例。该书从雷达电子战系统数学建模和仿真系统设计的实用性出发，着重论述雷达电子战系统基于信号/数据流处理的细粒度建模仿真的核心思想和技术实现途径。

（八）微电子的发展使得现代雷达的接收、发射和处理都发生了巨大的变化。本套丛书遴选出涉及微电子技术与雷达关联最紧密的3个分册：

（1）《雷达信号处理芯片技术》分册主要讲述一款自主架构的数字信号处理（DSP）器件，详细介绍该款雷达信号处理器的架构、存储器、寄存器、指令系统、I/O 资源以及相应的开发工具、硬件设计，给雷达设计师使用该处理器提供有益的参考。

（2）《雷达收发组件芯片技术》分册以雷达收发组件用芯片套片的形式，系统介绍发射芯片、接收芯片、幅相控制芯片、波速控制驱动器芯片、电源管理芯片的设计和测试技术及与之相关的平台技术、实验技术和应用技术。

（3）《宽禁带半导体高频及微波功率器件与电路》分册的背景是，宽禁带材料可使微波毫米波功率器件的功率密度比 Si 和 GaAs 等同类产品高 10 倍，可产生开关频率更高、关断电压更高的新一代电力电子器件，将对雷达产生更新换代的影响。分册首先介绍第三代半导体的应用和基本知识，然后详细介绍两大类各种器件的原理、类别特征、进展和应用：SiC 器件有功率二极管、MOSFET、JFET、BJT、IBJT、GTO 等；GaN 器件有 HEMT、MMIC、E 模HEMT、N 极化 HEMT、功率开关器件与微功率变换等。最后展望固态太赫兹、金刚石等新兴材料器件。

本套丛书是国内众多相关研究领域的大专院校、科研院所专家集体智慧的结晶。具体参与单位包括中国电子科技集团公司、中国航天科工集团公司、中国电子科学研究院、南京电子技术研究所、华东电子工程研究所、北京无线电测量研究所、电子科技大学、西安电子科技大学、国防科技大学、北京理工大学、北京航空航天大学、哈尔滨工业大学、西北工业大学等近 30 家。在此对参与编写及审校工作的各单位专家和领导的大力支持表示衷心感谢。

2017 年 9 月

前　言

　　第二次世界大战以前雷达用于军事时,对于云、雨等气象目标回波都是作为噪声处理的。1941年英国人注意到了这一信息也许可被利用,开始使用雷达探测风暴。1943年美国麻省理工学院专门设计了用于气象探测的雷达,当时的回波资料只能作定性分析。今天的气象雷达可以为天气预报、火箭、导弹和航天器的发射与飞行提供所需的短临气象资料,为科学研究提供大气精细化资料,对提高预报模式精度做出了很大贡献。

　　本书是在现有气象雷达基础上结合日常装备教学经验编写的,编写中主要侧重物理概念和作用机理,将硬件结构、原理与资料应用相结合,并尽量吸收了国内外新技术在气象雷达上的应用成果。本书共8章,第1、3章由周树道教授编写,第2、4、5、8章由焦中生教授编写,第6章由沈超玲副教授编写,第7章由贺宏兵副教授编写,第3、4、5章资料应用部分由胡明宝教授编写,第6章资料应用部分由张伟星高工编写。周树道教授对全书进行了统稿。由于作者水平所限,书中不足之处在所难免,望读者批评指正。

作者

2017 年 4 月

目 录

第1章 概述 ·········· 001
1.1 气象雷达概念 ·········· 001
1.2 气象雷达分类 ·········· 001
1.2.1 天气雷达 ·········· 001
1.2.2 高空气象探测雷达 ·········· 002
1.2.3 风廓线雷达 ·········· 003
1.3 气象雷达的基本组成及工作原理 ·········· 003
1.3.1 基本组成 ·········· 003
1.3.2 各分系统的主要功能 ·········· 004
1.3.3 基本工作原理 ·········· 004
1.4 气象雷达发展简史 ·········· 007
第2章 气象目标与电磁波的相互作用 ·········· 010
2.1 电磁波频谱及气象雷达工作波段 ·········· 010
2.2 非均匀大气对电磁波的折射 ·········· 013
2.2.1 平面和球面大气折射 ·········· 013
2.2.2 大气折射指数 ·········· 015
2.2.3 折射类型 ·········· 017
2.3 气象目标对电磁波的散射和吸收 ·········· 018
2.3.1 散射 ·········· 018
2.3.2 吸收 ·········· 029
2.4 气象目标对电磁波的衰减 ·········· 031
2.4.1 衰减系数 ·········· 031
2.4.2 气体对电磁波的衰减 ·········· 031
2.4.3 云对电磁波的衰减 ·········· 032
2.4.4 雨对电磁波的衰减 ·········· 033
2.4.5 冰雹对电磁波的衰减 ·········· 034
第3章 常规天气雷达 ·········· 036
3.1 概述 ·········· 036
3.2 系统组成及简要工作过程 ·········· 036

3.3 云和降水目标强度测量 ·································· 037
　3.3.1 云和降水目标强度 ···························· 037
　3.3.2 气象雷达方程 ······························ 039
　3.3.3 距离订正 ······························· 044
　3.3.4 回波涨落与视频积分处理 ······················ 045
　3.3.5 天气雷达回波信号数字化 ······················ 049
3.4 常规数字化天气雷达的主要性能 ······················ 050
3.5 天气雷达回波强度的分析与应用 ······················ 051
　3.5.1 雷达扫描方式与回波显示 ······················ 051
　3.5.2 天气雷达探测的基本要求 ······················ 053
　3.5.3 回波的分类与识别 ························· 056

第4章　多普勒天气雷达 ····························· 069
4.1 概述 ·································· 069
　4.1.1 相参振荡 ······························· 069
　4.1.2 多普勒频移 ···························· 070
　4.1.3 I、Q 正交信号 ···························· 072
4.2 系统组成与工作过程 ···························· 073
　4.2.1 全相参脉冲多普勒天气雷达 ····················· 073
　4.2.2 接收相参脉冲多普勒天气雷达 ···················· 076
4.3 云和降水目标运动信息提取 ························· 081
　4.3.1 云和降水目标回波多普勒频谱的统计特征参数 ············ 081
　4.3.2 快速傅里叶变换法 ························· 083
　4.3.3 脉冲对处理法 ···························· 084
4.4 多普勒测速性能 ····························· 086
　4.4.1 发射脉冲参数对测量结果的影响 ··················· 088
　4.4.2 速度模糊及其解决方案 ······················· 091
　4.4.3 地物对雷达探测的影响及处理 ···················· 095
　4.4.4 多普勒速度谱的宽度 ························ 098
4.5 多普勒速度资料的分析与应用 ······················ 102
　4.5.1 多普勒速度图的识别 ························ 102
　4.5.2 多普勒天气雷达产品与应用 ····················· 111

第5章　双偏振全相参多普勒天气雷达 ····················· 122
5.1 概述 ·································· 122
5.2 系统组成与工作过程 ···························· 123
　5.2.1 单发单收双偏振多普勒天气雷达 ··················· 123

      5.2.2　单发双收双偏振多普勒天气雷达 ················· 125

      5.2.3　双发双收双偏振多普勒天气雷达 ················· 126

      5.2.4　双发双收、单发双收兼容式双偏振多普勒天气雷达 ····· 127

  5.3　云和降水粒子极化信息提取 ······················· 129

      5.3.1　三种偏振波与降水目标粒子极化特性 ··········· 129

      5.3.2　云和降水粒子的双偏振参数 ··················· 133

  5.4　天气目标偏振参数测量性能 ······················· 136

      5.4.1　差分反射率因子 Z_{DR} 的测量误差 ·············· 138

      5.4.2　差分传播相移率 K_{DP} 的测量误差 ············· 142

  5.5　双线偏振多普勒天气雷达资料的分析与应用 ··········· 142

      5.5.1　改善雷达定量测量降水的精度 ················· 142

      5.5.2　识别降水粒子相态 ························· 144

第6章　高空气象探测雷达 ····························· 149

  6.1　概述 ································· 149

  6.2　系统组成与工作过程 ························· 150

      6.2.1　一次测风雷达 ··························· 150

      6.2.2　二次测风雷达 ··························· 153

      6.2.3　无线电经纬仪 ··························· 154

  6.3　探测原理 ······························· 157

      6.3.1　测风原理 ····························· 157

      6.3.2　探空原理 ····························· 161

  6.4　探测性能 ······························· 161

      6.4.1　探测精度要求 ··························· 161

      6.4.2　探空仪误差 ···························· 162

      6.4.3　地面设备误差 ··························· 163

      6.4.4　典型装备的性能参数 ····················· 164

  6.5　终端产品及应用 ··························· 167

      6.5.1　高空气象探测雷达的原始数据 ················· 167

      6.5.2　高空温度、压力、湿度资料的处理 ············· 170

      6.5.3　高空风资料的处理 ······················· 176

      6.5.4　高空气象探测资料的应用 ··················· 184

第7章　风廓线雷达 ····························· 189

  7.1　概述 ································· 189

      7.1.1　分类 ······························· 189

      7.1.2　功能及特点 ···························· 190

7.2 系统组成与工作过程 ·· 190

    7.2.1 天馈系统 ··· 191

    7.2.2 全固态发射与接收 ·· 193

    7.2.3 信号处理 ··· 195

7.3 探测原理 ·· 199

    7.3.1 湍流散射原理 ·· 200

    7.3.2 大气折射率结构常数测量原理 ·························· 203

    7.3.3 风分量提取原理 ··· 205

7.4 主要探测性能 ··· 207

    7.4.1 探测范围 ··· 208

    7.4.2 探测分辨力 ·· 211

    7.4.3 波束对探测性能的影响 ···································· 213

7.5 终端产品与应用 ··· 215

    7.5.1 天气分析 ··· 215

    7.5.2 降雨判断 ··· 218

    7.5.3 风切变探测 ·· 218

第8章 气象雷达新技术 ··· 221

8.1 相控阵天气雷达 ··· 221

    8.1.1 功能特点 ··· 221

    8.1.2 工作原理 ··· 222

    8.1.3 系统组成与工作过程 ······································· 226

    8.1.4 典型设备 ··· 227

8.2 双/多基地天气雷达 ·· 231

    8.2.1 功能特点 ··· 231

    8.2.2 工作原理 ··· 232

    8.2.3 系统组成与工作过程 ······································· 233

    8.2.4 典型设备 ··· 236

8.3 毫米波测云雷达 ··· 237

    8.3.1 功能特点 ··· 237

    8.3.2 工作原理 ··· 238

    8.3.3 系统组成与工作过程 ······································· 240

    8.3.4 典型设备 ··· 241

8.4 声雷达 ··· 243

    8.4.1 功能特点 ··· 243

    8.4.2 工作原理 ··· 243

      8.4.3 系统组成与工作过程 ·· 247

      8.4.4 典型设备 ·· 250

  8.5 中层大气中频探测雷达 ··· 252

      8.5.1 功能特点 ·· 252

      8.5.2 工作原理 ·· 252

      8.5.3 系统组成与工作过程 ·· 254

      8.5.4 典型设备 ·· 255

  8.6 激光测风雷达 ··· 261

      8.6.1 功能特点 ·· 261

      8.6.2 工作原理 ·· 261

      8.6.3 系统组成与工作过程 ·· 263

      8.6.4 典型设备 ·· 263

参考文献 ·· 265

主要符号表 ·· 267

缩略语 ·· 276

第 **1** 章
概述

◤ 1.1　气象雷达概念

　　气象雷达是利用气象目标(如云、雨、湍流、探空气球携带的探空仪等)对电磁波的散射机制来发现它们,测定其空间位置,获取大气温度、压力、湿度、风向、风速等大气要素,探测云、雨、雪等天气现象的电子设备。气象雷达是雷达领域中的一个重要分支,是气象探测装备体系中的一个至关重要的组成部分。现代气象雷达是一种综合应用微电子技术、数字技术、计算机技术和信息处理技术,并与雷达技术融为一体的、具有现代高科技特点的电子系统。

◤ 1.2　气象雷达分类

　　气象雷达的分类方式很多:按工作波段(频率)分类,有 S、C、X、L、P、Ku、K、Ka 波段气象雷达;按技术体制分类,有常规数字化、脉冲多普勒、双线偏振、相控阵、单脉冲气象雷达等;按工作平台分类,有陆基固定、陆基移动气象雷达,机载、球载(系留气球)、星载气象雷达,比较而言,陆基气象雷达应用更广泛,技术更成熟、更具代表性,本书除特别说明外,讨论对象都是陆基气象雷达。
　　其实,在气象雷达的分类上最有实际意义,且业内人皆知的是按其实际用途的分类,主要有天气雷达、高空气象探测雷达和风廓线雷达。

1.2.1　天气雷达

　　天气雷达也称测雨雷达,主要对降水云、雨、雪、冰雹等天气现象进行探测,获取其距离、方位、高度、强度和内部风场结构及粒子形态等信息,可探测降水体的发生、发展和移动,并以此来警戒和跟踪降水天气系统,预测预报降水类型、降水强度、天气变化趋势。
　　天气雷达属于主动式微波大气遥感设备,雷达主动向大气发射较高频率的大功率电磁波信号,然后接收、分析并显示被大气散射回来的电磁波信号,从中提取有关的大气信息。天气雷达包括非相参天气雷达(常规天气雷达)、相参脉冲多普勒天气雷达和双偏振多普勒天气雷达等。

常规天气雷达回波中的气象信息只有单一的目标强度信息,即反射率因子 $Z(\mathrm{dB})$ 值。依据 Z 值可以了解云和降水的当前状态,但难以判定天气目标的发展趋势,对强对流天气的预报准确率难以保证。脉冲多普勒天气雷达不但能取得目标强度信息,还能基于多普勒效应,取得回波的频移(或相位)信息,通过测定接收信号与发射信号频率(相位)之间的差异,得到雷达波束有效照射体积内降水粒子群相对于雷达的平均径向运动速度 v 和速度谱宽 W;在一定条件下即可反演出大气风场、气流垂直速度分布以及湍流状况等,可以分析中小尺度天气系统的动力机制,警戒强对流危险天气,提升短时临近天气预报质量。双偏振多普勒天气雷达除了获取目标的强度、运动信息之外,还能获取目标的偏振(极化)信息,以此了解降水粒子的尺度分布、空间取向、形状相态,提高测量降水的精度,监测预报冰雹等灾害性天气。

测云雷达属于天气雷达的一种,它主要用来探测尚未形成降水的云体,获取云体的高度、厚度、强度及空间分布,云中气流分布,云粒子相态及云体的其他物理特性。

1.2.2 高空气象探测雷达

高空气象探测雷达也称测风雷达,它与探空气球携带的无线电探空仪配合工作,主要用来探测大气各高度层的温度、湿度、气压、风向、风速,也可用来测定大气成分、大气电场等气象要素。

高空气象探测雷达属于大气遥测设备,大气要素传感器置于测量区域中,与被测大气直接接触,有关信息通过有线或无线通信传送到接收设备,从而获得所需气象信息。

高空气象探测雷达探测大气各高度层的温度、湿度和气压数据,这些数据源于探空仪中的各要素传感器,其工作机制与无线电定位无关;而风向、风速数据则是根据雷达在不同时间对探空仪进行无线电定位后的位置数据比较之后获取的,雷达的功用只体现在测风上,因此,高空气象探测雷达也称为测风雷达。

高空气象探测雷达有几种不同的工作体制:当它与无线电探空仪和回答器协同工作时,属于二次雷达体制,称测风二次雷达;当它与角形反射器协同工作时,属于一次雷达体制,称测风一次雷达,是名副其实的测风雷达,不能获取温、湿数据;当它与无线电探空仪协同工作,但不开启发射机、不发射测距脉冲,只接收探空仪发来的探空信号,经处理后得到大气要素时,属于无源雷达工作体制(无线电经纬仪工作体制)。

1.2.3　风廓线雷达

风廓线雷达也称风廓线仪,用来探测大气不同高度层的风向和风速,给出风的垂直廓线。风廓线雷达与其他设备,如无线电声探测系统(RASS)、微波辐射计配合,便可测得大气水平风场、垂直气流、大气温度、大气湿度、大气折射率结构常数等气象要素随高度的分布。

风廓线雷达属于主动式微波大气遥感设备,RASS 和微波辐射计则为被动式大气遥感设备。风廓线雷达一般按照其最大探测高度分类:边界层风廓线雷达(探测近地面 50m ~ 3km);低对流层风廓线雷达(探测近地面 50m ~ 8km);对流层风廓线雷达(探测近地面 50m ~ 18km);对流层/低平流层风廓线雷达(探测近地面 50m ~ 30km);中层大气风廓线雷达(也称中频测风雷达,测站上空范围 60 ~ 100km)。

气象雷达中除了上述三种主要类型之外,应用较多的还有激光气象雷达和声气象雷达。激光气象雷达主要用来测量大气组分性质、风速风向等气象要素。声气象雷达主要用来探测云层厚度和大气逆温层,与其他设备配合也可测量大气温度。

1.3　气象雷达的基本组成及工作原理

1.3.1　基本组成

气象雷达作为一种能够完成无线电定位功能和提供气象产品的电子系统,是由一些各自具有特定功能的基本分系统组成的,总体上看与其他军用雷达没有明显差异。无论是天气雷达,还是高空气象探测雷达和风廓线雷达,都是采用脉冲雷达体制,一般由天线馈线、发射、接收、信号处理、数据处理与显示终端、监控、伺服和电源等分系统组成,如图 1.1 所示。

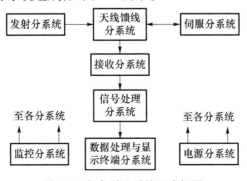

图 1.1　气象雷达系统组成框图

1.3.2　各分系统的主要功能

天线馈线分系统是雷达设备的微波接口装置。其中的天线将高频发射脉冲能量聚焦成束向探测空域定向辐射,接收从气象目标散射回来的微弱高频回波脉冲能量。一副天线,收发分时使用。馈线部分用来将大功率的高频发射脉冲能量从发射分系统传输至天线,将微弱的高频回波信号由天线传送至接收分系统。

发射分系统在整机同步信号的控制下产生大功率高频发射脉冲并送往天线。

接收分系统接收天线送来的高频回波脉冲信号,经过频率变换、幅度放大和检波后成为视频回波脉冲信号,送往信号处理分系统。

信号处理分系统根据最终形成气象产品的需求,对视频回波脉冲信号进行杂波抑制、时频域积累等技术处理,从而得到气象目标的基本数据,如天气雷达目标强度、径向速度和速度谱宽,又如高空气象探测雷达的探空电码与目标位置数据等。

数据处理与显示终端分系统进一步处理气象目标的基本数据,进而形成各种实时和非实时气象产品,以便显示、存储、传输。

监控分系统负责对雷达全机工作状态的实时监测和控制,实现机内检测(BIT)功能。

伺服分系统完成雷达天线波束的方位和俯仰扫描控制,因此也称为天线控制分系统。相控阵天线的雷达没有机电式的伺服分系统,但有控制波束偏转扫描的波控分系统。

电源分系统也称配电分系统,负责向全机各分系统提供所需的交、直流电源。

1.3.3　基本工作原理

不同类别的气象雷达,目标特性各不相同。天气雷达的目标是弥散的云雨粒子,属于体目标,目标物常常布满电磁波的传播路径。风廓线雷达的目标是大气湍流,与天气雷达类似,也是弥散体目标。高空气象探测雷达的目标是探空仪回答器,属于点目标。然而,所有雷达利用无线电技术发现目标,测定目标参量的基本原理没有本质差异。

目标的空间位置由其相对于雷达的距离、方位和仰角(或高度)表示。图 1.2 用来说明雷达探测的目标距离(斜距)R、方位角 α 和仰角 β。

由图 1.2 可见:目标的斜距 R 为从雷达(图中坐标原点 O)到目标 P 的直线距离 OP;目标的方位角 α 为目标斜距 R 在水平面上的投影 OB 与规定的正北方向 $0°$ 在水平面上的夹角;目标的仰角 β 为斜距 R 与它在水平面上的投影 OB 在

铅垂面上的夹角。根据 R、β，还可以计算出目标的高度 H：

$$H = R \cdot \sin\beta \tag{1.1}$$

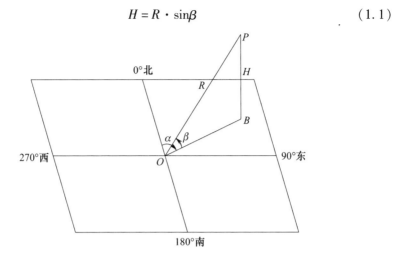

图 1.2 目标的斜距 R、方位角 α 和仰角 β

1.3.3.1 目标斜距的测量

雷达对目标斜距的测量是基于电磁波遇到物体会产生后向散射，且在均匀介质中匀速直线传播的物理机制。

雷达工作时，发射分系统经天线向探测空域定向发射一连串重复周期一定的大功率高频脉冲，电磁波在传播的路径上遇到目标时产生散射，其中正对天线的这部分后向散射波（称为反射波）成为回波，被接收分系统接收。这样，目标回波脉冲将滞后于发射脉冲一段时间 t_r，如图 1.3 所示。

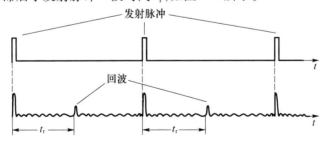

图 1.3 回波脉冲滞后于发射脉冲示意图

在大气中电磁波能量是以光速传播的，设目标距离为 R，则传播的距离等于光速 c 与往返时间 t_r 的乘积，即

$$2R = ct_r \qquad \text{或} \qquad R = \frac{1}{2}ct_r \tag{1.2}$$

式中:t_r为电磁波往返于目标和雷达之间的时间间隔(s);c 为光速,其值为 $3 \times 10^8 \mathrm{m/s}$。

由于电磁波传播的速度很快,在雷达技术中常用的时间单位为微秒(μs),当回波脉冲滞后发射脉冲 $1\mu s$ 时,所对应的目标斜距为 $150\mathrm{m}$。

1.3.3.2 目标方位角和仰角的测量

目标方位角和仰角测量是利用雷达天线的定向性来实现的。雷达天线将电磁能量汇集在窄波束内,当天线波束轴对准目标时,回波信号最强,如图 1.4 中实线所示。当目标偏离天线波束轴时,回波信号减弱,如图 1.4 中虚线所示。根据接收回波最强时的天线波束指向,就可确定目标的角位置。

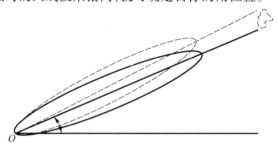

图 1.4 角位置测量示意图

1.3.3.3 目标径向速度的测量

雷达基于多普勒效应来测量运动目标的相对径向速度。当目标与雷达之间存在相对运动时,接收到的回波信号载频相对于发射信号的载频产生一个频移,这个频移称为多普勒频移 f_d。其可表示为

$$f_d = \frac{2v_r}{\lambda} \tag{1.3}$$

式中:f_d的单位为 Hz;v_r为雷达与目标之间的径向速度(m/s);λ 为发射脉冲载波波长(m)。

当目标向着雷达运动时,$v_r > 0$,回波载频升高;反之,$v_r < 0$,回波载频降低。雷达只要能够测量出回波信号的多普勒频移 f_d,就可以确定目标与雷达之间的相对径向速度。

1.3.3.4 目标强度的测量

气象雷达基于目标回波功率(电子学物理量)获得目标强度(气象学物理量)。雷达测得的回波功率大小与目标距离、目标反射率、雷达设备参数(发射

功率、馈线衰减、天线增益等)、电磁波传播衰减等因素有关,气象雷达方程给出了它们的定量关系。因此,雷达测得目标回波功率后,剔除距离、设备参数、传播衰减、工作波长等因子的影响,即可得到目标强度值。

1.4　气象雷达发展简史

在第二次世界大战之前,雷达都是作为防空武器装备用于军事目的。当时云、雨等气象目标回波是对军事目标探测的一种干扰,而对这种干扰的研究导致了雷达气象学的诞生和气象雷达的发展。英国最先于 1941 年使用雷达探测风暴,这可以说是天气雷达的萌芽。1942 年美国麻省理工学院开始专门设计用于气象探测的天气雷达。

气象雷达的发展主要体现在技术体制的进步上,大体上分为三个阶段。

第一阶段为 20 世纪 40 年代至 60 年代。这一阶段敲开了雷达技术通向气象领域的大门,为大气探测增添了现代化的电子技术装备。从 40 年代到 60 年代的 20 年间,世界各国在全球范围建立了大量的常规测风、测雨雷达站。例如,美国国家天气局(NWS)在全国布设 100 多部 WSR – 57 型天气雷达,日本台风监测网配备常规天气雷达 20 多部。

在这一阶段,我国气象雷达技术和装备的发展滞后国际先进水平 20 ~ 30 年。我国常规天气雷达主要有 711 型、712 型、713 型,常规高空气象探测雷达主要有 701 型、705 型,其中 711 型天气雷达在全国建站 200 多个。

这个时期天气雷达主要采用分立元件和模拟电子技术,通过模拟显示的雷达图像,获取回波信号幅度值进行天气分析和气象服务,基本上没有雷达导出产品可用,由于缺乏标定仪表和规范化的标定方法,雷达回波强度等有关参数基本上没有定标,雷达观测资料可靠性无法得到保证。观测资料的存储采用照相方法,对资料的处理仍是事后的人工整理和分析。

第二阶段为 20 世纪 70 年代至 80 年代。在这一阶段以气象雷达数字化作为重要标志,计算机成为雷达的重要组成部分。人们对探测气象要素数据的精度以及探测过程的自动化程度要求越来越高,将飞速发展的数字技术、计算机技术与雷达技术紧密结合起来,为雷达探测数据的收集、处理、储存和传输创造了极为有利的条件。在 70 年代初,美国、日本、法国等国家就研制了具有电子计算机的天气雷达,如美国的 WSR – 74C、日本的 MR – 64M 等。80 年代以来,美国实施“下一代天气雷达”(NEXRAD)计划,用一种统一型号的 S 波段全相参脉冲多普勒天气雷达在全国组网,以取代当时所用的非相参常规天气雷达。

在此期间,我国也先后为 711 型、712 型、713 型天气雷达研制出计算机数据处理设备,并在 80 年代末研制出 K/LLX716 型和 CTL – 88 型等数字化天气雷达。在这一阶段,我国气象雷达技术和装备的发展滞后于国际先进水平 10 ~ 20 年。

这个时期的天气雷达虽然实现了半导体化,完成了雷达信号数字处理,但只是实现了雷达图像彩色显示,没有完全实现雷达信号数字化实时处理、存储和传输,对资料的处理还主要是事后的人工整理和分析,还没有达到应用计算机对探测数据进行再处理,形成多种可供观测员和用户直接使用的图像产品数据。

第三阶段从 20 世纪 90 年代开始至今。计算机技术、网络技术和雷达技术进一步发展融合,多普勒、双偏振、相控阵和脉冲压缩等现代雷达技术大量应用于气象雷达成为主要特征。气象雷达功能更强大、性能更优越、产品更丰富、应用更方便。美国从 90 年代初就开始在全国范围逐步用下一代天气雷达(型号为 WSR - 88D)布网,在完成布网投入业务运行后,还不断进行技术改造和更新。欧洲在 90 年代投入业务运行的天气雷达多达百部,其中多普勒天气雷达约占50% 。韩国、新加坡、泰国、土耳其等国家和我国台湾省、香港地区都已引进美国的 WSR - 88D 型多普勒天气雷达。

我国也陆续研制成功多种国产 X、C、S 波段的中频相参(脉间相参)和全相参脉冲多普勒天气雷达,为中国气象局新一代天气雷达(CINRAD)计划的顺利实施提供了多种 S 波段和 C 波段脉冲多普勒天气雷达并组建国家天气雷达网。这些雷达命名型号为 CINRAD/S 和 CINRAD/C,在每种型号名的最后,添加一个英文字母代码 A、B、C 或 D,用以表明研制单位的不同。在这一阶段,我国气象雷达技术和装备的发展仅滞后于国际先进水平 5 ~ 10 年。

各国都致力于将多种新技术融入气象雷达系统中。在天气雷达中,应用双偏振(极化)雷达技术,获取气象回波的偏振信息,提高了降水类型识别水平和降水的定量估计精度;应用双/多基地雷达技术,以低成本直接而准确地测出气象目标的反射率、涡流等;应用频率捷变雷达技术,提高抗干扰和分辨气象目标性质的能力;相控阵雷达技术应用于天气雷达的快速扫描机制,以利于对下击暴流等小尺度灾害性天气现象的监测。在高空气象探测雷达中,单脉冲、假单脉冲角度自动跟踪技术得到成功应用,雷达测风性能明显提高。风廓线雷达技术日臻成熟,我国有多家厂商可向气象部门提供覆盖边界层、对流层、平流层甚至中间层以上探测高度的风廓线雷达。

在气象雷达技术和装备发展过程中,许多在不同历史阶段曾经起到很大作用的型号产品被逐步淘汰,而由更为先进的型号产品取代。例如,数字化天气雷达全盘取代了模拟式天气雷达,多普勒天气雷达正逐步取代非相参常规数字化天气雷达,具有全自动跟踪功能的高空气象探测雷达全盘取代了人工手动跟踪方式的雷达。与此同时,电子探空仪同样全盘取代了电码筒式探空仪,进而模拟式电子探空仪又被数字式电子探空仪所取代。

　　气象雷达作为雷达家族中的一个重要成员,源于军用情报雷达,随军用情报雷达技术的发展而发展;在微弱信号检测处理、弥散体目标数据采集、气象产品生成等方面独具特色,满足了气象探测需求,为雷达技术和装备的发展做出了贡献。

第 ❷ 章

气象目标与电磁波的相互作用

广义上的气象目标应包括气象雷达探测的所有自然目标和人为目标,如探空仪、角形反射靶、云、降水、气溶胶、晴空湍流等。本章讨论的气象目标是狭义上的自然目标,不包含探空仪、角形反射靶等人为目标。

气象目标与电磁波的相互作用(折射、散射和吸收衰减等)是气象雷达探测的物理基础,全面认识和理解有关物理属性则是开发、掌握和应用现代气象雷达的前提。

◤ 2.1 电磁波频谱及气象雷达工作波段

电磁波频谱分布范围非常宽,从波长 10^{-12} m 的宇宙射线到波长为数十千米的无线电波,直至波长为 10^5 km 的长波振荡。电磁波的频谱分布如图 2.1 所示。

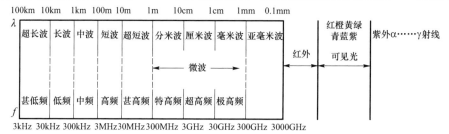

图 2.1 电磁波的频谱分布

国际电信联盟(ITU)规定了波段划分范围,见表 2.1。其中波段名称是由美国电气与电子工程师协会的一项标准规定的,第二次世界大战时一些国家为了保密而采用,后来世界各国一直沿用这种命名方法。

表 2.1 国际电信联盟的波段划分范围

波段名称	频率范围	波长范围
VHF	30 ~ 300MHz	10 ~ 1m
UHF	300 ~ 1000MHz	100 ~ 30cm

（续）

波段名称	频率范围	波长范围
P	230 ~ 1000MHz	130 ~ 30cm
L	1 ~ 2GHz	30 ~ 15cm
S	2 ~ 4GHz	15 ~ 7.5cm
C	4 ~ 8GHz	7.5 ~ 3.75cm
X	8 ~ 12.5GHz	3.75 ~ 2.4cm
Ku	12.5 ~ 18GHz	2.4 ~ 1.67cm
K	18 ~ 26.5GHz	1.67 ~ 1.13cm
Ka	26.5 ~ 40GHz	11.3 ~ 7.5mm
W	40 ~ 300GHz	7.5 ~ 1mm

选定雷达波长,需要考虑的因素很多,但宏观上主要考虑大气传播衰减和目标散射性能。雷达所要探测的目标的属性决定雷达的工作波长。

综合各类雷达设备,常用的电磁波波长为 1.35m ~ 8.57mm(频率为 220MHz ~ 35GHz)。实际上各类雷达工作波长,无论在高端或低端都突破了以上范围。例如超视距(OTH)雷达波长为 75m(4MHz)、60m(5MHz)或 150m(2MHz),其中天波超视距雷达波长为 70m 或 60m,而地波超视距雷达的波长为 150m。中层大气风廓线雷达的载波波长也在 150m 左右。在波谱的另一端,毫米波雷达波长可短到 3.2mm(频率为 94GHz),激光雷达工作波长则更短。国际电信联盟分配的雷达波段见表 2.2。

表 2.2　国际电信联盟分配的雷达波段

波段名称	频率范围
P	420 ~ 450MHz,940 ~ 980MHz
L	1215 ~ 1400MHz
S	2.3 ~ 2.5GHz,2.7 ~ 3.7GHz
C	5250 ~ 5925MHz
X	8500 ~ 10680MHz
Ku	13.4 ~ 14GHz,15.7 ~ 17.7GHz
K	24.05 ~ 24.25GHz
Ka	33.4 ~ 36GHz

从 VHF 到 UHF 跨两个频段中取 230 ~ 1000MHz 定为 P 波段。在 L 波段 1 ~ 2GHz 中,除了规定雷达波段为 1215 ~ 1400MHz 外,又规定气象业务波段为 1668.4 ~ 1710MHz。

实际上,绝大部分雷达(气象雷达也不例外)工作在微波波段,其中包括分米波、厘米波和毫米波。为了细致研究雷达系统特性,在雷达工程上,又把微波波段划分成若干小的波段,用 P、L、S、C、X、K 等英文字母来命名,每个分波段都以一个确定的典型波长作为代表,见表 2.3。

表 2.3　雷达分波段的典型波长

波段	P	L	S	C	X	Ku	K	Ka
典型波长/cm	75	22	10	5	3	2	1.5	0.8

雷达设备所占用的波段很宽,不同波段的雷达具有不同的特点。于是,在雷达的分类上也常以波段来划分,有分米波雷达、厘米波雷达、毫米波雷达等。

分米波雷达工作波长在 1m ~ 10cm 范围内,由于其工作频率不是很高,发射系统多采用功率晶体管或超高频大功率电子管,而天线系统则选用高增益的天线阵,收发机与天线之间的馈电常采用高频同轴电缆。

常规测风二次雷达的目标是探空仪和回答器,其尺度在分米量级,故该类雷达工作在分米波段,如 400MHz、1680MHz 等。对流层、边界层风廓线雷达的目标是相应层级大气中的湍涡,这些湍涡的平均尺度也是分米量级的,因此这两种风廓线雷达也工作在分米波段,如 460MHz、1200MHz 等。

厘米波雷达工作波长在 10cm ~ 1cm 范围内,最常见的中心波长为 10cm、5cm 和 3cm。随着频率升高,无论怎样改进一般电子管的构造,输出功率和效率都急剧下降。为产生大功率发射脉冲信号,经典的发射系统常采用磁控管、速调管、行波管等电真空器件,新型发射系统正尝试采用功率晶体管及其集成模块;馈线系统则采用波导馈电,发射和接收电磁波信号常用抛物面天线。

厘米波雷达在气象上主要用做探测降水。10cm 天气雷达电磁波对雨区的穿透力强,探测距离达 500km;但设备相对庞大、价格昂贵,且对弱目标反射率偏低。3cm 天气雷达电磁波对雨区的穿透力弱,探测距离在 300km 以内;但设备相对简单、价格便宜,且对弱目标反射率较强,有利于小雨等天气的探测。5cm 天气雷达则介于上述二者之间。

毫米波雷达工作波长在 1cm ~ 1mm 范围内。由于它频率很高,波长极短,其发射和接收系统需要专门研制的新型电子器件。常用的毫米波器件有返波管、回旋管、超导隧道结、肖特基管等。随着频率的提高,同轴电缆及普通波导器件已不能满足要求,而要用微带线、共面波导来传输毫米波能量。毫米波雷达与厘米波雷达相比,具有体积小、重量轻、分辨力高、对目标的细微结构敏感性强、多普勒特性好等优点;与远红外和可见光雷达相比,虽然毫米波雷达的分辨力不如它们,但毫米波在通过烟雾、灰尘等方面具有良好的传播特性,因此毫米波兼有微波和光波两方面的优点。

毫米波气象雷达主要用于测云,以便研究云和降水形成与发展的微物理过程。目前实际应用的有 Ka(8.6mm,35GHz) 和 W(3mm,94GHz) 两个波段,因为在这两个波段大气吸收衰减较小,有利于非降水云和弱降水云的探测。

2.2　非均匀大气对电磁波的折射

电磁波在真空和均匀介质中是沿直线匀速传播的,然而实际大气绝非均匀介质。如果将大气看作连续介质,将电磁波按射线处理,那么电磁波在大气中会因为传播介质的不均匀性导致其传播速度和方向的改变,即折射。

2.2.1　平面和球面大气折射

当电磁波斜向入射到折射指数不同的介质交界面上时,就会发生折射现象,如图 2.2 所示。并且有

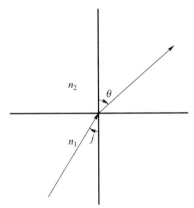

图 2.2　电磁波的折射

$$\frac{\sin j}{\sin \theta} = \frac{n_2}{n_1} \qquad 或 \qquad n_1 \sin j = n_2 \sin \theta \qquad (2.1)$$

式(2.1)称为折射定律,适用于光学,也适用于超短波和微波。式(2.1)中: j 为入射角; θ 为折射角; n_1 和 n_2 分别为两种介质的折射指数。折射指数等于电磁波在真空中的传播速度 c 与电磁波在介质中的传播速度 v 的比值,即

$$n = \frac{c}{v}$$

现在把折射定律推广到折射指数随高度连续变化的大气中来。设大气为球面分层,折射指数仅为高度的函数,把大气分为一层层足够薄的同心球层,如图 2.3 所示,各层的折射指数都假定为常数,分别记为 $n_1, n_2, \cdots$,高度分别记为 $r_1, r_2, \cdots$。射线在每一层中均呈直线传播,而在各界面上发生折射。

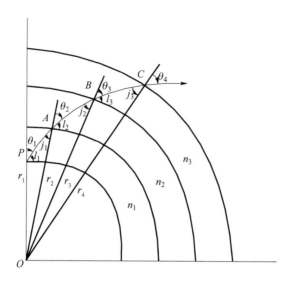

图 2.3　球面分层大气中电磁波折射示意图

设射线在各层的入射角分别为 $j_1, j_2, \cdots$，折射角分别为 $\theta_1, \theta_2, \cdots$，则在各界面上分别有

$$\begin{cases} n_1 \sin j_1 = n_2 \sin \theta_2 \\ n_2 \sin j_2 = n_3 \sin \theta_3 \\ \qquad \vdots \end{cases}$$

但在以球中心 O 为一顶点的各三角形有

$$\begin{cases} \triangle OPA: \dfrac{r_1}{\sin j_1} = \dfrac{r_2}{\sin \theta_1} \\[3mm] \triangle OAB: \dfrac{r_2}{\sin j_2} = \dfrac{r_3}{\sin \theta_2} \\[3mm] \qquad \vdots \end{cases}$$

代入式(2.1)，则有

$$\begin{cases} r_1 n_1 \sin \theta_1 = r_2 n_2 \sin \theta_2 \\ r_2 n_2 \sin \theta_2 = r_3 n_3 \sin \theta_3 \\ \qquad \vdots \end{cases} \qquad (2.2)$$

一般而言，有

$$r n(r) \sin \theta = A$$

式中: A 为常数。

上式以折射角的余角 i 表示,则有

$$rn(r)\cos i = A \tag{2.3}$$

这就是球面分层大气中射线轨迹方程,常称斯涅尔(Snell)定律。容易推出,在平面分层大气中有

$$n\cos i = 常数$$

2.2.2　大气折射指数

大气的折射指数与真空的折射指数($n=1$)非常接近,在分析电磁波在大气中的折射时,通常使用大气折射指数的放大值(也称为大气折射率)来表示大气对电磁波的折射能力,其定义为 $N=(n-1)\times10^6$。采用大气折射率 N 的原因是大气折射指数 n 减去 1 后值太小,应用不方便。N 与空气温度、气压、湿度(水汽含量)之间的关系式为

$$N=(n-1)\times10^6=\frac{A}{T}\left(p+\frac{Be}{T}\right) \tag{2.4}$$

式中:T 为温度(K);p 为气压(hPa);e 为水汽压(hPa);A、B 为与电磁波有关的常数,对于光波(λ 单位为 μm),有

$$A=77.46+0.459/\lambda^2$$

$$B\approx0$$

对于无线电波,有

$$A=77.6$$

$$B=4810$$

由式(2.4)可见,大气的折射率会随着不同高度大气的密度和介电性质而变化。在可见光和红外波段,水汽的影响可以忽略,主要考虑温度和气压的影响。而对微波雷达,水汽的影响则是非常重要的。N 值随 p、e 的下降而减小,随 T 的下降而增大。在实际大气中,一般 p、e 都随高度增加而降低,且 p 和 e 随高度增加而减少比 T 随高度增加而减小要快,故大气折射率一般随高度增加而减小。一般情况下,对流层中大气折射指数 n 的变化为 1.00026 ~ 1.00046,在 8 ~ 10km,折射指数基本不再变化,约为 1.0001。由斯涅尔(Snell)定律可知,以一定仰角向上发射的电磁波的传播路径是微微向地球曲率方向弯曲的。弯曲的程度可用传播路径的曲率来表示。大气折射指数值随高度减小得越快,则越弯曲,即曲率就大。这就是说,电磁波传播路径上射线的曲率与折射指数的垂直分布有密切的关系。

下面讨论因折射指数垂直变化而引起折射的情况。如图 2.4 所示,设想大

气由许多厚度为 dh 的平行薄层构成,认为电磁波传播特性可当作射线处理。设下面一薄层大气的折射指数为 n,上面一薄层大气的折射指数为 $n+dn$,i 为电磁波的入射角,$i+di$ 为折射角。根据曲率 K 的定义有

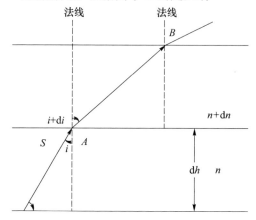

法线　　　　　法线

B

$i+di$　　　　　　　　$n+dn$

S　i　A

dh　n

图 2.4　大气折射指数的垂直梯度和射线曲率关系

$$K = \frac{i+di-i}{ds} = \frac{di}{ds} \tag{2.5}$$

式中:ds 为一薄层大气中的传播路径。

由于

$$ds = \frac{dh}{\cos(i+di)} \approx \frac{dh}{\cos i}$$

及

$$\frac{\sin i}{\sin(i+di)} = \frac{n+dn}{n}$$

将 $(n+dn) \cdot \sin(i+di)$ 展开,并略去二阶无穷小量,整理后可得

$$di = \frac{-\sin dn}{n\cos i}$$

把 ds、di 值代入式(2.5),可得到 K 与 $\frac{dn}{dh}$ 之间的关系式,即

$$K = -\frac{\sin i}{n} \frac{dn}{dh} \tag{2.6}$$

当电磁波波束水平发射时,仰角很小,这时入射角 $i \approx 90°$,$\sin i \approx 1$,同时近地面大气的 n 值平均为 1.0003,接近于 1,所以式(2.6)又可简化为

$$K = -\frac{dn}{dh}$$

由此可知,当$\frac{\mathrm{d}n}{\mathrm{d}h}<0$时,即 n 值随高度增加而减小时,则 $K>0$,即 $\mathrm{d}i>0$,这时射线传播路径向下弯曲,$\frac{\mathrm{d}n}{\mathrm{d}h}$的绝对值越大,射线的传播路径越向下弯曲。当$\frac{\mathrm{d}n}{\mathrm{d}h}>0$时,即 n 值随高度增加而增加,则 $K<0$,即 $\mathrm{d}i<0$,传播路径向上弯曲,此时$\frac{\mathrm{d}n}{\mathrm{d}h}$的绝对值越大,射线越向上弯曲。若$\frac{\mathrm{d}n}{\mathrm{d}h}=0$,则 $K=0$,说明电磁波在均匀介质中为直线传播,无折射现象。

2.2.3　折射类型

由于大气折射指数的垂直梯度随温度、气压、湿度在垂直方向的变化而变化,在实际大气中通常有标准大气折射、临界折射、超折射、无折射、负折射 5 种类型,相应的传播路径如图 2.5 所示。

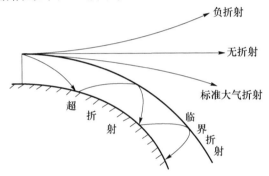

图 2.5　各种折射情况下电磁波的传播路径

2.2.3.1　标准大气折射

在标准大气情况下,大气折射指数随高度指数分布,此时,$K=-\frac{\mathrm{d}n}{\mathrm{d}h}=4\times10^{-5}(\mathrm{km})^{-1}$,波束路径向下弯曲,但曲率小于地球曲率,这种折射称为标准大气折射。标准大气折射可以代表中纬度地区对流层中大气折射的一般情况,也称为正常折射。在标准大气折射时,电磁波的路径微微向下弯曲,其曲率半径为 25000km,约为地球半径的 4 倍。

2.2.3.2　临界折射

当波束路径的曲率与地球表面的曲率相同时,即波束传播路径与地表面平行,则称为临界折射。此时,$K=15.7\times10^{-5}(\mathrm{km})^{-1}$,其曲率半径等于地球半径,电磁波将环绕地表面在一定高度上传播而不与地面接触。

2.2.3.3　超折射

当波束路径的曲率大于地球表面的曲率时,雷达波束在传播过程中将碰到地面,经地面反射后继续向前传播,然后,再弯曲到地面,再经地面反射,重复多次。雷达波束在地面和某层大气之间,依靠地面的反射向前传播,与波导管中的微波传播相似,故称为大气波导传播,又称超折射。此时,$K > 15.7 \times 10^{-5}(\mathrm{km})^{-1}$,其曲率半径小于地球半径。

超折射是因为大气中折射指数 n 随高度迅速减小造成的。折射指数随高度迅速减小,必须是气温向上递增(逆温层)或水汽压向上迅速递减,或者这两者同时存在。产生这些气象条件的天气形势有三种情况:一是晴空夜间地面的辐射降温,特别是夏季地面潮湿,辐射冷却后产生逆温和湿度的急剧递减;二是暖、干空气移到较冷的水面,低层空气冷却,同时湿度增加;三是在雷暴的下方近地面气层的变冷和增湿。

2.2.3.4　无折射

如果电磁波束沿直线传播,无折射现象,此时,$K = 0$。一般情况下,大气不会出现这种情况。

2.2.3.5　负折射

如果电磁波射线不是向下弯曲,而是向上弯曲,出现这种折射时,称为负折射。此时,$K < 0$,大气中折射指数 n 随高度增加。

产生负折射的气象条件是,湿度随高度增加,温度向上迅速递减。在大陆的盛夏中午,大气底层温度递减率有可能大于干绝热递减率,从而出现负折射。例如,冷空气移到暖水域上空,或当暖湿气流沿冷锋面上"爬"时,有可能出现负折射。

■ 2.3　气象目标对电磁波的散射和吸收

大气可看作由空气分子、气溶胶粒子、云中冰晶和水滴等粒子的集合所形成的介质,电磁波在大气中传播时会与这些粒子发生相互作用形成散射和吸收等现象。

2.3.1　散射

当电磁波在大气中传播遇到折射指数非均一的空气分子、气溶胶粒子、云滴、雨滴等悬浮粒子时,入射波的电磁场使粒子极化,感应出复杂的电荷分布和电流分布,它们也以同样的频率发生变化,这种高频变化的电荷分布和电流分布向外辐射电磁波的现象称为散射。

粒子对入射电磁波的散射,虽然改变了电磁波的传播方向,但没有使电磁形式的能量转化为其他形式的能量。如果入射电磁波在粒子介质内部传播,则有一部分电磁能被转化为热能,这就是粒子对电磁波的吸收。粒子对入射电磁波的散射和吸收,其能量均来自入射电磁波,故使入射电磁波能量受到衰减。

2.3.1.1　目标的雷达后向散射截面

气象粒子散射电磁波的能量在不同方向上的分布是不均匀的,在单基地雷达探测中最关心的是向雷达方向散射的能量,称为后向散射。为此引用"雷达后向散射截面积"这个物理量,以表征目标的后向散射能力。雷达后向散射截面积的定义是:一个截面为 σ 的理想散射体,它能全部接收入射到其上的电磁波能量,并全部、均匀地向四周散射;若该理想散射体返回雷达天线处的电磁波功率密度恰好等于同距离上实际散射体返回雷达天线的电磁波功率密度,则该理想散射体的截面积 σ 称为实际散射体的雷达后向散射截面积,也称目标的雷达截面积。

σ 是一个虚拟面积,用来定量表示粒子后向散射特性。σ 越大,粒子后向散射能力越强,在同样条件下,它产生的回波信号越强。利用后向散射截面积的概念可以进行目标后向散射功率密度和回波功率的定量计算。如以 S_i 表示到达气象粒子的入射波功率密度,$S_a(\pi)$ 表示粒子后向散射到雷达天线的功率密度,R 表示粒子与雷达的距离,则有

$$S_a(\pi) = \frac{S_i \sigma}{4\pi R^2} \tag{2.7}$$

由于实际粒子不是理想散射体,所以粒子的后向散射截面积不等于它的几何截面积。后向散射截面积与几何截面积的比值称为标准化的后向散射截面积,用 σ_b 表示。

在影响目标后向散射截面积的诸多因子中,目标尺寸和电磁波波长影响最大。当波长 λ 确定后,球形粒子的散射特性主要取决于粒子直径 d 和入射波长 λ 之比。图 2.6 给出了球体后向散射截面积随波长的变化关系。

从曲线上可以把后向散射截面积 σ 与 $\pi d/\lambda$ 之间的关系分成三个区间,即瑞利区、起伏区、光学区。

瑞利区:当 $\pi d/\lambda < 1$ 时,σ 随 d/λ 增大而急剧增加。

起伏区:当 $1 \leqslant \pi d/\lambda \leqslant 10$ 时,σ 呈振动特性。在雷达工程计算上,通常取其平均值,即 $\bar{\sigma} = \pi d^2/4$。

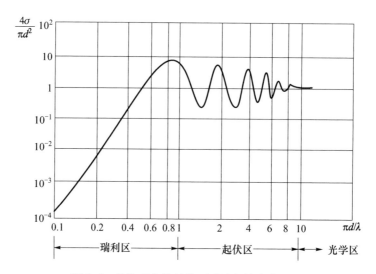

图2.6 球体后向散射截面随波长的变化关系

光学区:随 d/λ 继续增大,且远大于 1 时,σ 趋近于 $4\sigma/(\pi d^2)=1$,为极限。此时,后向散射面积与几何面积具有一致性。

由此可见,只要 $\pi d/\lambda>1$,当波长 λ 在相当大的范围内变化时,σ 均在 $\pi d^2/4$ 值附近摆动,往往应用这一数值作为粒子有效散射截面积的估算值。

2.3.1.2 圆球形粒子的散射

粒子对电磁波的散射看上去是一个简单的物理现象,但定量讨论它的散射能力时,一方面要考虑粒子的大小、形状和电学特性,另一方面要考虑雷达发射电磁波的波长、极化特性及入射角。目前只能对圆球形、圆柱形、椭球形等几何形状比较规则的粒子散射求得精确的数学函数表达式。好在气象上云滴、雨滴等粒子一般可以近似地看作是圆球形或椭球形。

$d\approx\lambda$ 的大球形粒子的散射称为米(Mie)散射。$d\ll\lambda$ 的小球形粒子的散射称为瑞利(Rayleigh)散射。米散射理论是一个关于球形粒子散射电磁波的普遍理论,包括了"大""小"球形粒子;瑞利散射理论反映的是尺度远小于电磁波波长的球形粒子的散射情况,所以,瑞利散射又称为"小"球散射。

1)米散射理论

G. Mie 从麦克斯韦方程组出发,推导出了均匀介质圆球粒子对平面电磁波散射的函数表达式。他指出,当电磁波投射在粒子表面时可产生复杂的电磁振荡现象,由粒子向四面八方传播,尤其是粒子尺度与电磁波的波长相近时。这种散射辐射可以想象为无数谐波综合的结果,而谐波数随粒子尺度的增大而增加。因此,散射辐射强度在数学上可用无穷级数来表示,级数的各项指出各次谐波的强度。

米散射理论的三点假设:①粒子是球形的,粒子内外都不含自由电荷,散射粒子不是导电体;②粒子内、外介质是均匀各向同性的,粒子外介质一般是空气或真空;③入射电磁波随时间做简谐变化。

根据以上假设条件分析因散射粒子存在而造成的电磁场扰动,最后得到球形粒子后向散射截面积的解。

由于粒子尺度大,不能再作为单个的偶极子处理,在外电磁场的激励下,粒子中很多的偶极子发射着次级电磁波,且相互会发生干涉,使散射过程极为复杂。根据米散射理论的分析,圆球形粒子的后向散射截面积为

$$\sigma = \frac{\pi r^2}{\alpha^2} \left| \sum_{n=1}^{\infty} (-1)^n (2n+1)(a_n - b_n) \right|^2 \tag{2.8}$$

式中:$\alpha = \frac{2\pi r}{\lambda}$;$r$ 为圆球形粒子的半径;a_n 和 b_n 为散射场的系数,a_n 与感应的磁偶极子、磁四极子等的散射有关,b_n 与电偶极子、电四极子等的散射有关,它们都是以 α 和复折射指数 $m(m = n - ik, n$ 为通常意义下的折射指数,k 为介质的吸收系数)为自变量的球贝塞尔(Bessel)函数第二类汉克尔(Hankel)函数来表示的。根据米散射公式,可以计算出不同尺度的球形粒子在不同波长时的后向散射截面积 σ。

球形粒子的 σ 随 α 的变化是比较复杂的。当 α 很小时,后向散射截面积 σ 比几何截面积 πr^2 小很多(类似图2.6的瑞利区);随着 α 增大,后向散射截面积 σ 随 α 迅速增大,以后增大的速度减缓,甚至转为不变和减小,而后又重新增大,呈现振动式的变化(类似图2.6的起伏区)。

冰球的 σ 与水球的 σ 相对关系随 α 的大小也是显著变化的。当 α 很小时,冰球的 σ 只有同体积水球 σ 的 1/5 左右;当 $\alpha = 1.7$ 时,两者相等;当 $\alpha > 2.5$ 时,冰球的 σ 比同体积水球 σ 大 1 个量级。20 世纪 60 年代,人们曾对米散射理论进行实验验证,结果表明理论值和实测值很一致。

2)瑞利散射理论

在粒子的尺度远小于电磁波波长($d \ll \lambda$)的情况下,式(2.8)可以简化为

$$\sigma_i = \frac{\lambda^2}{\pi} \alpha_i^6 \left| \frac{m^2 - 1}{m^2 + 2} \right|^2$$

$$= \frac{\pi^5}{\lambda^4} |K|^2 d_i^6 \tag{2.9}$$

式中:K 用来表示 $\frac{m^2 - 1}{m^2 + 2}$;d 为粒子直径。

式(2.9)就是著名的瑞利散射公式,它说明:目标处于这种散射状态时,决定它们散射截面积的主要参数是体积而不是形状,对形状不同的影响只做较小

的修改即可。粒子散射在符合以下 5 点假设时,就可看作瑞利散射:

(1)产生散射作用的粒子直径 d 比入射波长 λ 小得多,即 $d \ll \lambda$。

(2)散射粒子的电学特性是各向同性的。

(3)散射粒子不带自由电荷。

(4)入射波是周期变化的平面波。

(5)散射粒子不是导电体,复折射指数 m 不太大。

云滴的直径通常小于 0.1mm。雨滴的直径一般为 0.5~3.0mm。强对流性降水的雨滴直径可以超过 4mm,但最大不超过 6mm,否则自行破裂。因此,对 10cm 波长所有的雨滴都符合瑞利散射条件;对 5cm 和 3cm 波长,云滴和大多数雨滴符合瑞利散射条件,只是在强对流降水情况下,对于可能出现的直径在 3~6mm 的大雨滴,瑞利近似不能适用。

由式(2.9)可知,瑞利散射时小球形粒子的后向散射截面与粒子直径的 6 次方成正比,与波长的 4 次方成反比。由于云滴的直径很小,后向散射能力很弱,所以早期的天气雷达观测不到纯粹由云滴组成的云,而新一代天气雷达由于其灵敏度较高,可以探测到云。对同一降水粒子,天气雷达的波长越短,云雨所产生的后向散射越强。所以,波长较短的 3cm 雷达更容易发现弱的降水目标,波长更短的毫米波雷达最擅长探测云目标。

粒子后向散射截面还与 $|K|^2$ 有关,水球的 $|K|^2$ 值对于 S、C 和 X 波段雷达均为 0.93 左右,冰球的 $|K|^2$ 值为 0.197,所以瑞利散射情况下冰球的后向散射截面大约只有同样大小的水球的 1/5,这也是干雪回波通常较弱的原因。

瑞利散射辐射的空间分布是轴对称的,前后向的辐射也是对称的,沿辐射入射方向的前向散射和后向散射最强,而垂直于传播方向的散射辐射最弱。另外,散射辐射有很高的偏振度,尤其在与入射方向相垂直的方向上,几乎是全偏振的。

在处理大气中粒子散射对入射辐射的削弱时,通常按照每个粒子独立散射处理,大气的总散射是所有粒子散射的累加。因此,总散射截面是所有粒子散射截面之和,大气对入射波的散射和削弱与大气中粒子的数密度和粒子谱分布相关。

这些结论在大气遥感中得到广泛的应用,成为重要的理论基础。同时,根据所使用的电磁波和大气中粒子的尺度,分别采用不同的处理方法。例如,在可见光区,对大气分子通常只考虑瑞利散射,而对于云滴和气溶胶粒子,则属于米散射。但是对于天气雷达(微波),电磁波的波长在厘米级,空气分子的散射可以忽略,云滴的散射可以按瑞利散射处理,而较大的雨滴需要按米散射处理。但主要应用于降水天气系统监测的天气雷达,由于波长远大于非降水云的云滴半径,所以能获取的云结构信息有限,波长较短的毫米波雷达可以在云探测中发挥作用。

大气的各种散射特性都可以为大气遥感提供重要信息,单基地天气雷达、激光雷达等,利用大气中粒子的后向散射进行遥感探测;而双/多基地天气雷达则可以利用前向散射和侧向散射进行遥感探测。

2.3.1.3　非球形粒子的散射

1）小的非球形粒子的散射

前面讨论的都是球形粒子的散射。但是,冰晶、雪花是非球形的,下落中的大雨滴也会发生变形,大多数冰雹(尤其是较大的冰雹)往往是非球形的,因此,有必要了解非球形粒子的散射特性。

最简单的非球形对称粒子是旋转椭球体。对小椭球体散射问题的定量分析研究,基本的出发点是:①粒子是旋转椭球体,如图 2.7 所示,它有一个旋转轴(或主轴)a 和两个对称轴 b 和 c,主轴的方向也就是椭球体的取向。当 $a < b$,$a < c$ 时,称为扁椭球体;当 $a > b$、$a > c$ 时,称为长椭球体。②粒子的尺度与入射波相比是“小”的,满足瑞利散射条件,即只考虑电偶极子的辐射而无须考虑电多极子和磁偶极子的辐射。③入射的是平面极化波,沿着椭球体的三个轴感应出三个偶极矩。在这种情况下,由于椭球体是非球对称,其散射回波强度除了与粒子的大小和介电常数有关外,还与以下因素有关:

(1)椭球体的回波强度与其相对入射电场的取向有关。当入射电场和椭球体的长轴平行时产生的偶极矩最大,回波最强;反之,当入射电场和椭球体的短轴平行时产生的偶极矩最小,回波最弱。

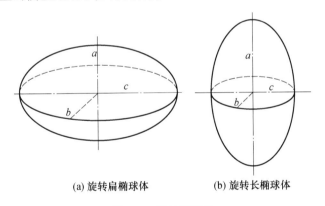

(a) 旋转扁椭球体　　　(b) 旋转长椭球体

图 2.7　旋转椭球体

(2)当入射电场与椭球体的任一个轴都不平行时,散射波的电场除了有与入射波电场平行的分量(称为平行极化分量)外,还有与入射波电场垂直的分量(称为正交极化分量)。例如,当入射波电场的方向与椭球体的长轴成 45° 角时,由于在长轴方向和与长轴正交的方向上,在同样的电场分量 $E_{外} \cos 45°$ 的作用下,两个方向形成的偶极矩不同,合成偶极矩的方向将不与入射电场 $E_{外}$ 同向,而偏向于长轴的方向,并且有与入射电场平行和正交的两个分量。

（3）椭球体的散射或回波强度与粒子的形状有关。但是,形状的影响只有当粒子的介电常数$m^2 \neq 1$时才起作用。由于水的介电常数大约为80,而冰的介电常数只有3左右,所以形状的影响对于水滴更为重要。对介电常数接近1的雪花,形状的影响极小,可以把它看作是同样体积的雪球。

（4）由于冰的介电常数与波长无关,而水的介电常数随波长改变,因此,形状的影响或回波强度是否与波长有关,取决于粒子是由水还是冰所组成。

以上讨论的是单个椭球体的散射特性。实际上,冰晶、雪花等在空中降落时,由于乱流等的作用,其取向将是任意的。在这种情况下,许多粒子的总散射或回波强度将与入射波的极化方向无关,而只取决于粒子的轴长比(a/b)、介电常数和体积。在图2.8中给出了任意取向的旋转椭球体群的散射的平行极化分量(用后向散射截面$\sigma_{\parallel}$表示)随轴长比的变化,图中的纵坐标是以$\sigma_{\parallel}$与同体积的圆球形粒子的后向散射截面σ的比值$\sigma_{\parallel}/\sigma$作为单位,这种单位称为"标准化散射强度"。由图2.8可见:

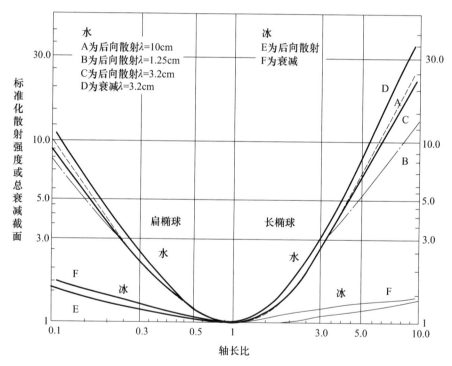

图2.8　标准化散射强度或衰减截面积与轴长比的关系

① $\sigma_{\parallel}/\sigma > 1$,即任意取向的非球形粒子群的散射总是大于同体积球形粒子群的散射。例如,当波长为10cm时,轴长比为0.1的扁椭球体,其标准化后向散射强度为10;轴长比为10的长椭球体,其标准化后的散射强度为25。

② 水椭球体的 $\sigma_{/\!/}/\sigma$ 要比同样形状的冰椭球体的大许多。不过大水滴的变形较小 ($a/b \approx 1.5$)。但是,如前面所指出的,当小冰球的表面开始融化时,其散射能力即接近于同体积的水滴。因此,融化中的湿冰晶和雪花的散射,可以大大超过同体积的圆球形水滴。

当冰和水的椭球体为定向排列时,例如雪片具有以其长轴处于水平方向的倾向,则散射波的强度就与雷达波的极化、入射角有关。

2）非球形粒子散射能量的偏振

前面已经指出,任意取向的非球形粒子群在平面极化波的照射下,其散射辐射除了有与入射波电场矢量同方向的平行分量外,还出现与入射波电场矢量相垂直的正交极化分量。正交极化散射功率密度或相应的后向散射截面 $\sigma_\perp$ 和平行极化散射功率密度或相应的后向散射截面 $\sigma_{/\!/}$ 的比值 D,称为退偏振比。理论计算得出的水和冰的椭球体在空间任意取向时的退偏振比与粒子的轴长比 a/b 之间的关系,如图 2.9 所示。由图可见,退偏振比小于 1。在同样的轴长比时,非球形水滴的退偏振比比非球形冰粒的要大。例如,对轴长比 a/b 为 0.1 和 10 的扁椭球体和长椭球体,水的退偏振比分别为 10% 和 30%,而冰只有 3%。这是因为冰的介电常数较小的缘故。对低密度的雪,退偏振比可以忽略。

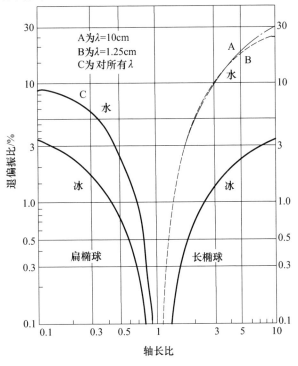

图 2.9 任意取向的水和冰的非球形粒子群的退偏振比

2.3.1.4 粒子群的散射

雷达在探测实际大气时,接收到的后向散射回波是由一群粒子共同形成的。一群云雨粒子的瞬时回波是涨落的,其原因是散射能量同时到天线处的许多云雨粒子之间的相对位置不断发生变化,从而使各云雨粒子产生的回波到达天线的行程差也发生随机变化。粒子群造成的瞬时回波,不能简单地看作各个粒子单独产生的瞬时回波的简单叠加。气象雷达都对云雨粒子群瞬时回波按一定范围、一定时段进行平均。可以证明,当粒子间距离大于雷达波长时,粒子群的平均回波功率等于构成群中各单个粒子产生的回波功率的总和。表征粒子群后向散射能力的量是雷达反射率 η,它是单位体积内所有粒子散射截面积之和,即

$$\eta = \sum_{\text{单位体积}} \sigma_i \qquad (2.10)$$

瑞利散射情况下,式(2.10)可写为

$$\eta = \frac{\pi^5}{\lambda^4} |K|^2 \sum_{\text{单位体积}} d_i^6 \qquad (2.11)$$

进一步定义雷达反射率因子:

$$Z = \sum_{\text{单位体积}} d_i^6 \qquad (2.12)$$

它是单位体积内所有粒子的直径 6 次方的和,该量和粒子的大小、密度有关,与雷达波长和粒子的电特性无关,是天气雷达探测得到的云雨目标强度,是气象学参数。

2.3.1.5 大气折射率梯度散射

大气折射率发生急剧的不均匀性变化(如在大气团边界),将导致雷达能量的后向散射,这种现象常称为布拉格散射。在特殊条件下,折射率梯度也会形成对晴空回波有显著贡献的镜面反射。折射率区域分层结构也能导致部分镜面反射,在平流层这些分层是普遍存在的,在对流层的逆温层也存在镜面反射。

对较长波长雷达(特别是分米量级到米级范围),雷达发射能量的镜面反射是最重要的,尤其对垂直指向雷达(一般仰角越低,可观测的镜面反射越少)。大气水平分层是其主要原因,由非常高折射率梯度造成的分层界面能直接反射部分雷达辐射能量到垂直指向雷达。由于地球曲率造成的分层凹面,能对反射信号进行聚焦,所以镜面反射效果可能随高度而增强。MST 雷达尤其适合观测镜面反射的回波。这些雷达用于探测高空大气,通常工作在偏离垂直方向很小范围内。这种回波很少被工作在较高频率、仰角低于 60° 碟形天线的天气雷达探测到。

在低对流层,来自薄稳定层的部分镜面反射是晴空回波的主要来源,不能忽视部分镜面反射回波的存在。当发生来自镜面反射的回波时,这个回波一般是连续的并经常持续数分钟。这个预示引起反射的大气层结有相当长的生命期,甚至达到静态的程度。而发生由布拉格散射引起的回波,一般只有短暂的几秒持续时间。

布拉格散射的物理原理与可见光的折射相同。基本原理就是媒质的折射率变化导致通过媒质的波的传播速度发生变化。这个导致遵从斯涅尔定律的波折射。当非均匀性足够大时,例如沿逆温层边缘或者在小范围的湍流大气内,折射的混合效果导致雷达波束的部分后向散射能量回到雷达。

由式(2.4),在实际大气中,气压 p 随高度呈指数减小,温度 T 随高度呈线性减小,因此大气折射率一般随高度增加而减小。在 1km 以下的大气层中,折射率的日变化最大。

N 的空间梯度代表雷达波束的折射。梯度 ΔN 通常用符号 M 表示。为了分析各参数对 M 的贡献,把式(2.4)分成两项:干燥项 $77.6p/T$,潮湿项 $373256e/T^2$ 其中 e 为水气压。

干燥项对 N 一般至少有 60% 的贡献。通常 T 与 p 在微小尺度的变化是不明显的,所以该项并不像潮湿项那样给 N 带来大的波动。在逆温层边缘(一般贴近地面)可能存在大的温度梯度,有时认为是一些晴空回波的主要来源,特别在空气更干燥的较高高度。另外要注意的是,由于大气的静压性,干燥项在量值上随高度呈指数规律减小。

潮湿项的贡献可能随水汽压和温度而显著变化。大气团边缘的湿度与温度梯度能产生显著的 N 梯度。注意到大气中的水汽含量随高度递减,故潮湿项的贡献将随高度减弱,在对流层上部及更高高度,影响将无足轻重。因此,在低对流层折射率一般对湿度更灵敏,当使用高仰角时,这时水汽压很小,温度梯度对 M 有显著贡献。

上面已经提及,气团边缘可能存在足够大的折射率梯度而导致雷达后向散射。1980 年 James 引用其他几种条件下可能存在类似的梯度:云及雾顶、对流边界、对流层顶、剪切稳定层及雷暴外流边界。这些条件有一个共同结果——它们导致沿着边界的湍流,而这个湍流会产生大范围的导致入射雷达能量返回的折射率梯度。

2.3.1.6　其他散射

1) 地杂波

地面的障碍物可能直接在雷达主波束的照射方向上,如小山或高层建筑,此时可产生较强回波及影响对附近其他目标的探测。此外,回波还可能来自雷达附近的目标,尽管这些目标可能不直接在雷达主波束的照射区域,但出现在雷达波束的一个旁瓣内。这时,虽然旁瓣能量比主瓣低得多,但由于障碍物很近,回波可能仍然很强。

如果雷达波束遇到很强的大气密度梯度(在雷暴外流边界、近地面强冷峰或晚间强的大气逆温都可能发生这种强密度梯度),它也可能向下折射碰到地面而产生很大的地物回波。

在大多数情况下,静地物因为产生强回波而很容易判别。另外,它的检验方法也很简单:因为地杂波一般平均速度为 0,如果使用多普勒天气雷达,基准速度数据可以被抑制。但由强密度梯度产生的地杂波是一个例外,密度梯度可能随时间和空间变动,因此弯向地面的雷达波束探测到的地杂波不是静止不变的。如果在更高的仰角看不到该回波,则这个后向散射可能是地物杂波引起的。

2)生物散射

生物群常常也引起电磁波的后向散射。实际上有相当确凿的证据表明,昆虫是短波长(如 K 波段)雷达晴空回波的主要成因。

因为大多数生物不是球形的,所以回波大小与生物体身体相对雷达朝向有很大关系。人们把这个方向性影响用雷达差分反射率因子 Z_{DR}(详见第 5 章)来表征,当昆虫头部正对雷达飞行时,$Z_{DR} \approx 0$。当昆虫朝雷达波束正交方向水平飞行时,Z_{DR} 最大。

如果从晴空回波中得到大差分反射率因子,则散射体可能是生物群。Z_{DR} 也可提供生物类型和它的行为信息,例如从 Z_{DR} 随时间的变化可指出生物群的走向。

在正常飞行中,昆虫的身体主轴是水平的(特别是对较小的昆虫),但昆虫可基于这个平面朝任一方向飞行。这个导致 Z_{DR} 大小特别依赖于昆虫的长宽比。对于水平飞行的鸟这点也适用。研究表明,鸟的长宽比一般为 2 ~ 3,昆虫的长宽比一般为 3 ~ 10。对于较大的细长形体昆虫,$Z_{DR} = 10dB$。对于雨滴,Z_{DR} 一般为 0 ~ 2dB。

现在研究人员已广泛接受昆虫比相对小数量的鸟群在获得大量级回波中扮演更大的角色,这是因为昆虫体内含有大量水分,典型的为 50% ~ 70%。应使用后向散射模型来解释针对不同波长雷达及扫描体内昆虫大小分布改变导致的昆虫回波的变化。对较长波长的雷达,昆虫散射通常在瑞利散射区。但对较短波长,如 X 与 K 波段,尤其是较大昆虫,散射可能进入米散射区。昆虫大小分布可能导致两者的组合。

昆虫群常常选择顺风方向飞行,但昆虫行为很容易受气象条件,特别是温度的影响。当昆虫处于上升气流中时,它们的飞行力量减弱,有时甚至丢失主动飞行的能力。此时它们可能改变飞行方向而导致雷达反射率变化。这个方向改变也使它们的阻尼系数改变,而导致下降或上升速度减小。在雷达中可明显探测到昆虫的这种行为结果,这影响了使用昆虫作为大气运动示踪物的有效性。这是因为:首先,记录的多普勒速度将不代表风速与风向;其次,后向散射随雷达的极化特性、昆虫群方向及视角不同而不同。

除了上面提到的可能问题,在多数情况下,昆虫是被风被动携带飞行。许多雷达研究人员认为,对于一般情况下的随机采样体内的昆虫群飞行,昆虫可以有效地作为大气运动的示踪物。所以,即使在有些情况下昆虫不能反映大气的运动特性,但昆虫的后向散射可以告诉人们大量关于雷达采样体内大气的局部动态特性。

2.3.2　吸收

吸收是指辐射到介质上的电磁能中的一部分被转变为物质本身的内能或其他形式的能量。

大气中各种气体成分具有选择吸收的特性,这是由组成大气的分子和原子结构及其所处的运动状态决定的。

由原子物理知道,任何单个分子,除具有与其空间运动有关的能量以外,还具有内含的能量,其中大部分是围绕各个原子核轨道运动的电子的能量(动能和静电势能)E_e,另外还有一小部分是各原子在其分子平均位置周围的振动能量 E_v,以及分子绕其质量中心转动的能量 E_r,这些能量都是量子化的。电子轨道、原子振动和分子转动的每一种可能的组合,都对应于某一特定的能级。分子由于吸收电磁辐射能而向较高的能级跃迁,同样,也能通过发射辐射能而降低能级。一定的能级跃迁、吸收或发出一定频率的辐射,对应于一条光谱线。在仅有电子能级跃迁时,光谱带在 X 射线、紫外线和可见光部分;在仅有振动能级跃迁时,光谱带在近红外部分;而仅有转动能级跃迁时,光谱带在红外和微波波段部分,且能量变化很小。实际上,分子的转动跃迁常伴随着振动跃迁发生,因此在一个振动带内有许多转动谱线。而转动和振动能量的变化又常伴随着电子能级跃迁,使相应的谱带更呈现出复杂的带系结构。

2.3.2.1　吸收截面积与吸收系数

描述单个粒子对电磁波吸收能力的物理量是吸收截面积 σ_{ab},其意义是粒子所吸收的辐射能相当于其在入射辐射场中以 σ_{ab} 的面积截获的辐射能。与散射截面积相类似,入射波在原前进方向上的能量将因粒子吸收而减少,单位时间内减少的能量是 $\sigma_{ab} \cdot S_i$。

在大气中,通常以单位体积大气中所有粒子的吸收截面积之和描述大气的吸收能力,称为体积吸收系数。若单位体积内气体分子数为 N,则吸收系数 $K_{ab} = N\sigma_{ab}$。理论上,吸收系数是对应于一定的电磁波波长的,同时会与温度和气压有关。在大气遥感中,通常是测量某一个波长区间的辐射,因此也使用该波长(或波数)区间的吸收系数。

2.3.2.2 大气吸收的选择性

大气吸收有显著的选择性。吸收太阳短波辐射的主要气体是 O_2,其次是 O_3,CO_2 吸收的不多。吸收长波辐射的主要是 H_2O,其次是 CO_2 和 O_3。

H_2O 的吸收带主要在红外区,不但吸收了约 20% 的太阳能量,而且几乎覆盖了大气和地面长波辐射的整个波段。H_2O 吸收作用最强的是 $6.3\mu m$ 的振动带和大于 $12\mu m$ 的转动带。大气中还有液态水(如云雾滴等),其吸收带和水汽的吸收带相对应,但波段向长波方向移动。

O_2 的吸收主要在小于 $0.25\mu m$ 的紫外区,有舒曼-龙格(Schumann - Runge)吸收带,波长为 $0.125 \sim 0.2026\mu m$;较弱的有赫兹堡(Herzberg)带,波长为 $0.1961 \sim 0.2439\mu m$。虽然吸收作用很弱,但因太阳辐射在 $0.25\mu m$ 以下的能量不到 0.2%,因此吸收的能量并不多。O_2 在可见光还有两个较弱的吸收带,其中心分别在 $0.76\mu m$ 和 $0.69\mu m$,对太阳辐射的削弱不大。

O_3 最强的吸收在紫外区,有哈特来(Hartler)吸收带,波长为 $0.22 \sim 0.30\mu m$,以及较弱的哈金斯(Huggins)吸收带,波长为 $0.32 \sim 0.36\mu m$。在可见光区还有一个较弱的查普尤(Chappuis)吸收带。据估计,臭氧层能吸收太阳辐射能量的 2% 左右,是导致平流层上部温度比较高的原因。在红外区比较强的是 $4.7\mu m$、$9.6\mu m$ 和 $14.1\mu m$。

CO_2 主要在大于 $2\mu m$ 的红外区有吸收,比较强的是中心位于 $2.7\mu m$、$4.3\mu m$ 和 $15\mu m$ 的吸收带。由于 $2.7\mu m$ 吸收带与水汽的吸收带重叠,而太阳辐射在 $4.3\mu m$ 处已很弱,所以 CO_2 对太阳辐射的吸收一般不专门讨论。对于大气长波,以 $15\mu m$ 附近的吸收带最为重要。

从整层大气吸收率可看出,大气中的 O_2 和 O_3 把太阳辐射中小于 $0.29\mu m$ 的紫外辐射几乎全部都吸收了。在可见光区,大气的吸收很少,只有不强的吸收带。在红外区,主要是水汽的吸收,其次是 CO_2 和 CH_4 的吸收。在 $14\mu m$ 以外,大气可以看成近于黑体,地面产生的大于 $14\mu m$ 的远红外辐射全部被吸收,不能透过大气传向空间。

在 $8 \sim 12\mu m$ 波段,大气的吸收很弱,称为大气的透明窗或大气光谱窗。这一区域中只有 $9.6\mu m$ 附近 O_3 有一个较强的吸收带,O_3 主要分布在高空,因此这一吸收带对由大气上界向外的辐射有明显作用。大气窗区对地气系统的辐射平衡有十分重要的意义。因为地表温度约为 300K,与此温度相对应的黑体辐射能量主要集中在 $10\mu m$ 这一范围,而大气对这一波长范围的辐射少有吸收,故地面发出的长波辐射透过这一窗口被发送到宇宙空间。

◤ 2.4 气象目标对电磁波的衰减

电磁波能量沿传播路径减弱的现象称为衰减。造成衰减的物理原因：电磁波投射到气体分子或云雨粒子时，一部分能量被粒子散射，使原来入射方向的电磁波能量受到削弱；另一部分能量被粒子吸收，转变为热能或其他形式的能量，从而使电磁波减弱。

2.4.1 衰减系数

介质对电磁波能量衰减的强弱，用衰减系数 k_1 来表示，它等于雷达电磁波平均功率在大气中往返单位距离后被衰减掉的数量。

设 $\overline{P}_r$ 为平均回波功率，$\mathrm{d}\overline{P}_r$ 为雷达波传播过程中大气衰减引起的平均回波功率减小值，R 为雷达与目标之间的距离，则电磁波在 $\mathrm{d}R$ 上的衰减量为

$$\mathrm{d}\overline{P}_r = -2k_1\overline{P}_r\mathrm{d}R \tag{2.13}$$

式中：乘以系数 2 是因为雷达发出的探测脉冲要被介质衰减，从目标返回的回波信号又要在途中被同样衰减；负号 "－" 表示受衰减后功率总是减小的。

由式（2.13）可得衰减系数为

$$k_1 = \frac{\overline{\mathrm{d}P_r}}{2\overline{P}_r\mathrm{d}R} \tag{2.14}$$

因此，经过距离 R 衰减传输后，回波功率为

$$\overline{P}_r = \overline{P}_{r0}\mathrm{e}^{-2\int_0^R k_1\mathrm{d}R} \tag{2.15}$$

式中：$\overline{P}_{r0}$ 为未经衰减时的平均回波功率。

因此，如果知道电磁波传播路径上介质的衰减系数，就可以计算回波功率的衰减量，从而对接收到的回波功率进行衰减订正。

现代天气雷达对接收到的回波功率自动进行衰减订正，S 波段衰减系数为 0.011dB/km（双程），C 波段衰减系数为 0.016dB/km。

2.4.2 气体对电磁波的衰减

气体的衰减主要由吸收作用引起，对于波长较长的天气雷达来说通常可以忽略。但对于工作在 1cm 左右波长的雷达，探测距离较远时必须考虑。

在空气中需要考虑吸收作用的气体，只有水汽和氧气。图 2.10 中绘出了它们的吸收曲线，这是在 1atm（1atm = 1.013×10^5Pa）、温度为 20℃、水汽密度为 7.75g/m^3 的情况下作出的。水汽的吸收与水汽的密度成正比。它的强吸收带

在 1.35cm。对 3cm 波长的电磁波,在水汽密度为 7.5g/m³ 时,水汽的衰减系数为 5×10^{-3}dB/km。当波长大于 3cm 时,水汽吸收很少。氧气的吸收主要发生在 0.5cm 处,随着波长的增加,衰减系数很快减小。对 3~10cm 波长的电磁波,在 1atm、温度为 20℃时,低层大气中氧气造成的衰减约为 0.01dB/km。

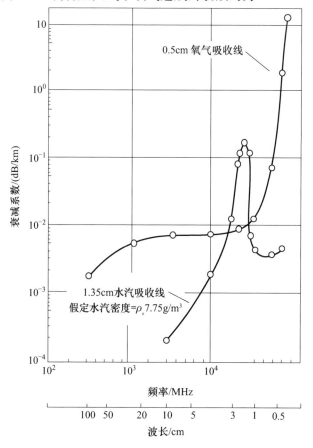

图 2.10　大气气体的微波衰减

2.4.3　云对电磁波的衰减

云滴是半径小于 100μm 的水滴或冰晶。对天气雷达波段来说,它们满足 $\alpha \ll 1$ 的条件,因此可以采用瑞利近似。理论计算表明,云造成的衰减主要是由于吸收作用引起的。云的衰减系数 k_c(dB/km)与云的含水量 M(g/m³)成正比:

$$k_c = k_1 M \tag{2.16}$$

式中:k_1 为单位含水量($M = 1$g/m³)时的衰减系数,表 2.4 列出了不同波长和温度时云的衰减系数 k_1。

表 2.4　不同波长和温度时云的衰减系数 k_1 　　（单位：dB/km）

温度/℃		波长/cm			
		0.9	3.2	5.0	10.0
水 20		0.647	0.0483	0.0215	0.0054
云	10	0.681	0.063	0.022	0.0056
	0	0.99	0.086	0.035	0.009
冰 0		8.74×10^{-3}	2.46×10^{-3}	—	—
云	−10	2.94×10^{-3}	8.19×10^{-3}	—	—
	−20	2.0×10^{-3}	5.63×10^{-3}	—	—

　　由表 2.4 可见,波长增加,云的衰减系数迅速减小。当波长由 3cm 增大到 10cm 时,衰减系数几乎减小 1 个量级;在含水量相同时,冰云的衰减系数要比水云小 2 个量级。由于不含降水粒子的云的含水量很小(不超过 $1g/m^3$),而且雷达波在云中穿过的距离也不会很长,所以云对雷达波的总衰减量很小,在天气雷达探测实践中通常可以忽略。

2.4.4　雨对电磁波的衰减

　　当雨滴较小,波长相对较长时,雨对雷达波的衰减可以用瑞利近似来计算。但对大的雨滴,雷达波长又小于 10cm 时,雨的衰减系数必须用米散射公式来计算。实际上,常把雨的衰减系数 k_p(dB/km)表示成降水强度 I(mm/h)的函数。根据理论计算及雨滴谱的资料得到,雨对雷达波的衰减系数与降水强度 I 有以下经验关系:

$$k_p = k_2 I^\gamma \tag{2.17}$$

式中: k_2、γ 取值都与波长和温度有关,并且随地域而异。即使在同一地区的不同类型的降水中,因滴谱不同,k_2 和 γ 也可能有不同的值,表 2.5 给出了不同波长下的典型值。

　　表 2.6 所列的是常用的几种波长在不同降水强度时的衰减系数 k_p 值(温度 18℃)。可以看出,随着波长的增加,雨对雷达波的衰减迅速减小。

表 2.5　不同波长下 k_2 和 γ

波长/cm	0.9	3.2	5.6	10.0
k_2	0.22	0.0074	0.0022	0.0003
γ	1.0	1.31	1.17	1.00

当波长为 10cm 时,降水强度达到 100mm/h,所产生的衰减系数也小于 0.03dB/km。但是在 3cm 波长时,衰减相当严重,穿过径向尺度为 100km、降水强度为 10mm/h 的降水区,回波信号的衰减可达 30dB;同样情况下,5.6cm 波长的雷达回波信号的衰减量则为 6dB。5.6cm 波长的电磁波,在穿过径向尺度为 100km、降水强度为 20mm/h 的降水区,回波信号的总衰减量也可达 15dB。

表 2.6　雨的衰减系数 k_p　　　　　　　　（单位:dB/km）

降水强度/(mm/h) \ 波长/cm	0.9	3.2	5.6	10.0
0.5	0.11	0.003	0.001	0.00015
1	0.22	0.007	0.002	0.0003
5	1.1	0.061	0.014	0.0015
10	2.2	0.151	0.033	0.003
20	4.4	0.375	0.0732	0.006
50	11	1.25	0.214	0.015
100	22	3.08	0.481	0.030
200	44	7.65	1.083	0.060

2.4.5　冰雹对电磁波的衰减

冰雹对电磁波的衰减要比云、雨严重得多,对 3cm 波长,在某些场合衰减系数可以超过 4dB/km,对 5.5cm 的波长,也可以有很大的衰减。

由于冰雹尺度较大,因此冰雹的衰减必须应用米散射理论公式进行计算。计算表明,大冰球的衰减系数接近同体积的水球,有时甚至超过水球。海绵状冰球的衰减系数与冰球相似,水包冰球的衰减系数和水球相似。冰雹单程衰减系数 k_h 见表 2.7 所列。

表 2.7　冰雹的单程衰减系数 k_h　　　　　　（单位:dB/km）

波长/cm	水层厚度/cm	冰雹直径/cm		
		0.97	1.93	2.89
3.21	0	0.12	1.21	1.66
	0.01	0.91	3.01	3.46
	0.05	1.68	3.72	4.03
	0.1	1.50	3.49	3.79
5.5	0	0.015	0.18	0.33
	0.01	0.19	0.79	1.12
	0.05	0.56	2.48	2.82
	0.1	0.94	2.30	2.60

（续）

波长/cm	水层厚度/cm	冰雹直径/cm		
		0.97	1.93	2.89
10.0	0	0.002	0.017	0.034
	0.01	0.051	0.15	0.19
	0.05	0.058	0.34	0.60
	0.1	0.08	0.89	1.18

第 ❸ 章
常规天气雷达

◤ 3.1　概　　述

　　常规天气雷达是指基于经典成熟技术构造,在当前气象业务中普遍应用的天气雷达。现在一般是指非相参数字化天气雷达,它覆盖了 X、C、S 三个波段,能且仅能获取云和降水目标的位置、强度信息。

　　常规天气雷达通过采集和处理云、雨等气象目标回波信号中的幅度信息而用于监测雷达站周围 500km 以内的气象目标,定量测量雷达周围 300km 以内云和降水目标的强度、强度的空间分布,并能测定降水系统的移向、移速和发展高度等参数。

　　常规数字化天气雷达与早期模拟式天气雷达相比,采用了先进的雷达技术、计算机技术、数字和图像处理技术,不但能实时显示采集到的气象信息,而且能应用气象数理模型对实时气象信息做进一步处理,获取更有价值的二次气象产品,满足天气监测和预报的各种业务需求。

　　常规数字化天气雷达关于目标位置和强度测量的功能性能、技术方法及其强度资料的分析应用也适用于后续多普勒天气雷达及偏振天气雷达。目标位置和强度测量的有关内容将在第 4、第 5 章介绍。

◤ 3.2　系统组成及简要工作过程

　　常规数字化天气雷达系统由发射、天线馈线、接收、信号处理、数据处理与显示终端、监控、天线控制(或伺服)和电源(或配电)8 个分系统组成,如图 3.1 所示。

　　发射分系统采用相对简单的单级振荡式发射机,用脉冲磁控管作为振荡源产生大功率高频发射脉冲。

　　天线馈线分系统中的馈线部分主要包括波导、收发开关、旋转阻流关节等元器件。雷达发射时,将大功率高频发射脉冲能量传输到天线,阻止其漏入接收分系统;雷达接收时,将天线接收的高频回波脉冲能量传送至接收分系统,不让回波能量漏入发射分系统。天线馈源大都采用角锥形喇叭口辐射器,反射体采用抛物面,抛物面有正圆形的,也有椭圆形的,采用正向馈电方式。雷达发射时,天线将大功率高频发射脉冲能量聚集起来,形成针状波束向空间定向辐射;然后接收由气象目标后向散射返回的微弱高频回波脉冲信号。

接收分系统为超外差式接收机,采用低噪声场效应管高频放大器、镜像抑制混频器以及对数中频放大器等。它将天线馈线分系统送来的微弱高频回波脉冲信号进行频率变换和幅度放大,最后将具有足够幅度的视频回波脉冲信号送至信号处理分系统。

信号处理分系统做成一块集成度很高的计算机卡,称为信号处理卡,卡上电路包括 A/D 变换器、相加器、存储器、地址发生器等。来自接收分系统的视频回波脉冲信号,首先经 A/D 变换成为数字视频回波信号,然后对其进行数字视频积分处理(DVIP),包括方位积分和距离积分,以及距离订正,处理后的数字信号送至数据处理终端分系统。

数据处理与显示终端分系统在硬件上通常是两台计算机,一台置于机房(称为前台计算机),另一台置于预报工作室(称为后台计算机),两台计算机具有相同的功能,用做进一步处理信号处理分系统送来的回波信号的基本数据,以生成并显示多种实时和非实时气象产品。同时,由计算机的键盘(或鼠标)操作,发出各种控制指令,通过监控分系统来控制雷达的工作状态。

监控分系统通常应用单片机系统来协调本分系统中的检测、操作、接口、显示等集成电路板,完成 BIT 功能,配合终端完成对雷达工作状态的控制。

天线控制分系统采用以单片机为核心的数字控制电路和模块化 S/D 变换电路,按终端计算机发出的指令,完成天线扫描运动及角位置的实时控制,获取天线波束当前角位置数据。

电源分系统一般由交流稳压、直流产生、滤波稳压、控制保护等电路组成,为雷达各分系统提供交、直流电源。

3.3　云和降水目标强度测量

3.3.1　云和降水目标强度

天气雷达对云、雨、雪等目标强度的测量,是基于雷达接收到的目标回波功率实现的。影响回波功率大小的主要因素有两个:一是单位体积中云和降水粒子的后向散射截面总和 $\sum\limits_{\text{单位体积}} \sigma_i$,即反射率 η;二是因大气、云和降水对电磁波的衰减。气象雷达方程将具体描述这些特性与雷达回波功率之间的定量关系。人

们选择目标反射率 η、反射率因子 Z、等效反射率因子 Z_e 作为气象目标强度的雷达度量,并利用雷达探测到的回波功率推算反射率和反射率因子的量值。

3.3.1.1 反射率

气象目标的反射率等于单位体积中云和降水粒子后向散射截面的总和,如式(2.10)所示。由于云和降水粒子的后向散射截面通常是随着粒子尺度的增大而增大的,因此如果根据回波功率反推出反射率大,说明单位体积中云和降水粒子的尺度大或数量多,也就可以反映气象目标的强度大。不过粒子的后向散射截面不仅取决于粒子本身,还与波长有关(与其他雷达参数无关),所以,不同波长雷达测得的反射率不能互相比较,但是同一部雷达先后测得的反射率以及相同波长测得的反射率仍然可以相互比较,以确定气象目标的相对强弱。

3.3.1.2 反射率因子

反射率因子等于单位体积中云和降水粒子直径 6 次方的总和,如式(2.12)所示。这个值的大小完全由云和降水粒子的尺度和密度决定,具有明确的气象学意义,与雷达参数以及目标距离都无关。所以由回波功率反推出的反射率因子值来表示气象目标的相对强度是比较理想的。不同参数的雷达所测得的反射率因子值可以相互比较。

可以根据雷达测定的回波功率、目标距离以及该雷达的雷达常数来推算气象目标的反射率因子值。

3.3.1.3 等效反射率因子

雷达在不符合瑞利散射条件的情况下探测,同样可以借用气象雷达方程计算目标强度,但求得的不是反射率因子值,而是等效反射率因子值。等效反射率因子定义为

$$Z_e = \frac{\lambda^4 \eta}{\pi^5 |K|^2} \tag{3.1}$$

可见 Z_e 值和 η 值一样也可以反映气象雷达目标的相对强弱。因为它的大小还与波长有关,因此与 η 相似,不同波长的雷达所到得 Z_e 值不能作为气象目标强弱来作比较。只有相同波长雷达测得的 Z_e 值才能用作气象目标强弱的比较。

雷达反射率因子 Z(或 Z_e)的大小,有时用分贝来表示,记作 dBZ(或 dBZ$_e$)。近代数字化天气雷达的计算机终端上可以直接显示出回波区的 dBZ 值分布。这时,取 $Z_0 = 1 \text{ mm}^6/\text{m}^3$ 作为标准值,因此有

$$dBZ = 10\lg\frac{Z\ mm^6/m^3}{1\ mm^6/m^3} \qquad (3.2)$$

dBZ 值 Z 值的对应关系,见表 3.1 所列。

表 3.1　dBZ 与 Z 的对应关系

dBZ	35	40	45	50	55
Z(mm^6/m^3)	3.2×10^3	10^4	3.2×10^4	10^5	3.2×10^5

3.3.2　气象雷达方程

气象雷达探测云和降水等气象目标时接收到的回波不仅与被测的气象目标的性质有关,而且与雷达系统的各个参数以及雷达与被测目标之间的距离、大气状况有关。在第 2 章讨论了雷达波在大气中的散射、衰减、折射以后,就可以建立一个全面定量描述气象目标回波强度与上述各因素之间的关系,即气象雷达方程。依据这个方程,才能合理地设计和选择雷达参数,并在考虑了大气环境的影响后,根据回波的强度来推断被测气象目标的物理状况。

气象雷达是普通雷达中的一种,它也服从普通雷达探测目标的基本规律。气象雷达方程也源自普通雷达探测点目标的雷达方程。

3.3.2.1　点目标的雷达方程

设雷达发射机功率为 P_t,当用各向均匀辐射的天线发射时,距雷达 R 处任一点的功率密度 $S_1{}'$ 等于 P_t 除以假想的球面积 $4\pi R^2$,即

$$S_1{}' = \frac{P_t}{4\pi R^2}$$

实际雷达总是使用定向天线将发射机功率集中辐射于某些方向上。天线增益 G 表示比起各向同性天线,实际天线在辐射方向功率增加的倍数。因此当发射天线增益为 G 时,距雷达 R 处目标所照射到的功率密度为

$$S_1 = \frac{P_t G}{4\pi R^2}$$

目标截获了一部分照射功率并将它们重新辐射于不同的方向。用雷达截面积 σ 表示被目标截获的入射功率再次辐射回雷达处功率的大小,可用下式表示在雷达处的回波信号功率密度:

$$S_2 \approx S_1 \frac{\sigma}{4\pi R^2} = \frac{P_t G}{4\pi R^2} \cdot \frac{\sigma}{4\pi R^2}$$

截面积 σ 的量纲是面积。σ 的大小随具体目标而异,它可以表示目标被雷

达"看见"的尺寸。雷达接收天线只收集了回波功率的一部分,设天线的有效接收面积为 A_e,则雷达收到的回波功率为

$$P_r = A_e \cdot S_2 = \frac{P_t G A_e \sigma}{(4\pi)^2 R^4} \tag{3.3}$$

式(3.3)即为单个点目标的雷达方程。它说明雷达回波功率 P_r 的大小取决于雷达设备参数(P_t、G、A_e)、目标的雷达截面积 σ、目标与雷达之间的距离 R。

云和降水等气象目标的散射回波是云和降水粒子群散射的总和。为此需要先引入有效照射深度和有效照射体积的概念,然后才能在点目标雷达方程的基础上,推导出适合于云和降水粒子群的气象雷达方程。

3.3.2.2　有效照射深度与有效照射体积

脉冲雷达发射的电磁波具有一定的持续时间,即脉冲宽度 τ;在空间的电磁波列就有相应的长度,即脉冲长度 $h = \tau c$,其中 c 为电磁波的传播速度。位于雷达波束和探测脉冲长度范围内的所有云和降水粒子,都可以同时被雷达脉冲所照射。但是,并不是其中所有粒子产生的回波都能同时回到雷达天线。与天线距离相等的那些粒子可以同时被探测脉冲照射到,同时开始产生回波,并同时回到雷达天线,与天线距离不相等的粒子的回波信号也有可能有一部分能同时回到雷达天线。这是因为探测脉冲具有一定的宽度 τ,因而在它通过每一个粒子时,粒子产生的回波信号也有宽度 τ。这样距离不太远的两个粒子,虽然它们开始产生回波的时间并不相同,但是,仍有一部分回波信号能够同时回到雷达天线。可以证明,在每一瞬间,在径向距离 R 到 $R + (h/2)$ 范围内的那些粒子产生的回波信号(尽管它们开始产生回波信号的时间有的并不同)可以一起回到雷达天线。

设在雷达脉冲照射下,有 A、B 两个粒子,A 粒子到雷达的距离为 R_1,B 粒子到雷达的距离为 R_2(图 3.1)。取天线开始发射脉冲的时刻为计时起点,那么,天线接收到脉冲波前沿在 A 粒子产生的回波的时间 $t_1 = 2R_1/c$,天线接收到脉冲

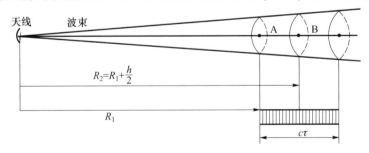

图 3.1　有效照射深度示意图

波前沿在 B 粒子产生的回波的时间为 $t_2 = 2R_2/c$，天线接收到脉冲波后沿在 A 粒子产生的回波的时间 $t_3 = (2R_1/c) + \tau$。若脉冲波前沿在 B 粒子产生的回波恰好与脉冲后沿在 A 粒子产生的回波一起回到雷达天线，则有

$$t_2 = t_3$$

即

$$\frac{2R_2}{c} = \frac{2R_1}{c} + \tau$$

于是有

$$R_2 - R_1 = \frac{c\tau}{2} = \frac{h}{2} \tag{3.4}$$

式（3.4）说明，在每一瞬间有 $R_2 - R_1 = h/2$ 径向范围内的粒子的回波能够一起回到雷达天线，这个在径向方向的空间长度为 $h/2$，即脉冲长度的 $1/2$，这就是雷达脉冲波的有效照射深度。对于脉冲宽度 $\tau = 1\mu s$ 的天气雷达，有效照射深度 $h/2 = c\tau/2 = 150(m)$；脉冲宽度 $\tau = 2\mu s$ 的天气雷达，有效照射深度为 300m。

知道波束的有效照射深度后，根据波束的几何形状，就可以进一步求出波束的有效照射体积。如果雷达发射的是圆锥形波束，其水平波瓣宽度 θ 和垂直波瓣宽度 ϕ 近似相等，则距离天线 R 处波束的横截面积近似为 $\pi[R(\theta/2)]^2$，于是有效照射体积为

$$V \approx \pi \left(R\frac{\theta}{2} \right)^2 \frac{h}{2} \tag{3.5}$$

如果雷达发射的是椭圆锥形波束，那么在距离雷达天线 R 处波束的横截面是一个椭圆，面积为 $\pi[R(\theta/2)R(\phi/2)]$，所以有效照射体积近似为

$$V \approx \pi \left(R\frac{\theta}{2} \right) \left(R\frac{\phi}{2} \right) \frac{h}{2} \tag{3.6}$$

有效照射体积的含义是，在这个体积中的云和降水粒子产生的回波可以同时回到雷达天线。也就是说，雷达发射电磁波束后，每一瞬间接收到的云雨回波是由有效照射体积内所有云和降水粒子共同形成的。

3.3.2.3　气象雷达方程

将式（3.3）中的雷达截面积 σ 换成有效照射体积中所有云和降水粒子的后向散射截面积的总和 $\sum\limits_v \sigma_i$，可得

$$\overline{P_r} = \frac{P_t G^2 \lambda^2}{(4\pi)^3 R^4} \sum_v \sigma_i$$

上式也可以写成

$$\overline{P_r} = \frac{P_t G^2 \lambda^2}{(4\pi)^3 R^4} V \sum_{\text{单位体积}} \sigma_i \tag{3.7}$$

式中：V 为雷达有效照射体积；$\sum\limits_{\text{单位体积}} \sigma_i$ 为有效照射体积中单位体积内云和降水粒子后向散射截面积的总和。

将式(3.6)代入式(3.7)，经整理后则有

$$\overline{P_r} = \frac{P_t G^2 \lambda^2 h\theta\phi}{512\pi^2 R^2} \sum_{\text{单位体积}} \sigma_i \tag{3.8}$$

由于

$$\eta = \sum_{\text{单位体积}} \sigma_i$$

于是式(3.8)可以写成

$$\overline{P_r} = \frac{P_t G^2 \lambda^2 h\theta\phi}{512\pi^2 R^2} \eta \tag{3.9}$$

式(3.9)就是适用于探测云和降水的气象雷达方程的初步形式。

在满足瑞利散射条件时，σ 可以写成

$$\sigma = \frac{\pi^5}{\lambda^4} |K|^2 d^6$$

式中：K 为介电常数项 $K = (m^2 - 1)/(m^2 + 2)$，其中 m 为气象目标的复折射指数；d 为云和降水粒子的直径。

于是有

$$\eta = \sum_{\text{单位体积}} \sigma_i = \frac{\pi^5}{\lambda^4} |K|^2 \sum_{\text{单位体积}} d_i^6 \tag{3.10}$$

将式(3.10)代入式(3.8)，可得

$$\overline{P_r} = \frac{\pi^3 P_t G^2 h\theta\phi}{512\lambda^2 R^2} |K|^2 \sum_{\text{单位体积}} d_i^6 \tag{3.11}$$

因为

$$Z = \sum_{\text{单位体积}} d_i^6$$

所以，式(3.11)可写成

$$\overline{P_r} = \frac{\pi^3 P_t G^2 h\theta\phi}{512\lambda^2 R^2} |K|^2 Z \tag{3.12}$$

式(3.12)就是瑞利散射条件下的气象雷达方程。

如果不能满足瑞利散射条件 $\alpha = 2\pi r / \lambda \ll 1$,例如用 3cm 左右波长的雷达探测较强的降水,或用厘米波雷达探测冰雹时,就不能用瑞利散射公式,而应该用米散射公式来计算降水粒子的后向散射截面积,这时:

$$\eta = \sum_{\text{单位体积}} \sigma_i \neq \frac{\pi^5}{\lambda^4} |K|^2 \sum_{\text{单位体积}} d_i^6$$

或

$$\eta = \sum_{\text{单位体积}} \sigma_i \neq \frac{\pi^5}{\lambda^4} |K|^2 Z$$

但是,用瑞利散射公式来表示后向散射截面积比较简洁、方便。为此,参照上式的形式,把米散射条件下的反射率表示为

$$\eta = \sum_{\text{单位体积}} \sigma_i = \frac{\pi^5}{\lambda^4} |K|^2 Z_e \tag{3.13}$$

将式(3.13)代入式(3.9),可得到米散射条件下的气象雷达方程,即

$$\overline{P_r} = \frac{\pi^3 P_t G^2 h \theta \phi}{512 \lambda^2 R^2} |K|^2 Z_e \tag{3.14}$$

式中:P_t 为发射脉冲功率,也称峰值功率;G 为雷达天线增益;θ 为水平波束宽度;ϕ 为垂直波束宽度;h 为脉冲长度;λ 为工作波长;R 为目标距离。

令

$$C = \frac{\pi^3 P_t G^2 \theta \phi h}{1024 (\ln 2) \lambda^2} |K|^2$$

则式(3.12)可写为

$$\overline{P_r} = \frac{C}{R^2} Z \tag{3.15}$$

调整式(3.15)并取对数,得到"dBZ"公式:

$$Z_{dB} = 10 \lg \frac{1}{C} + 10 \lg P_r + 20 \lg R \tag{3.16}$$

式中:C 只取决于雷达参数和降水相态。

在瑞利散射条件不满足时,为简单起见,依然使用(3.15)形式的雷达方程,只是将 Z 换成 Z_e,即

$$\overline{P_r} = \frac{C}{R^2} Z_e \tag{3.17}$$

由气象雷达方程可知,气象目标的回波功率 $\overline{P_r}$ 取决于雷达参数 P_t、G、λ、h、

θ 和 ϕ，取决于气象目标本身的散射截面 $\sum\limits_{\text{单位体积}} \sigma_i$ 以及它与雷达之间的距离 R。

从式(3.12)可以看出，影响天气雷达探测的因子有很多。为了得到可检测的回波功率，就必须有足够的发射功率，较高的天线增益，尽可能短的发射波长等。然而，这些因子和雷达探测的其他因素相互制约，如更强的发射功率需要更好的硬件支撑，更高的天线增益要求有更大的天线，更短的波长意味着更多的衰减，从而影响雷达探测距离。因此，雷达的参数选择要从生产和使用等多方面进行综合考虑。

为了获得正确的气象目标物性质(与反射率因子 Z 有关)，必须正确处理回波功率 $\overline{P_r}$ 和标定雷达常数 C，由于气象目标物存在涨落，必须对雷达接收到的瞬时回波功率进行足够多次数的积分(也称累积)，得到平均回波功率；而影响雷达常数 C 的因子较多，每个因子都必须进行准确测量。通常，雷达参数可以很好地测定，由于 $|K|^2$ 项和大气状态、散射粒子的相态有关，无法预先知道，实际都使用标准状态下水滴的 $|K|^2$ 值，这在测雨时比较准确；但在测量降雪时，由于冰晶散射较弱，回波功率较低，而雷达常数中的 $|K|^2$ 项没有根据天气状况改变，导致计算出的反射率因子 Z 值严重偏低。

除了式(3.12)中已经指出的因子，还有许多因素影响雷达的探测，如波导损耗、电波传播路径上的衰减、天线的衰减、电磁波在天线有效照射体内的分布情况(充塞系数)等。

3.3.3　距离订正

在天气雷达的实际工作过程中，目标强度 Z_{dB} 是通过对回波功率 $\overline{P_r}$ 的处理而得到的，Z_{dB} 的信息载体是 $\overline{P_r}$，Z_{dB} 值是通过 $\overline{P_r}$ 值和雷达常数、目标距离计算出来的。不论目标与雷达之间的距离 R 如何变化，该目标的 Z_{dB} 值仍是一个常数，然而 $\overline{P_r}$ 值随距离 R 在变化，因此，必须采取"距离订正"措施，在雷达输出的 $\overline{P_r}$ 中剔除距离因子的影响，进而求云雨目标的 Z_{dB}，以确保相同强度目标的 Z_{dB} 与距离 R 无关。

由式(3.16)可见，式中的 $20\lg R$ 就是距离因子，随着 R 的增大，$\overline{P_r}$ 信号是减小的，而距离因子的值是增大的。距离订正，就是当距离 R 增大、P_r 信号减小时，系统对 $\overline{P_r}$ 补充一个适当的增量；当距离 R 减小、$\overline{P_r}$ 信号增大时，系统对 $\overline{P_r}$ 补充一个适当的减量。订正后的 $\overline{P_r}$ 没有了距离因子的影响。

数字化天气雷达通常是对经过数字视频积分处理(DVIP)后的 $\overline{P_r}$ 信号进行距离订正，订正的范围就是雷达定量探测的距离范围，如 $2\sim200\text{km}$，通常在这个范围内设计若干个距离订正区间，规定各订正区间的订正值。可以将最大定量探测距离 R_{max} 归一化，按下式确定不同距离 R 的距离订正值 H：

$$H = 20 \lg \frac{R}{R_{\max}} (\mathrm{dB}) \tag{3.18}$$

在这种情况下,订正值实际上是一个衰减量,对于基准距离 $R_{\max}$,$H = 0\mathrm{dB}$,气象目标的距离越近,衰减量越大。

在数字化天气雷达中,距离订正的实施可以用硬件构建距离订正电路,预先将不同距离订正区间所对应的订正值(dB)存放在电路中的只读存储器中。雷达触发脉冲去触发距离订正电路中的计数器,计数器工作后输出二进制数码,将只读存储器中对应的距离订正区间的衰减值读出,然后在相加器中与经过数字视频积分处理后的数字化回波功率信号相加,结果输出的回波功率 $\overline{P_r}$ 与距离 R 无关。最终使回波强度 Z_{dB} 值也与 R 无关,完成距离订正功能。

实践中也可以将最小定量探测距离 $R_{\min}$ 作为基准距离。这时订正值实际上是一个增益量,气象目标的距离 R 越远,增益量越大。还可以将定量探测距离的中值 $R_{\min}$ 作为基准距离,当 $R > R_{\min}$ 时订正值是增益量,而当 $R < R_{\min}$ 时订正值为衰减量。

现代天气雷达信号处理分系统中,已不再专门设置距离订正硬件电路,而是采用计算机软件的技术方法实现距离订正。在雷达探测时,根据"dBZ"公式(式3.16),将当时的雷达常数 C、回波功率 $\overline{P_r}$ 和目标距离 R 的实测值代入,直接输出实时的 Z_{dB} 值。

3.3.4　回波涨落与视频积分处理

天气雷达回波是云和降水粒子群共同作用的结果,由于云和降水粒子之间的无规则相对运动,而引起回波的涨落脉动。同时,来自 N 个粒子的回波功率的时间平均值等于各个粒子的回波功率的和,具有时间稳定性。为了使天气雷达能够定量探测云和降水,就必须对目标回波信号进行积分平滑处理,这一工作都是在视频阶段完成的,故称视频积分处理。视频积分对回波进行平均化处理时,平均的次数和平均的效果直接影响定量测量结果。显然,平均次数太少,难以测定回波平均功率;但是平均次数过多,又会把被测云雨的实际时间变化和空间分布平滑掉,即导致雷达分辨力的降低。如何实现视频积分、选定恰当的平均次数及其可能达到的精度,是必须关心的。

早期的天气雷达都是模拟式雷达,所以视频积分装置也就是模拟视频积分。随着数字化天气雷达的普及,目前都采用数字视频积分。

视频积分处理的具体方式有距离积分和方位积分两种。

3.3.4.1　距离积分和方位积分

距离积分是把沿着距离方向分布的回波信号强度进行平均。通常是把需要积分的距离范围划分成若干个相等的区间,即距离单元,这个距离单元的大小根据对测量分辨率的要求而定,然后凭借雷达信号处理系统产生的相应宽度的距离波门实现由远及近(或由近及远)逐个对每一距离单元范围内的回波信号强度进行平均。例如,某雷达设计需要视频积分的距离范围为 10~200km,距离单元的大小为 1km,距离波门的宽度也为 1km。这就是说,把 10~200km 的距离范围划分成 190 个距离单元。积分电路依靠由近及远逐次出现的宽 1km 的距离波门,对每 1km 范围内的回波强度信号进行平均。

至于在每一个距离单元(如例中的 1km)范围内有多少个样本参与平均,对于数字化天气雷达来说,决定于视频回波强度信号(A/D)变换时,在一个距离单元内的采样次数(记为 K_1)。

方位积分是把沿方位角方向上分布的回波强度信号进行平均(仰角积分也一样,不再另述)。同样,是把 360° 划分成若干个方位单元,对天线扫过每一方位单元过程中所获得的各个距离单元的回波强度信号进行平均。例如,有的雷达以 1° 为一个方位单元,那么整个圆周将分成 360 个方位单元。

每个距离单元总是和一个方位单元相对应,并组成一个面积单位,这个面积单元便称为积分库。平面位置显示器上积分库分布如图 3.2 所示。可以想象,当每个积分库中都以一定的亮度或者一定的色彩显示平均以后的回波强度信号时,就可以得到一幅不是涨落脉动的而是稳定的回波强度分布图像。

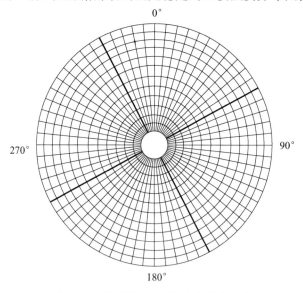

图 3.2   平面位置显示器上积分库分布

需要指出的是,在每一个方位单元 ΔD 中究竟有多少个样本参与平均,即 K_2 等于多少,与雷达的脉冲重复频率、天线的转速以及天线的波束宽度有关,可以

表示为

$$K_2 = \frac{\Delta D}{\omega} f_r \qquad (3.19)$$

式中：ΔD 为方位单元的大小；ω 为天线转动角速度；f_r 为雷达发射脉冲的重复频率。

　　显然，如果方位单元 ΔD 取一定值，那么，天线转速越快，参与平均的样本数 K_2 就越少。为了避免由于转速不同引起参与平均的样本数变化，导致积分精度的差异，有的雷达在设计时就规定每若干个脉冲平均一次。例如，某型天气雷达就是每四个脉冲平均一次，这样处理的结果，意味着积分库在方位方向上的宽度是随天线转速改变的。

　　既然视频积分综合了距离和方位两种平均方式，其总的等效平均次数 N_e 就应为两种平均的等效独立采样次数的乘积，即

$$N_e = K_{1e} \cdot K_{2e} \qquad (3.20)$$

式中：K_{1e} 可以根据表 3.2 查得；K_{2e} 可由图 3.3 查取独立指数 α 后，由下式算得，即

$$K_{2e} = \alpha K_2$$

表 3.2　距离平均非独立取样数 K_1 和等效独立取样数 K_{1e} 的关系

K_1	1	2	3	4	≥4
K_{1e}	2	3.4	4.9	6.4	$\frac{3}{2}K_1 + \frac{3}{8}$

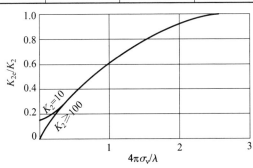

图 3.3　独立指数 α 与 $4\pi\sigma_v T/\lambda$ 的关系

　　当回波平均的独立样本数大于或等于 10 时，平均回波强度的误差范围 95% 的信度区间可以表示为 ±1.96σdB，平均回波强度的标准差 σ（dB），即 DVIP 的精度可以表示为

$$\sigma_1 = \frac{\sigma_1}{\sqrt{N_e}} \qquad (3.21)$$

式中：σ_1 为未经平均的回波强度标准差，$\sigma_1 = 5.57 \text{dB}$；$N_e$ 为积分库内总的等效独立样本数。

例如，某型天气雷达的数字视频积分器，距离上的平均次数 $K_1 = 8$，等效独立取样次数 $K_{1e} = 6K_1^2/(4K_1 - 1) = 6 \times 8^2/(4 \times 8 - 1) \approx 12$；方位（或仰角）上的平均次数 $K_2 = 4$，查独立指数 α 与参数 $(4\pi\sigma_v T/\lambda)$ 的关系曲线（取典型数据 $\sigma_v = 1$），得到独立指数 $\alpha \approx 0.8$，等效独立取样次数 $K_{2e} = \alpha K_2 = 0.8 \times 4 = 3.2$，取3，则总的等效平均次数 $N_e = K_{1e} \cdot K_{2e} = 12 \times 3 = 36$，积分精度 $\sigma = 5.57/\sqrt{36} = 0.93 (\text{dB})$。

实现视频积分平均的算式有两种：一种是算术平均，也称为均匀权重平均；另一种是指数加权平均。

3.3.4.2 算术平均和指数加权平均

算术平均的算式为

$$Y_K = \sum_{n=0}^{K-1} \alpha_n X_{K-n} \tag{3.22}$$

式中：Y_K 为经过 K 次取样平均以后的输出信号；n 为逐次取样的序列 $0, 1, \cdots, K-1$；α_n 为常数，$\alpha_n = 1/K$；X_{K-n} 为每一次取样的输入信号。

可以证明，这种算式使输出信号 Y_K 的方差是输入涨落信号的方差的 $1/K$。

指数加权平均的算式为

$$Y_K = \beta \sum_{n=0}^{K-1} (1-\beta)^n X_{K-n} \tag{3.23}$$

式中：Y_K 为视频积分 K 次取样平均后的输出；β 为一个设计时确定的小于 1 的常数。由式（3.23）可见，Y_K 与输入信号 $X_1, X_2, \cdots, X_K$ 有关，而且是它们的线性组合，所以也是一种积分方式。此种积分方式的权系数 $(1-\beta)^n$ 是指数形式，因而称为指数加权方式。

可以证明，指数加权平均输出信号 Y_K 的方差是输入涨落信号的方差的 $\beta/(2-\beta)$。可见，设计时 β 取得越小，方差也会压缩得越小。后面将会讨论到，它将引起雷达分辨力的降低。

进行平均处理的硬件实现有两种方法：一种由各种集成数字逻辑电路组成；另一种由微处理器和固化运算程序的 ROM 和 RAM 组成。在后一种设计中，可以通过修改软件比较容易地变换处理器的平均方式和各种运算的参量（距离门数、积分常数等），根据需要来改变 DVIP 的性能。显然，后一种设计（常称为"位片逻辑"方式）被普遍采用。

随着计算机运算速度的迅速提高，如今的天气雷达都是基于软件实现 DVIP。

3.3.5　天气雷达回波信号数字化

计算机技术广泛应用于天气雷达系统中,使雷达资料处理发生了根本性的改观。大量的雷达数据,不仅可以实时地显示和处理,而且便于迅速地传输和存储,以及更便于随时做进一步的加工变换,这一切的基础前提则是雷达回波信号的数字化。

3.3.5.1　天气回波信号的变化范围与回波数据字长

云和降水回波信号功率的变化范围很大,它和可能出现的最大回波强度及雷达接收机灵敏度有关。此外,由于降水回波信号中存在强烈的涨落现象,使功率变化范围进一步增大。

不同降水云体的回波强度差异很大,有人曾对北京地区一个夏季的 426 个对流云降水单体做过统计:回波强度的变化范围为 14 ~ 65dBZ;超过 60dBZ 的降水单体很少,约占 1% 。回波强度大于 55dBZ 的单体往往与暴雨、冰雹等强烈天气现象相联系。可以取 70dBZ 作为降水回波可能出现的最大强度。目前,天气雷达一般可做到在 200km 距离上测到强度为 15dBZ 左右的回波,因此,在这个距离上回波功率变化范围可达 55dB。10km 处比 200km 处的最小可测强度低 26dB,因此,在 10km 处雷达可能测到的回波功率变化范围为 81dB。回波信号功率的可能变化范围及欲达到的测量分辨力决定了模/数转换所需的字长。回波功率变化范围越大,强度测量分辨力越高,数据字长越长。早些年主流产品都是 8 位字长,目前都在 12 位以上。

3.3.5.2　天气回波信号的模/数变换

对天气回波信号的 A/D 变换与对一般信号的 A/D 变换相同。变换的速度和转换后的信号数据字长,根据降水回波信号的特点和对测量的要求来确定。A/D 变换器由采样脉冲发生器、采样保持电路、比较器和编码器四部分电路组成。天气雷达接收机输出的视频信号是随时间变化的连续信号,由采样脉冲将其分割成时间上的离散信号,然后对每一个离散信号进行幅度比较、量化、保持,进一步编码变成数字信号。

采样脉冲发生器是与雷达发射脉冲同步工作的,输出一系列的采样脉冲,对送入的视频信号进行采样,不同时间的采样脉冲取得的视频信号实质上就是不同距离上的降水回波信号。采样脉冲间的间隔确定了回波数据的时间间隔。通常,天气雷达回波信号的采样间隔选为与雷达发射脉冲的脉冲宽度相近,这样尽量减小由于积分平滑引起的回波信号距离分辨力的降低。采样脉冲宽度比起采样间隔要小得多,这是因为需要有足够的时间来对采样后的回波信号进行幅度比较、量化、保持、编码,这些工作都要在一个采样间隔的时间内完成。

实际使用的天气雷达回波信号 A/D 变换器,不仅要考虑 A/D 变换的速度和输出的字长,还要适应后面对回波信号进行视频积分的需要。例如某型雷达对数通道的 A/D 变换器的采样频率是 1MHz,输出数据的字长是 8 位。它的视频积分距离库有 0.6km、1.2km 两挡:取 0.6km 挡时,可以采样 4 次;取 1.2km 挡时,可以采样 8 次。

3.4 常规数字化天气雷达的主要性能

现役常规数字化天气雷达主要分布在 X、C 波段,既有固定站也有机动站。尽管不同厂商的产品型号较多,但相同波段产品的标称性能基本相当。

表 3.3 列出了某型 X 波段数字化天气雷达的主要性能。其中,目标强度的测量范围受制于接收系统的动态范围,测量分辨力取决于 A/D 变换后的数据字长和强度测量范围,测量精度取决于视频积分的等效独立采样次数。值得指出的是,天气雷达目标距离分辨率是指终端显示分辨力,它受制于回波信号的距离积分的库长,而不是雷达发射脉冲宽度。

表 3.3 某型 X 波段数字化天气雷达的主要性能

	天线类型	前馈旋转抛物面
天线	极化方式	水平线极化
	天线直径/m	1.5
	天线增益/dB	≥38
	副瓣电平/dB	≤ −23
	波束宽度/(°)	1.5 ± 0.2
发射机	发射脉冲功率/kW	≥75
	工作频率/MHz	9370 ± 30
	脉冲宽度/μs	1
	重复频率/Hz	400
接收机	灵敏度/dBm	≤ −105(场放输入端)
	动态范围/dB	80
	中频频率/MHz	30 ± 0.3
	中频带宽/MHz	1.4 ~ 2.0
	AFC 搜索范围/MHz	40
	AFC 跟踪精度/MHz	0.3

（续）

视频积分处理器	A/D 采样位数/位	8
	距离采样间隔/m	150
	距离库长/m	150
	距离库数	1024
天线控制	天线扫描方式	PPI、RHI、CAPPI、手控方式
	PPI 方位扫描速度/(r/min)	0 ~ 3
	RHI 俯仰扫描速度/((°)/s)	0 ~ 2
	角位置控制精度/(°)	方位角≤0.2　仰角≤0.2
探测范围	方位角/(°)	360
	仰角/(°)	− 2 ~ +60
	显示距离/km	300
	定量探测距离/km	5 ~ 150
	高度/km	0 ~ 20
	强度/dBZ	− 10 ~ +70
分辨力	距离/m	≤150
	方位角/(°)	≤1.5
	仰角/(°)	≤1.5
	强度/dB	≤0.32
测量误差	距离/m	≤150
	方位角/(°)	≤0.5
	仰角/(°)	≤0.5
	高度/m	≤300(距离 <100km)， ≤500(距离 100 ~ 300km)
	强度/dB	≤1

3.5　天气雷达回波强度的分析与应用

3.5.1　雷达扫描方式与回波显示

现代天气雷达的终端显示都是在计算机显示器上实现的,既显示原始回波数据,又显示各种经进一步处理的产品。原始回波数据主要有平面位置显示和距离高度显示两种方式,分别与天气雷达的两种扫描方式相对应。

3.5.1.1 圆锥扫描与平面位置显示

平面位置显示(PPI)(简称平显)是天气雷达中应用最广泛的一种显示方式,此时雷达做旋转扫描,给出了雷达站四周云雨区的位置、空间分布、强度分布。多普勒天气雷达还能提供多普勒速度和速度谱宽分布,图 3.4 是天气雷达的平面位置显示。

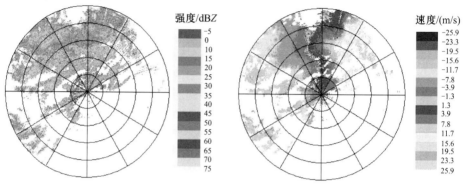

图 3.4　天气雷达的平面位置显示(见彩图)

图中的十字线分别指向四个方位,上北下南左西右东,图中的同心圆表示距离刻度圈。需要注意的是,由于雷达观测仰角不一定为 0°,所以显示的回波并不是来自一个平面上的云雨区。事实上,即使雷达观测仰角为 0°,显示的回波也不是来自一个平面上的云雨区,因为雷达波在大气中传播时因折射而发生弯曲。

3.5.1.2 俯仰扫描与距离高度显示

距离高度显示(RHI)(简称高显)也是天气雷达中常用的一种显示方式。此时雷达做俯仰扫描,给出了云雨目标的垂直剖面情况。图 3.5 是天气雷达的距离高度显示。在显示图上,垂直竖线为等距离线,水平横线为等高度线。

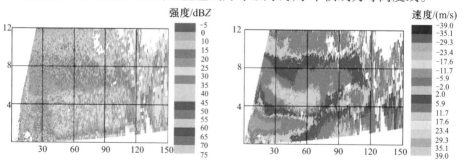

图 3.5　天气雷达的距离高度显示(见彩图)

3.5.1.3　体积扫描与逐层显示

雷达天线在程序控制下,自动从预先规定的最低仰角开始,完成360°旋转扫描,然后抬升到上一个仰角做旋转扫描,直到预先设定的所有仰角扫描完,称其为完成一次体积扫描(简称体扫)。天线完成一次体扫后,回到最低仰角,再开始下一次体积扫描。

中国气象局的 SA 多普勒天气雷达一般有 4 种体积扫描模式:

(1) VCP11:6min 完成 14 个不同仰角上的扫描,仰角为 0.5°、1.5°、2.4°、3.5°、4.3°、5.3°、6.7°、7.5°、8.7°、10.0°、12.0°、14.0°、16.7°、19.5°的 14 层观测模式。对降水结构做详细分析时主要采用该模式。

(2) VCP21:6min 完成 9 个不同仰角上的扫描,仰角为 0.5°、1.5°、2.4°、3.5°、4.3°、6.0°、9.9°、14.6°、19.5°的 9 层观测模式。在降水过程中主要采用该模式。

(3) VCP31:6min 完成 5 个不同仰角上的扫描,仰角为 0.5°、1.5°、2.5°、3.5°、4.5°的 5 层观测模式。对晴空气象回波观测时采用该模式。

(4) VCP32:预设仰角与 VCP31 相同,不同之处是 VCP31 使用长脉冲而 VCP32 使用短脉冲。

3.5.2　天气雷达探测的基本要求

3.5.2.1　探测内容

天气雷达的探测分为定时探测和非定时探测两种。定时探测是根据日常天气预报和气象保障的需要事先规定的。非定时探测是根据服务和保障单位的要求以及开展科研工作的需要临时规定的。

雷达站在预计可能出现和已经出现灾害性天气(如冰雹、龙卷风、飑线、台风等)时,要主动进行探测,增加开机探测的次数,及时把探测的结果通报各有关部门。

定时探测时,探测内容有:降水回波的位置、范围、高度、强度、强中心位置,还要记录回波的形状、结构、性质、移向移速及其演变趋势等情况。探测中遇到的各种非降水回波,如超折射、负折射、雷达之间的同波长干扰、海浪回波、晴空大气回波等,也应记载。

在非定时探测时,探测的具体内容根据需要而定。

回波的位置和范围可以从低仰角时的平显回波图像直接读取。现代天气雷达可以将回波与数字地图叠加显示,可以方便地了解回波区所在的地理位置和影响范围。由于地球曲率的影响和气象目标发展的高度有限,平显时天线仰角的高低对目标的回波图像、探测的部位,以及能否探测到等,都有严重的影响。

回波的高度可以在距离高度显示上根据回波顶的位置来直接读取。在观测对流云降水时,由于回波顶部起伏很大,需要测定的是该块对流回波的最大高度,以便反映对流运动所达到的高度和强弱。这时,应操纵雷达天线,通过平显上回波的强中心进行天线的俯仰扫描。因为通常对流回波十分陡直,平显上的强中心位置与最大回波高度相对应。当测站周围同时存在数块对流回波的情况下,应测定回波顶的一般高度和回波顶的最高高度。

回波强度是指回波区内的最大回波强度。它不仅反映了降水的强弱,还是判别对流强弱的一种指标。强中心位置是指回波区内最大回波强度所在的位置。有时,在一片较大范围的降水回波中,有几个分散的强中心,应分别进行测定。在现代数字化天气雷达上,回波强度和强中心位置可以用鼠标点到平显上的相应位置直接读取。

回波的形状包括单块回波本身的形状和由许多回波组成的回波系统的形状。回波本身的形状可以分为片状、块状和絮状三类。有些强风暴还具有一些特殊的形状,如钩状、指状、弓状等,它们是识别强风暴的一种指标。回波系统的形状,指很多回波块集合在一起的分布和排列状况,有零散孤立、团(或群)状、带状、人字形带、螺旋带等。它们都是与一定的天气系统相对应的,如带状回波常与冷锋、高空槽和其他中尺度辐合线相伴。因此,在观测时要记录能反映回波特征的、有意义的回波形状。

回波的性质是指回波由什么样的目标产生的。观测时要根据回波的外貌和结构特征,回波的强度和高度等进行综合判断。如使用的是多普勒天气雷达,还应结合多普勒速度图、速度谱宽图进行综合判断。降水回波包括层状云降水、对流云降水和混合型降水三种。其中,对流云降水又可分为阵雨、雷雨、冰雹、龙卷。如有非降水回波,也应记载。

回波的移向是指回波的去向,移速以 km/h 为单位。回波的移动是根据前后两次观测中平显上回波特征点的位移来测定的。回波特征点可以选择轮廓分明的回波前沿、后沿或强中心。必须注意,单块回波的移动常常与回波系统的移动不一致,要分别测定。在测定回波移动时,两次观测的时间间隔不能太短,否则误差太大。通常,测定单块回波的移动,时间间隔应大于或等于 6min;测定回波系统的移动,时间间隔应更长些。

回波的演变趋势可以分为发展加强、少变和减弱消散三种,要根据前后两次观测中回波大小、强度、高度和回波多少的变化综合判断。如使用的是多普勒天气雷达,还应结合多普勒速度图、速度谱宽图进行综合判断。在判断时,要注意由于回波距离的改变所引起的回波虚假变化。同样的目标,当距离移近时,由于回波信号增强,使得显示的回波加强、增大,同时回波的数目也可能增多。因为原来显示不出来的弱小目标在移近时由于回波加强而显示出来了;相反,当目标远离时,回波减弱、缩小,回波数量也可能减少。

3.5.2.2　资料收集的基本要求

雷达探测的程序应以操作方便和所获得的资料及时、准确为原则。通常,在开机后首先进行搜索观测,即先以仰角 0°附近和最大距离量程作水平扫描观测,然后,逐步抬高天线仰角和缩小距离量程进行搜索,发现目标后,把天线调整到最佳仰角(显示的回波最多、最远)和采取适当的量程进行观测:在此基础上,对准强中心进行高显观测;最后,测定回波的移向移速和确定回波的演变趋势。在观测过程中要注意随时存储回波原始数据,以便积累回波资料,用于日后总结工作经验和进行科学研究。观测完毕后,要及时、准确地把观测的结果通报有关单位。

雷达观测资料是进行回波分析研究,了解降水回波系统及与其相伴的天气系统发展演变规律的基础。许多天气现象,尤其是剧烈的天气现象(大风、雷电、冰雹、龙卷风、暴雨),都是与中小尺度天气系统相伴的。但是,由于中小尺度系统发展演变的复杂性和受局地地形的严重影响,利用常规的气象观测资料难以发现、追踪和进行研究。雷达是探测中小尺度天气系统的有效工具,利用雷达资料进行这种研究,对于提高局地短时天气预报的准确性具有十分重要的作用。因此,天气雷达站在进行日常预报服务的同时,应十分注意收集和积累回波资料,并通过分析研究逐步掌握本地区回波发展演变的特点,不断提高预报服务的质量。

回波资料采集的基本要求,包括下述 5 个方面:

(1)准确性。雷达的方位、仰角和主要技术参数的标校应符合有关规范的要求,并且各种观测数据应准确无误。

(2)完整性。包括两个方面:一是空间上的完整性;二是时间上的连续性。空间上的完整性要求每次取样尽可能包括整个雷达探测范围内所有的回波。时间上的连续性要求多次取样的资料能反映回波系统发生、发展和演变的全过程。为此,各雷达站应制定合适的取样方案,并在雷达不能连续工作的情况下,适当地选定开机取样的时间间隔。

(3)代表性。在用有限的平显和高显回波资料反映当时回波的主要特征时,应选择适当的天线仰角和方位进行回波取样。例如,在反映测站周围降水分布的全貌时,应采用最佳仰角进行平显。最佳仰角是指在一般情况下用该仰角进行探测时,平显上显示的回波最多、最远,它取决于雷达周围地物的挡角。在测定对流回波的顶高时,应对准平显回波的强中心进行高显等。

(4)同时性。为了使所取得的回波资料能反映回波的三维结构特征,高显和平显取样的时间间隔或一套不同仰角(方位角)、平显(高显)回波资料的取样时间不应过长。例如,对于随时间变化迅速的对流性降水回波,不应超过 3min。

（5）比较性。每次探测所取得的回波资料应能相互比较，以了解回波的发展演变。为此，各雷达站应根据本站的具体情况，对回波取样时，天线的仰角、方位和距离挡及衰减挡的使用等应有统一的规定，每次开机都应先按此规定取下一套基本的回波资料，再根据回波的具体情况取下其他的回波资料。

3.5.3 回波的分类与识别

天气雷达探测时，只要接收到的回波信号功率大于雷达接收机的最小可测功率，雷达都会在天线指向方向的相应距离处显示出回波，根据造成回波的目标物性质的不同，天气雷达回波可分为气象回波和非气象回波两类，而气象回波中又可分为降水回波和非降水回波两类。

3.5.3.1 非气象回波

1）地物回波

当雷达探测的仰角比较低时，雷达站周围的山脉、高大建筑物都可能反射雷达电磁波，形成地物回波。现代天气雷达都设计了硬件或软件来消除地物回波，但常常很难处理干净，因此对于雷达气象值班人员来说，熟知本站在各种探测状态、各种天气条件下的地物回波状况仍是十分重要的。

图 3.6 为地物回波图，在图中，观测仰角分别为 1°，距离圈表示 50km，观测当日天气晴到少云。可以看出，在平显上地物回波主要分布在雷达站附近，呈小块状，边缘清晰，位置固定，形状与地形地物相一致，强度随时间少变；适当抬高天线仰角，将很快消失。在高显上呈矮小的柱状，高度很低（图略）。

 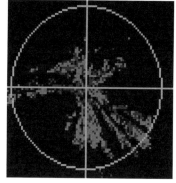

(a) 正常折射回波   (b) 超折射回波

图 3.6　地物回波图（见彩图）

当雷达波发生超折射传播时，地物回波会比正常情况增多，这样的回波称为超折射地物回波，简称超折射回波，如图 3.6(b)所示。对比图 3.6(a)和(b)可见,超折射回波的主要特征是地物回波异常增多,呈米粒状、辐射状。

　　由于在不同方向上地面情况、地物分布、大气层结等的不同,超折射回波经常是不对称分布的,有时只出现在局部地区。此外,由于超折射回波出现的距离和范围与超折射层的高度和厚度有关,随着超折射层高度和厚度的变化,超折射回波会出现"移动""变化"的现象。仔细查看这些变化,还可以反推得到有关大气状况变化的信息,作为判断天气变化的参考。

　　2)海浪回波

　　海浪回波一般在沿海的天气雷达站才能观测到,它是由风浪、涌浪和海洋近岸波对雷达电磁波的反射和散射引起的。它由许多分散的针状和扇形回波组成,回波强度比较弱,强度分布比较均匀,如图 3.7 所示。这种回波只有在雷达天线仰角为 0°或 0°以下时才能观测到,而且出现的范围比较小。根据海浪回波的强弱和范围的大小有可能估计海浪高低或海风强弱。

图 3.7　海浪回波(见彩图)

　　3)同波长干扰回波

　　在相邻地区内有两部波长相同的雷达同时工作时,一部雷达发射的电磁波会直接被另一部雷达所接收,从而在雷达终端上出现干扰图像。由于两部雷达的相对位置、距离远近、发射波时序的不同,在雷达终端上出现的干扰图像也有所不同,有的是一条亮线,有的是多条亮线,但都具有螺旋形状,如图 3.8所示。

　　4)昆虫和飞鸟的回波

　　昆虫和飞鸟都可能成为雷达电磁波的散射体,成群的昆虫或飞鸟产生的散射波就可能被雷达探测到。这些回波通常呈离散点状。图 3.9 显示的是 WSR – 88D 天气雷达 1995 年 4 月 30 日到 5 月 1 日探测到的跨墨西哥湾鸟群迁移到达路易斯安那州的莱克查尔斯的基本反射率因子图像(仰角为 0.5°)。

　　起初,接近岸边的鸟的数量不是很大,回波呈现出小的、离散点状特点,脉冲

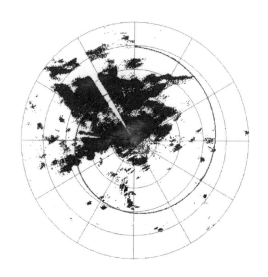

图 3.8　同波长干扰回波（奔牛场站观测）（见彩图）

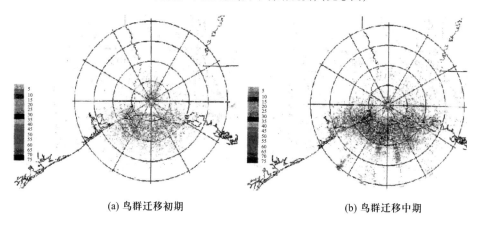

(a) 鸟群迁移初期　　　　　　　　　　　(b) 鸟群迁移中期

图 3.9　鸟群迁移的回波反射率因子图像（仰角为 0.5°）（见彩图）

体积的反射率因子在 5dBZ 左右；后来大批迁移鸟接近岸边，鸟群密度增加，脉冲体积的反射率因子增加到 20dBZ。

3.5.3.2　非降水气象回波

1）云的回波

对于一些还未形成降水的云，由于云体内云滴的粒子比较小，含水量也少，因此，必须采用波长很短的毫米波（如波长为 0.86cm）雷达，才能对其做全面的探测研究。但是，有时云中含水量较大，有的云滴已增长到足够大（直径大于200μm）时，3cm 和 5cm 波长的天气雷达在较近的距离上有可能探测到云的回波。

在反射率因子的 RHI 显示中,层状云回波一般平铺成一条长带,云底、云顶比较平坦,回波带的垂直厚度大致为云的厚度,依据回波底所在的高度即可区分出高、中、低云。有时还可以观测到云底的雨幡回波。积状云的回波一般呈小柱状,往往从中空开始形成,底部不及地。在反射率因子的 PPI 显示中,层状云回波只有在适当的天线仰角时才能探测到;积状云则通常表现为零散、孤立的小块状结构。

图 3.10 为层状云回波,在平显上回波呈薄膜状、小片状,边缘不清晰,强度分布均匀;在高显上顶部高度比较一致、底部不及地,可能有雨幡回波。

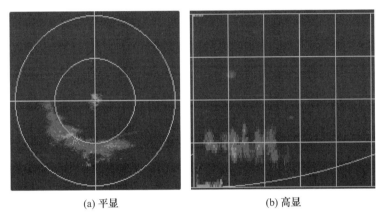

(a) 平显　　　　　　　　　　　　(b) 高显

图 3.10　层状云回波(见彩图)

2）雾的回波

雾滴和云滴一样,粒子较小,回波很弱。同时,雾的垂直厚度一般并不很厚,因此,雾的回波往往与近距离的地物回波混在一起,只有范围较大、厚度较厚的平流雾,雷达才可能探测到。如图 3.11 所示,在反射率因子的 PPI 显示中,雾的回波呈均匀分布,一般没有明显的强度梯度;在 RHI 显示中可以看到雾的垂直厚度,一般只有 1 km 左右。

3）晴空回波

有时天空中并没有云和降水,但使用具有较高灵敏度的雷达,可以探测到晴空大气中的回波。这些回波按其形态大致可以分为点状、线状和层状,点状回波在 PPI 显示时表现为离散的小亮点,线状回波在 PPI 显示时表现为一条长达数十千米的细线,层状回波在 PPI 显示时大都表现为水平伸展的不接地的、薄而弱的回波层。在早期人们不能解释这些回波的起因,因而称之为"鬼波"或"仙波"。通过大量的观测和研究,人们认识到这类回波的起因主要有两个:一是昆虫、飞鸟对雷达电磁波的散射;二是大气中折射指数不均匀结构对雷达电磁波的

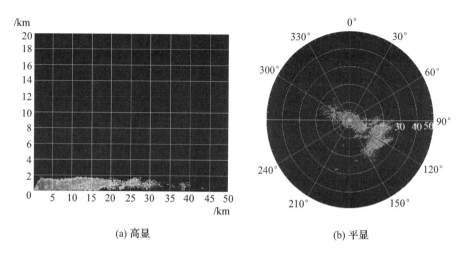

(a) 高显   (b) 平显

图 3.11   雾的回波(见彩图)

散射。现在晴空回波主要指由于大气折射指数不均匀引起的雷达回波。

图 3.12 是美国弗吉尼亚州沃洛普斯岛 6.7cm 雷达在 1967 年 8 月 15 日 6 时 52 分(EST)观测到的对流边界层的晴空对流泡。

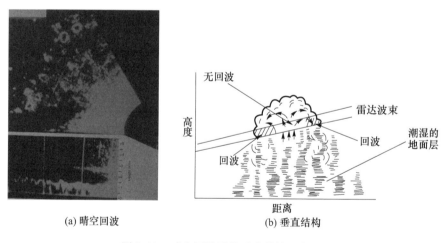

(a) 晴空回波   (b) 垂直结构

图 3.12   晴空回波及其垂直结构示意图

图 3.12(a)上部为 PPI 显示,可见回波结构呈中空的面包圈形,下部为相应的 RHI 显示,到近地层有一个个突起的对流泡。图 3.12(b)是对于这种面包圈形回波的解释。对流泡的中心是上升气流,四周为下沉气流,在泡体的边界上有较大的折射指数起伏,因此,雷达进行方位扫描时,可以显示出面包圈形的回波。这种对流泡的直径为 1 ~ 3km,高度为几百米,可持续 30min 左右。

3.5.3.3 降水回波

1）稳定性降水回波

稳定性降水是指降水区的水平范围较大、持续时间较长、强度比较均匀且随时间变化缓慢的降雨,它通常是由于大范围的空气缓慢上升而形成的。图 3.13 是稳定性降水回波。

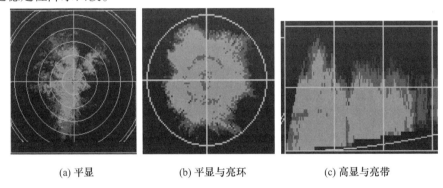

(a) 平显　　　　　(b) 平显与亮环　　　　　(c) 高显与亮带

图 3.13　稳定性降水回波(见彩图)

从图 3.13 可见,稳定性降水回波在平显上的特点是回波范围比较大,呈片状,边缘零散不规则,强度不大但分布均匀,无明显的强中心,即色彩差异比较小,适当抬高天线仰角,出现回波强度比内外圈都强的环形回波区。在高显上,稳定性降水回波的顶部比较平整,没有明显的对流单体突起,底部及地,强度分布也比较均匀,因此色彩差异比较小。一个明显的特征是经常可以看到在其内部有一条与地面大致平行的相对强的回波带。进一步观测还发现,这条亮带一般位于大气温度层结 0℃层下面几百米处。由于当初发现这个回波特征时都是模拟天气雷达,回波越强,显示器上显示点越亮,因此称为零度层亮带。

零度层亮带形成的主要原因是:当冰晶、雪花在下落过程中,在其通过 0℃层后,表面开始融化,此时一方面由于介电常数增大,散射能力因此增大(约 5倍);另一方面由于表面湿润,出现强烈的碰并聚合作用,在大多数情况下能碰并聚合 50~60 个粒子甚至更多,以至粒子尺度增大,散射能力也大大增强。而当冰晶或雪花完全融化后,由于表面张力的作用,迅速转变成球形雨滴,其降落速度比冰晶、雪花大得多,使得单位体积中降水粒子的数目大大减小,从而使回波功率减小。因此,在 0℃层以下不远处便形成了一个回波强度较其上、其下都大的强回波带。

在平显探测时,适当抬高天线仰角,出现回波强度比内外圈都强的环形回波区,这是 0℃层亮带在平显上的反映,因此又称为 0℃层亮环。将环的半径与天线仰角代入雷达测高公式,计算出的亮环回波区所在高度数据和高显上读出的亮带高度是一致的。

2）对流性降水回波

对流性降水是对流云发展到一定程度时，云中的粒子在不断的对流运动过程中增大，直到已不能被上升气流所托住而降落形成的。这种降水的一般特点是范围小、强度大、分布不均匀、持续时间短、随时间变化迅速。

图 3.14 是对流性降水回波。在反射率因子的 PPI 显示上，对流性降水回波通常由一个或多个回波单体所组成。

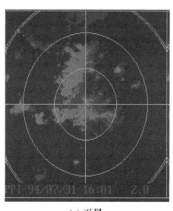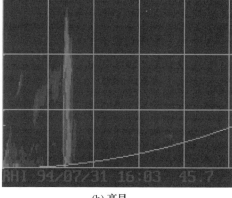

(a) 平显   (b) 高显

图 3.14 　对流性降水回波（见彩图）

这些回波单体随着不同的天气系统排列成带状、条状、离散状或其他形状。回波单体边界清晰，棱角分明，单体中心强度较大，强度分布层次分明，单体的水平尺度小的只有几千米，最大的超级单体直径可达 30～40km。在高显上，对流性降水回波单体的剖面形态一般呈柱状，单体内部强度梯度较大，往往有明显的反射率因子强中心；近雷达一侧，有时有云砧回波；高度较高，有时可穿过对流层顶。

3）混合性降水回波

混合性降水回波一般是指同时具有稳定性降水回波特征和对流性降水回波特征的回波。在反射率因子的 PPI 显示中，往往表现为大片稳定性降水回波中夹杂着团块状的对流性降水回波。回波强度梯度不大，只有在团块状结构处有较强的回波中心和明显的强度梯度。在反射率因子的 RHI 显示中，回波顶部大部分比较平坦，但可以看到回波中间存在若干相对较强的柱状回波区，有的柱状回波高度可以达到雷阵雨回波高度。有时还能呈现柱状回波和零度层亮带共存的回波图像，不过这种亮带大部分具有不均匀结构。

图 3.15 是混合性降水回波，在平显上强度为 25～30dBZ 的回波中间夹杂着一些达到 50dBZ 的强回波。在高显上回波顶比较平坦，有一些相对较强的回波柱体。

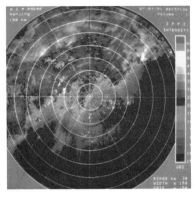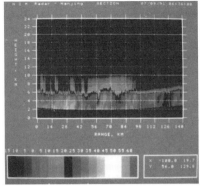

(a) 平显　　　　　　　　　　　　　　　(b) 高显

图 3.15　混合性降水回波(见彩图)

3.5.3.4　降雹回波

冰雹是我国主要的自然灾害之一,它对航空、国防、工农业生产以及人民生命财产的安全有极大的威胁,一次强烈的雹击曾损坏十几架飞机,使成千上万亩农田被毁。天气雷达是探测雹暴的有力工具,运用雷达回波信息可以尽早地发现雹暴并对它实施有效的监测,以便及时做好雹暴可能影响地区的防范工作和进行有效的人工消雹措施,尽量减小雹击带来的损失。因此,近年来国内外都十分重视利用雷达回波资料来研究雹暴的发生、发展演变的机制和规律,以及预测雹暴的短时活动。

冰雹云内部气流结构和粒子的增长方式有其特点,雹暴的粒子空间分布和回波结构如图 3.16 所示。

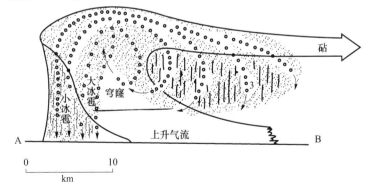

图 3.16　降雹粒子空间分布和回波结构

由于其特殊的气流结构和相应的降水粒子空间分布,以及由于含有冰雹和大量的水分而引起的对电磁波的强烈衰减等,常常在雷达的回波图上呈现一些独特特征。这些回波特征,是识别雹暴的有效指标,也是雷达观测的重要内容之一。

1）V 形缺口

由于降水对电磁波的强烈衰减而在降水回波远离雷达一侧出现的呈 V 形的无回波缺口，称为 V 形缺口，如图 3.17 所示。V 形缺口在雹暴回波中经常可以观测到，这是因为较强的降雹区会对电磁波产生强烈的衰减，所以 V 形缺口顶端的强回波，指示着强降雹区的所在位置。当强降雹的区域较小时，V 形缺口的顶端一般显得很尖。当降雹区较大时，V 形缺口的顶端具有一定的宽度。

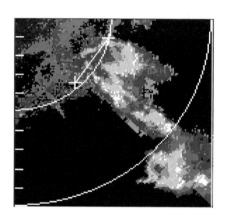

图 3.17　V 形缺口的雷达回波图像（见彩图）

V 形缺口的中分线沿雷达的径向，而由缺口两侧并不沿雷达的径向。这是因为降雹强度的水平分布是渐变的，而由于近处地物遮挡造成的无回波缺口，其两侧是沿径向延伸的。V 形缺口是雹暴回波的一个重要形态特征，因而是识别雹暴的一个十分有用的指标，特别是当对流回波进一步发展加强而出现 V 形缺口时。有的雹暴（如超级单体雹暴）在相当长一段时间内持续降雹，其 V 形缺口可以维持较长时间。

2）入流缺口

雹暴内部的强上升气流区及其下方，由于其中缺乏大的降水粒子，因而回波较弱，甚至没有回波。而在其周围是大冰雹的降落区，回波很强。因此，在平显上雹暴回波相应于低层入流一侧的凹向云内的轮廓分明的无回波缺口，称为入流缺口，如图 3.18 所示。

入流缺口不仅是雹暴的一种回波形态特征，缺口宽度和深度还反映了雹暴强度的变化。当雹暴尚处在发展阶段时，入流缺口不明显；当雹暴发展到成熟阶段时，入流缺口最深、最宽；当雹暴减弱时，入流缺口缩小变浅。探测还表明，入流缺口在云底高度附近最明显，向上逐渐变浅直至消失。根据入流缺口出现的位置可以大致确定低层气流的入流部位。

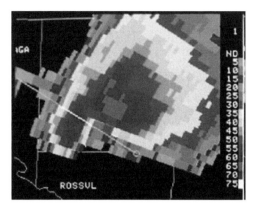

图 3.18　入流缺口的雷达回波图像(见彩图)

3）钩状回波

与强烈的对流性天气(如降雹和龙卷等)相伴的钩状回波,是从强大的对流回波一侧伸出的强度较大而尺度较小的钩状附属物,它通常位于云体回波的右侧和右后侧。降雹一般发生在钩状回波附近的强回波区中。

钩状回波常常在云底最明显,向上水平尺度增长,钩也变得不明显。钩状回波的形成和变化非常迅速,钩状回波可以在很短的时间内形成,常常是几分钟。钩状回波的持续时间差别很大,有的只有几分钟,有的可以长达 1h 以上。图 3.19是一次伴有龙卷的钩状回波。钩状回波可以是由于上升气流进一步加强使入流缺口更加向雹云回波内部凹进而形成,也可以是由于上升气流具有某些旋转性使得云体回波的一部分向外伸展、弯曲而形成。

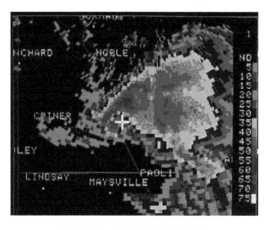

图 3.19　钩状回波(见彩图)

4）有界弱回波区

当抬高天线仰角对雹云中部进行平显观测时,有时发现在强雹暴回波内部存在一个弱回波区,尺度很小,周围被强回波区所环绕,如图 3.20 所示。

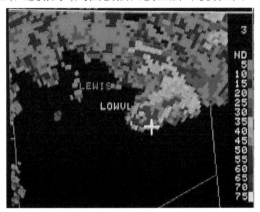

图 3.20   有界弱回波区(见彩图)

这种弱回波区实际上是由于在强上升气流区中缺乏较大的降水粒子,因而在雷达屏幕上只显示出较弱的回波。以前的雷达一般采用增益衰减后才能显示出来,而且常常显示的是无回波区,所以那时一般称回波空洞。现在的多普勒天气雷达文献中一般称有界弱回波区(BWER)。由于有界弱回波区的尺度较小,直径只有 1~2km,分辨率较高的雷达在近距离上才能观测到。

5)悬挂回波

在冰雹云反射率因子的 RHI 上,有时可以清楚地看到在低层上升气流入流的部位有一个从低空倾斜地伸向最高回波顶的弱(或无)回波区。弱回波区靠回波主体一侧是陡直的回波强度和强度梯度都很大的回波墙;另一侧是位于空中的强度较大的悬挂回波,其顶部为强回波区所覆盖。这种 RHI 回波结构已被世界上许多地区的观测事实所证实,一般称该回波结构为弱回波穹窿或悬挂回波,如图 3.21 所示。

6)尖顶状假回波

由于冰雹云的回波强度很强,还可能出现"虚假"回波现象,在 RHI 显示中也很明显。雹暴内部的大含水量区具有很大的反射率因子,当雷达天线的旁瓣指向这个区域时,天线所接收到的回波信号有时可能强大得足以在屏幕上显示出来。在这种情况下,高显上雹暴回波顶上将出现尖顶状假回波,其位置正好在云内强回波区的正上方。图 3.22 为 3cm 波长的 711 雷达观测到的一块雹暴的尖顶状假回波。由于天线旁瓣能量比主瓣能量低得多,所以这种尖顶状的假回波强度很弱,只有在雹暴与雷达距离较近时才可能观测到。

7)三体散射长钉回波

雷达在观测雹暴时,有时会观测到类似细长的钉子状异常回波,位置在雷达

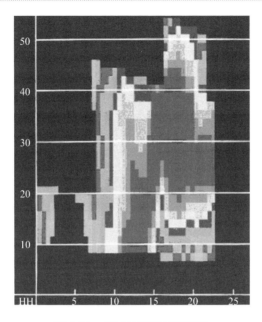

图 3.21　弱回波穹窿（见彩图）

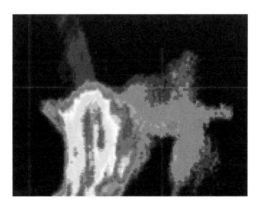

图 3.22　尖顶状假回波（见彩图）

站至强回波区连线的延长线上,异常回波区的强度一般小于 20dBZ,如图 3.23 所示。

分析发现,这种异常回波是由于雷达电磁波遇到冰雹区后,除一部分被散射回天线形成强回波外,另有一部分被侧向散射到地面,地面作为反射体又将其反射回强回波的区域,然后该区域中的大冰雹或雨滴对这种反射回的波再次散射,其中一部分被散射回到天线,若该能量高于雷达最小可测功率,则形成回波。

因为雷达回波被冰雹、地面、冰雹三次散射而形成,所以称该异常回波为三体散射长钉(TBSS)回波。从图 3.23 可以看出,TBSS 回波就出现在强回波区后

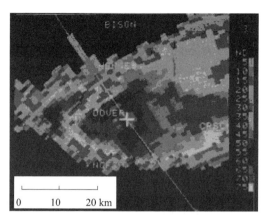

图 3.23　三体散射长钉回波(见彩图)

部,强回波区与 TBSS 之间的距离等于强回波区与地面之间的距离。

　　三体散射现象一般只在大冰雹、强反射率因子区存在的条件下才会产生,这些区域典型的回波强度大约 60dBZ 以上,有时也可能在 57dBZ 地方发生。因此,出现 TBSS 回波时几乎可以断定降大冰雹。

　　需要指出,雹暴回波的空间结构与当时的环境风场有密切的关系。因为雹暴的移动、低层气流的入流和云砧的位置等,都与环境风场有关。在相同的环境风场条件下,雹暴往往具有相似的回波结构,而当环境风场条件不同时,雹暴的回波结构也不同。因此,冰雹的上述回波特征的形成是很复杂的过程,与雷达扫描角、大冰雹区高度、地面状况、冰雹云后部天气情况等有关,有时不一定都能观测到。

第 **4** 章

多普勒天气雷达

◣ 4.1 概　　述

多普勒天气雷达是指应用多普勒技术探测云、雨、雪等气象目标的雷达。它是常规数字化天气雷达的换代产品,功能更强,性能更优。在天气目标位置和强度测量方面,多普勒天气雷达与常规数字化天气雷达没有本质差异,本章不再讨论。本章重点讨论多普勒天气雷达测量气象目标速度的原理、方法、性能及天气速度场资料的分析与应用。

多普勒天气雷达不但能够像常规数字化天气雷达一样测量目标的位置和强度,具备常规数字化天气雷达的全部功能,而且能够基于多普勒效应,根据收/发信号的高频频率(相位)差,得到雷达波束有效照射体积内降水粒子群相对于雷达的平均径向速度和速度谱宽参数。再利用这些参数,反演大气水平风场、气流垂直速度的分布以及湍流状况,了解天气变化的动力学背景,便于气象工作者系统分析中小尺度天气系统、警戒强对流危险天气、制作更精准的短时天气预报。

目前业务使用的多普勒天气雷达分为全相参多普勒天气雷达和接收相参(条件相参)多普勒天气雷达两类。全相参多普勒天气雷达采用主振放大式发射系统,造价较高,但测速性能更优,是未来发展的主流产品。接收相参多普勒天气雷达采用单级振荡式发射系统,结构简单,造价相对便宜,但测速性能略逊一筹。

4.1.1　相参振荡

两个或两个以上的正弦振荡,若它们之间具有严格的相位同步关系,则称这些振荡是相参振荡。一个主振晶体产生的振荡,通过直接或间接的方式合成出若干个标频信号,尽管它们的频率各不相同,但由于在时间上具有严格的相位同步关系,所以同样是相参的。

在雷达技术中,相参性是对信号的载频相位而言的,与其调制包络无关。全相参雷达系统的全部信号(本振信号、发射信号、触发信号、相位比较基准信号⋯⋯)都与同一个工作于连续状态的高稳频主振源基准信号保持严格的相位同步关系,并在相邻的脉冲重复周期内都保持着相参性。

全相参多普勒雷达采用放大链式发射机,频率综合器(简称频综器)保证每个重复周期发射脉冲初相均相同,发射脉冲从连续振荡波中取出。回波脉冲与发射脉冲比相(也可以在下变频后,在中频范围比较)取得一个相位差;下一重复周期收发脉冲再比相,又取得一个相位差;前后两个相位差相比;若相同,则为固定目标,若不同,则有多普勒频移,为动目标。

接收相参(条件相参)的多普勒雷达采用单级振荡式发射机,每个发射脉冲载频信号的初相都是随机的。雷达采集每个发射脉冲信号的样本(也称主波样本),将其混频后成为中频脉冲去锁相一连续波振荡器,形成发射脉冲的中频代表。待射频回波信号回来,也将它变频成为中频回波脉冲,以便与发射脉冲的中频代表在中频阶段比相。比较相邻两重复周期的回波脉冲的比相结果:若相同,则为固定目标;若不相同,则有多普勒频移,为动目标。这就是“中频锁相相参”。

另一种接收相参的工作模式采用“初相补偿”或“相位校正”的相参技术。在每一重复周期记下发射脉冲初相,待其回波脉冲被接收后首先补偿它的发射初相,使发射初相都为零,这样不同重复周期的回波脉冲均以零初相参与后续比相,再比较相邻两重复周期回波脉冲的比相结果,判断目标回波有无多普勒频移,以确定其运动情况。

4.1.2 多普勒频移

设脉冲多普勒天气雷达在天线处以初相 ϕ_0 辐射脉冲电磁波,该电磁波在遇到距离为 R 的气象目标时发生后向散射(也称反射)。当反射脉冲电磁波到达天线处时,电磁波经历了距离为 $2R$ 的行程,产生 $(2\pi/\lambda)2R$ 的相移,即 $4\pi R/\lambda$。这样,天线处的电磁波相位为

$$\phi = \phi_0 - \frac{4\pi R}{\lambda} \qquad (4.1)$$

如果目标固定不动,则 R 为常数。对于全相参脉冲多普勒天气雷达,不同重复周期发射脉冲电磁波的初始相位均相同,故天线处反射电磁波的相位值 ϕ 都相同。而对于接收相参脉冲多普勒天气雷达来说,虽然不同重复周期发射脉冲电磁波的初始相位不相同,但天线接收后,雷达进行了初相补偿处理,所以接收处理后的回波相位 ϕ 也是相同的。

如果目标运动速度不为零,则目标的距离 R 会随时间而变,不同重复周期脉冲电磁波在天线处的相位值 ϕ 会随时间而变。这就是说,目标有了速度,即有 $\mathrm{d}R/\mathrm{d}t$,则

$$\mathrm{d}\phi/\mathrm{d}t = \frac{\mathrm{d}\phi_0}{\mathrm{d}t} - \frac{4\pi}{\lambda} \cdot \frac{\mathrm{d}R}{\mathrm{d}t} \qquad (4.2)$$

式中:$\mathrm{d}\phi/\mathrm{d}t$ 为初相角的变化率,对于全相参脉冲多普勒雷达来说,其值为零,对于接收相参脉冲多普勒天气雷达来说,经过初相补偿,该值同样为零。

$\mathrm{d}R/\mathrm{d}t$ 是目标距离随时间的变化率,即目标的运动速度,设距离 R 处的目标是沿着雷达波束电轴方向运动的,这时目标的运动速度称为径向速度 V_r,规定朝向雷达天线运动的速度为正值,则有 $V_r = -\mathrm{d}R/\mathrm{d}t$。

$\mathrm{d}\phi/\mathrm{d}t$ 是天线处射频回波相位随时间的变化率,这时由于目标有运动速度,发生多普勒效应,天线处接收的射频回波产生多普勒频偏而引起的相位变化,显然它等于多普勒角频率 ω_d。根据上述,式(4.2)可改写为

$$\mathrm{d}\phi/\mathrm{d}t = \omega_d = 2\pi f_d = \frac{4\pi}{\lambda} \cdot V_r$$

可得

$$f_d = \frac{2V_r}{\lambda} \qquad (4.3)$$

式中:f_d 为多普勒频率(Hz);V_r 为目标的径向速度(m/s);λ 为雷达的工作波长(m)。

$V_r^* = -\mathrm{d}R/\mathrm{d}t$ 规定:朝向雷达天线的速度为正值,这是因为 R 值越来越小,相隔雷达一个重复周期时间,R 的变化量 $\mathrm{d}R$ 为负值,则 V_r 为正值;反之,目标远离天线运动,R 值越来越大,于是 V_r 为负值。

脉冲多普勒天气雷达将相邻两个雷达重复周期天线接收的回波脉冲电磁波进行比较后,如果相位值不变,则 $\mathrm{d}\phi/\mathrm{d}t = 0$,即为固定目标;如果 $\mathrm{d}\phi/\mathrm{d}t \neq 0$,$f_d \neq 0$,则为运动目标,可测出其径向运动速度 V_r。

脉冲多普勒天气雷达只要测出回波脉冲信号中的多普勒频率 f_d,就可以知道目标相对于雷达的径向运动速度 V_r。然而,f_d 与雷达发射载频 f_0 相比是微乎其微的。例如,当目标的径向速度为 10m/s 时,若 $f_0 = 5500\mathrm{MHz}$,则 $f_d \approx 364\mathrm{Hz}$。由于脉冲宽度是以微秒计量的,在这极为短促的脉冲持续期间,要从频率为 f_0 和 $f_0 \pm f_d$ 两种信号的比较处理中得出属于音频范围的 f_d 是难以做到的。好在正弦交流电的频率与相位是有确定关系的,频率值可以用相位的变化率表示,较小的频率变化可以产生明显的相位改变。利用正交通道处理方法,一个相位值可以用两个正交的幅度值表示出来。运用相参检波,进行正交分解,获得 I、Q 两个幅度分量,确定了相位值也就取得了多普勒频率,从而得出目标相对于雷达的径向运动速度 V_r。

由上可见,脉冲多普勒雷达的发射脉冲频率为 f_0,而接收到的运动气象目标的回波脉冲频率为 $f_0 \pm f_d$。在这样的关系中,要通过检测回波脉冲与发射脉冲

之间的相位差值而得到多普勒频率f_d。这就要求回波脉冲的初始相位与发射脉冲的初始相位必须是相参的,否则就无法比较了。

4.1.3 I、Q 正交信号

I、Q 正交信号是多普勒天气雷达接收分系统的关键产品,它来自雷达对目标微弱回波信号的加工变换。

气象目标的回波信号相当于在接收的有限时段内,目标对发射脉冲信号既调幅又调频的结果,粒子散射过程相当于对发射信号进行幅度调制,粒子径向运动相当于对发射信号进行频率调制。设调制函数为

$$u(t) = a(t)e^{-j\phi(t)} \tag{4.4}$$

式中:$a(t)$为实振幅函数;$\phi(t)$为实相位函数。

回波信号可表示为

$$S(t) = u(t)e^{j\omega_0 t} \tag{4.5}$$

式中:ω_0为载波角频率。

调制函数$u(t)$内包含了散射体积中全部粒子后向散射波的振幅和相位信息。

由式(4.4)和式(4.5)可得

$$\begin{aligned} S(t) &= a(t)e^{j[\omega_0 t - \phi(t)]} \\ &= a(t)\{\cos[\omega_0 t - \phi(t)] + j\sin[\omega_0 t - \phi(t)]\} \end{aligned} \tag{4.6}$$

$S(t)$取实部就可以写成

$$\begin{aligned} S(t) &= a(t)\{\cos[\omega_0 t - \phi(t)]\} \\ &= a(t)\cos\phi(t)\cos\omega_0 t + a(t)\sin\phi(t)\sin\omega_0 t \end{aligned}$$

令

$$a(t)\cos\phi(t) = I(t)$$

$$a(t)\sin\phi(t) = Q(t)$$

则$S(t)$实部可表示成

$$S(t) = I(t)\cos\omega_0 t + Q(t)\sin\omega_0 t \tag{4.7}$$

式中:$I(t)$、$Q(t)$分别为包络函数的余弦分量和正弦分量,简称"正交信号"。

相参信号(本振信号)可表示为

$$S_I(t) = \cos\omega_0 t$$

将回波信号与相参信号混频后可得

$$2S(t)S_I(t) = a(t)\{\cos\phi(t) + \cos[2\omega_0 t - \phi(t)]\} \tag{4.8}$$

再滤去第 2 项高频分量后剩下为 $a(t)\cos\phi(t)$，这就是包络函数的余弦分量 $I(t)$。这一过程称为"相位检波"。

移相 $\pi/2$ 后的相参信号为

$$S_Q(t) = \sin\omega_0 t$$

将回波信号 $S_{Q(t)}$ 混频后可得

$$2S(t)S_Q(t) = a(t)\{\sin\phi(t) + \sin[2\omega_0 t - \phi(t)]\} \tag{4.9}$$

滤去第 2 项高频分量后剩下为 $a(t)\sin\varphi(t)$，这就是包络函数的正弦分量 $Q(t)$。

因此只要从回波信号中设法获得 $I(t)$、$Q(t)$，就可以确定实振幅函数及实相位函数，即

$$a(t) = \sqrt{I^2(t) + Q^2(t)} \tag{4.10}$$

$$\phi(t) = \arctan[Q(t)/I(t)] \tag{4.11}$$

多普勒频率在实相位函数的变化之中反映出来，可以用专门的硬件或软件提取多普勒信息，实振幅函数则反映了回波的强度信息。

4.2　系统组成与工作过程

4.2.1　全相参脉冲多普勒天气雷达

全相参脉冲多普勒天气雷达由天线与馈线分系统、发射分系统、接收分系统、信号处理分系统、伺服分系统、监控分系统、数据处理与显示分系统（终端分系统）以及配电分系统等部分组成，如图 4.1 所示。

全相参脉冲多普勒天气雷达全机有统一的稳定频率源，由石英晶振、上变频器、n 分频、N 倍频和 M 倍频等构成，如图 4.2 所示。晶体振荡器产生非常稳定单频连续波（频率短期稳定度可达 10^{-11}），通过变频组合产生发射脉冲载频、本振频率、相参基准频率和发射触发频率，因此上述各信号间具有确定的相位关系，称为全相参。频率源在结构上通常作为接收分系统的一部分，也称频率综合器。

发射分系统采用放大链，末级电路为功率放大器，通常采用大功率直射式多腔速调管。频率综合器输出发射激励信号，送至发射分系统；该信号被推动放大后，送至速调管功率放大器。固态调制器向速调管提供阴极调制脉冲，控制雷达发射脉冲的宽度和重复频率。速调管功率放大器输出额定峰值功率的射频脉

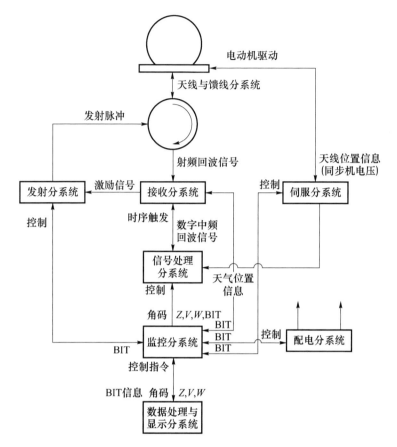

图 4.1　全相参脉冲多普勒天气雷达的整机组成框图

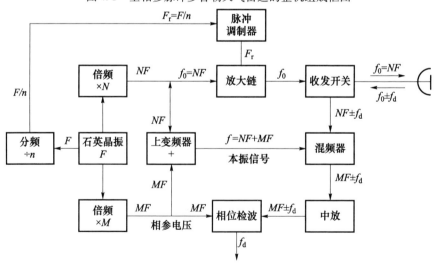

图 4.2　全相参脉冲多普勒天气雷达简化原理框图

冲,经馈线到达天线,向空间定向辐射。天线定向辐射的电磁波遇到云、雨等降水目标时,便会发生散射,其中后向散射中的一小部分形成气象目标的射频回波信号被天线接收。

天线接收到的已被气象目标作幅度和多普勒频率调制的射频回波信号,经馈线送往接收分系统,经过射频放大和混频后成为模拟中频回波信号,经前置中放放大后由数字中频转换器进行 A/D 变换,成为数字中频回波信号送往信号处理分系统,在数字域内处理形成 I、Q 正交信号。

早期的多普勒天气雷达是对模拟中频信号进行正交相位检波形成模拟正交 I、Q 信号,然后再经过两路 A/D 变换器,将模拟 I、Q 信号变换成数字信号。这种模拟正交 I、Q 通道中,由于中频移相器精度不够高,两路相位检波器不完全对称平衡,以及模拟电路参数随温度变化等因素,使得 I、Q 信号之间的相位正交性和幅度一致性较差,从而加大了系统的相位噪声,制约了测速性能。现在采用数字中频技术后,直接将中频信号进行 A/D 变换,对数字中频信号采样,I、Q 正交信号在数字域形成。这样 I、Q 信号之间的相位正交性和幅度一致性,可以提高1 个数量级以上,有效地降低了系统的相位噪声。此外,接收机取消了带通滤波器、线性中放、对数中放和视放等窄带高增益模拟电路,增大了整机工作的动态范围,也提高了整机的稳定性和可靠性。

信号处理分系统对来自接收分系统的数字中频回波信号,在数字域内处理形成 I、Q 正交信号后,对其做积分平滑处理、地物对消滤波处理,得到目标强度的估测值,即反射率因子 Z;通过脉冲对处理(PPP)或快速傅里叶变换(FFT)处理,得到散射粒子群的平均径向速度 V 和速度谱宽 W。上述强度 Z、速度 V 和谱宽 W 数据称为基数据,用专用网线传送至监控分系统,再通过监控分系统传送到终端分系统做进一步的处理和显示。信号处理分系统还通过伺服分系统采集方位、俯仰同步机定子三相模拟电压,采用 S/D 变换器,用以产生与天线实际方位角、仰角相对应的数字角码信号,除了自用之外,还送给监控分系统用于显示,并供程序控制使用。

监控分系统负责对雷达全机工作状态的监测和控制。它自动检测、搜集雷达各分系统的工作状态和故障信息,通过网络送往终端分系统;由终端分系统发出的对其他各分系统的操作控制指令和工作参数设置指令,经网络传送到监控分系统,经处理后转发至各相应的分系统,完成相应的操作和参数设置。雷达操作人员在终端显示器上能实时监视雷达工作状态、工作参数和故障情况。监控分系统还接收来自信号处理分系统的、与雷达天线实际方位角和仰角相对应的数字角码信号,予以实时显示。

伺服分系统直接接收来自监控分系统的控制指令,由其计算处理后输出电动机驱动信号,完成天线的方位和俯仰扫描控制。同时,将本分系统的故障信息送给监控分系统。它还将方位、俯仰同步机的电压数据传送给信号处理分系统供其采集。

数据处理与显示分系统(终端分系统)中实时显示终端的前台计算机,接收来自信号处理分系统的强度、速度和谱宽基数据,将这些基数据经过处理后在显示器上显示,同时,通过网络传送到遥控显示终端的后台计算机。后台计算机的三个显示器分别显示强度、速度和谱宽图像,同时,作为资料存档。它还将基数根据需要,据经过加工、变换、计算等步骤,生成所需的数据和图像产品,在显示器上显示,并可通过通信网络将数据和图像产品传送给其他用户。后台计算机发出的雷达控制指令以及对信号处理分系统的控制信号,先通过网络传送至前台计算机,由前台计算机再通过网络下达给监控分系统,后者则将雷达状态和故障信息传送给前台计算机。

配电分系统对输入的交流电源实施监测、稳压、保险、控制、配送,给全机各主要分系统的电源分机提供所需的交、直流电压。

4.2.2 接收相参脉冲多普勒天气雷达

接收相参脉冲多普勒天气雷达的发射脉冲初相在不同重复周期是随机变化的,没有相参性。为获取目标的速度信息,接收回波经高放、混频、中放后,再进行相参处理,按工作原理可分为中频锁相相参和初相补偿相参两种类型。

1. 中频锁相相参脉冲多普勒天气雷达

中频锁相相参脉冲多普勒天气雷达的简化原理框图如图4.3所示。发射分系统采用单级振荡式发射机,通常以同轴磁控管作为振荡源。在雷达的每一个重复周期,取发射脉冲的主波样本,在锁相混频器中与本振信号混频后成为中频

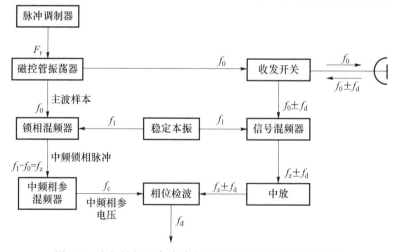

图 4.3　中频锁相相参脉冲多普勒天气雷达简化原理框图

锁相脉冲,去锁定中频相参振荡器的初相,形成中频发射脉冲的代表,即中频相参电压,该电压与中频回波脉冲电压通过相位检波器在中频频率上比相,检测多普勒频率。

图4.4 为中频锁相相参脉冲多普勒天气雷达的整机组成框图。该雷达由天线和馈线分系统、发射分系统、接收分系统、信号处理分系统、伺服分系统、监控分系统、终端分系统和电源分系统 8 个部分组成。

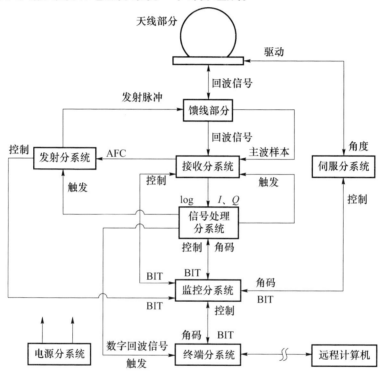

图 4.4　中频锁相相参脉冲多普勒天气雷达整机组成框图

发射分系统的调制器在信号处理分系统送来的发射触发脉冲的作用下,产生大功率的调制脉冲加到同轴脉冲磁控管的阴极,使磁控管振荡器工作,产生射频发射脉冲。发射脉冲能量经过馈线传输到天线。为了测量发射脉冲的频率、频谱以及其他有关技术指标,可以用发射支路定向耦合器,从馈线部分的主波导中耦合出极小一部分射频发射脉冲能量提供给测量仪器。传输到天线的发射脉冲能量通过馈源和圆抛物面反射体的作用,向空间定向辐射。天线定向辐射的电磁波能量遇到云、雨等降水目标时,便会发生后向散射,形成气象目标的射频回波信号,被天线接收。

天线接收到的射频回波信号经馈线送往接收分系统。在接收分系统中回波信号首先经过射频放大、预选和变频,成为中频回波信号,经前置中频放大后分为两路,一路进入对数通道,最后输出视频回波强度信号送到信号处理分系统,另一路进入线性通道,经线性放大及相相位检波输出 I、Q 两路视频信号到信号处理分系统。

同轴磁控管振荡时产生的射频发射脉冲能量,由 AFC 耦合取得一小部分,送到接收分系统的 AFC 混频器作为主波样本,经变频后成为中频脉冲信号,其相位与发射脉冲相同。

中频脉冲信号分成两路,一路送鉴频器产生误差电压送往发射分系统的同轴磁控管频率微调机构,对发射脉冲频率进行自动调整;另一路经放大后作为中频锁相脉冲,去锁定连续振荡的相参振荡器产生中频基准相参信号送往相位检波器。相位检波器对中频回波信号和中频相参基准信号进行相位检波,输出包含速度和谱宽信息的 I、Q 视频信号至信号处理分系统。

信号处理分系统对 log、I、Q 视频信号进行 A/D 变换,变为数字视频信号,对强度 log 数字视频信号进行积分处理;对 I、Q 数字视频信号进行脉冲对处理(PPP),输出强度、平均速度和谱宽信号以及将伺服分系统通过监控分系统送来的表示雷达天线当前位置的角码,一起送至终端分系统。

信号处理分系统还负责产生发射触发脉冲、接收触发脉冲、相参起始脉冲和相参截止脉冲,用以控制发射和接收分系统协调工作,以满足中频相参体制的要求。

中频锁相相参脉冲多普勒天气雷达的终端分系统、伺服分系统、监控分系统和电源分系统与全相参脉冲多普勒天气雷达大同小异,不再赘述。

2. 初相补偿相参脉冲多普勒天气雷达

初相补偿相参多普勒天气雷达与中频锁相相参多普勒天气雷达具有基本一致的系统组成及其工作过程,仅在剔除发射脉冲随机初相方面有所不同。初相补偿相参脉冲多普勒天气雷达简化原理框图如图 4.5 所示。

发射分系统也是单级振荡式,采用磁控管作为振荡源;接收分系统采用数字中频技术。在雷达的每一个重复周期,射频发射脉冲信号样本(也称主波样本)在基准混频器中与本振信号混频后成为中频发射脉冲信号,该信号经中频放大后直接送至 A/D 变换成数字中频发射脉冲信号,然后进入数字 I、Q 正交通道,在数字域形成 I、Q 正交信号。输出代表发射脉冲的 I_t、Q_t 正交信号送至数字相位校正电路,也就是初相补偿电路。

在雷达的每一个重复周期,来自气象目标的射频回波脉冲信号,在信号混频器中与本振信号混频后,成为中频回波脉冲信号,然后经过中放、A/D 变换后进入数字 I、Q 正交通道,最终输出代表回波脉冲的 I_r、Q_r 正交信号,送至数字相位校正电路。数字相位校正电路对发射脉冲 I_t、Q_t 正交信号与回波脉冲 I_r、Q_r 正交信号进行处理,在回波数字信号中扣除发射脉冲的随机初相,实现初相补偿。

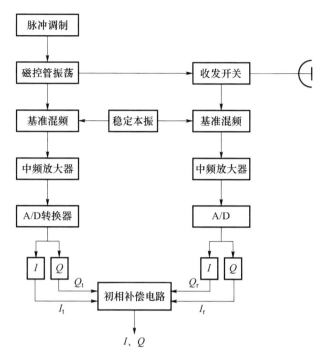

图 4.5　初相补偿相参脉冲多普勒天气雷达简化原理框图

最终输出的 I、Q 正交信号中,仅仅保留反映目标运动特性的相位信息,从而实现雷达的接收相参功能。

射频发射脉冲信号样本与本振信号混频后,成为中频发射脉冲信号,经正交相位检波后,输出的发射脉冲 I_t、Q_t 为

$$\begin{cases} I_t = A\cos(\phi_0 - \phi_L + \phi_m) = A\cos\alpha \\ Q_t = A\sin(\phi_0 - \phi_L + \phi_m) = A\sin\alpha \end{cases} \tag{4.12}$$

式中:ϕ_0 为相参基准信号初相;ϕ_L 为本振信号初相;ϕ_m 为磁控管振荡的随机初相;$\alpha = \phi_0 - \phi_L + \phi_m$。

射频回波脉冲信号与本振信号混频后,成为中频回波脉冲信号,经正交相位检波后,输出的回波脉冲 I_r、Q_r 为

$$\begin{cases} I_r = B\cos(\phi_0 - \phi_L + \phi_m - \omega_0 t_r) = B\cos(\alpha - \omega_0 t_r) \\ Q_r = B\sin(\phi_0 - \phi_L + \phi_m - \omega_0 t_r) = B\sin(\alpha - \omega_0 t_r) \end{cases} \tag{4.13}$$

式中:ω_0 为射频信号的角频率,$\omega_0 = 2\pi f_0$;t_r 为回波脉冲的延迟时间,且有

$$t_r = 2R(t)/c$$

其中:c 为光速;$R(t)$ 为本重复周期目标的距离,且有

$$R(t) = R_0 - R_r$$

其中:R_0 为雷达上一个重复周期目标的距离;R_r 为本重复周期目标移动的距离,$R_r = v_r t$,v_r 为目标对雷达的径向运动速度。

$$\omega_0 t_r = 2\pi f_0 \cdot \frac{2R(t)}{c}$$

$$= \frac{4\pi}{\lambda}(R_0 - v_r t)$$

令 U_t 为中频发射脉冲信号电压,则

$$U_t = \sqrt{I_t^2 + Q_t^2} \cdot e^{j\left(\arctan\frac{Q_t}{I_t}\right)}$$

由式(4.12)可得

$$U_r = \sqrt{A^2\cos^2\alpha + A^2\sin^2\alpha} \cdot e^{j\left(\arctan\frac{A\sin\alpha}{A\cos\alpha}\right)}$$

$$= \sqrt{A^2(\cos^2\alpha + \sin^2\alpha)} \cdot e^{j(\arctan\tan\alpha)}$$

$$= A \cdot e^{j\alpha}$$

令 U_r 为中频回波脉冲信号电压,则

$$U_r = \sqrt{I_r^2 + Q_r^2} \cdot e^{j\left(\arctan\frac{Q_r}{I_r}\right)}$$

由式(4.13)可得

$$U_r = \sqrt{B^2\cos^2(\alpha - \omega_0 t_r) + B^2\sin^2(\alpha - \omega_0 t_r)} \cdot e^{j\left(\arctan\frac{B\sin(\alpha - \omega_0 t_r)}{B\cos(\alpha - \omega_0 t_r)}\right)}$$

$$= B \cdot e^{j(\alpha - \omega_0 t_r)}$$

$$U_t U_r^* = A \cdot e^{j\alpha} B \cdot e^{-j(\alpha - \omega_0 t_r)}$$

$$= AB \cdot e^{j\alpha} \cdot e^{-j\alpha} \cdot e^{j\omega_0 t_r}$$

$$= AB \cdot e^{j\omega_0 t_r}$$

$$= AB(\cos\omega_0 t_r + j\sin\omega_0 t_r)$$

可得

$$I = AB\cos\omega_0 t_r, \quad Q = AB\sin\omega_0 t_r$$

由上可见,对信号进行复共轭数学处理、物理意义上的相位旋转后,将磁控管振荡的随机初相以及基准信号源、本振信号源的初相抖动完全消除了,最终输出用于多普勒信号处理的正交 I、Q 两路信号中,仅仅保留反映目标运动特性的相位信息,这相当于将每一重复周期发射脉冲的初相角都补偿至零,对于从同一气象目标在不同重复周期返回的 I、Q 信号来说,在相位上是相参的,从而实现了雷达的接收相参。

在实际应用的中频初相补偿脉冲多普勒天气雷达中,初相补偿的功能主要是由信号处理分系统中设置的数字相位校正模块或称初相补偿模块,采取软、硬件结合的方法完成的。这种雷达的整机组成及工作过程与中频锁相相参多普勒天气雷达大致相同,不再赘述。

4.3　云和降水目标运动信息提取

4.3.1　云和降水目标回波多普勒频谱的统计特征参数

云雨目标的回波信号,是雷达有效照射体积内所有降水粒子后向散射的综合结果。降水粒子的径向速度通常并不相同,所以回波信号中包含的多普勒频率也不可能是某一单个频率,而是一个随机变化的多普勒频谱。为此,多普勒天气雷达从接收系统输出的 $I(t)$、$Q(t)$ 视频信号中提取的通常是它们的统计特征,最基本的是回波平均功率、平均径向速度(也称平均多普勒速度)和径向速度谱宽。下面首先介绍它们的含义和表达形式,然后介绍常用的提取方法。

回波平均功率包含多普勒信息的雷达回波平均功率,可表示为

$$\overline{P_r} = \int_{-\infty}^{\infty} \varphi(f)\,\mathrm{d}f \tag{4.14}$$

式中:f 为多普勒频率;$\varphi(f)$ 为信号的功率谱密度;$\varphi(f)\mathrm{d}f$ 为频率在 f 到 $f+\mathrm{d}f$ 间隔内的功率;回波平均功率为功率谱密度在整个频域上的积分值。

由于多普勒频率和散射粒子的径向速度之间有着唯一确定的关系 $f=\dfrac{2v}{\lambda}$,所以

$$\varphi(f)\,\mathrm{d}f = \varphi(v)\,\mathrm{d}v \tag{4.15}$$

于是,平均回波功率也可表示为

$$\overline{P_r} = \int_{-\infty}^{\infty} \varphi(v)\,\mathrm{d}v \tag{4.16}$$

式中:$\varphi(v)$ 为信号的速度谱密度;$\varphi(v)\mathrm{d}v$ 为径向速度在 v 到 $v+\mathrm{d}v$ 间隔内的功率。

需要说明的是,雷达接收系统输出的 $S(t)$ 以及相应的 $I(t)$、$Q(t)$ 是时变函数,要先经过下式算出相关系数 $R(T_r)$,即

$$R(T_r) = \int_{-\infty}^{\infty} S(t)S^*(t+T_r)\,\mathrm{d}t \tag{4.17}$$

式中:T_r 为雷达相邻脉冲的时间间隔;$S^*(t+T_r)$ 为 $S(t+T_r)$ 的共轭复数。

由于相关函数和信号的功率谱密度 $\varphi(f)$ 互为傅里叶变换,可得

$$\varphi(f) = \int_{-\infty}^{\infty} R(T_r) e^{-i2\pi f/T_r} dT_r \tag{4.18}$$

有了以频域形式表示的功率谱密度 $\varphi(f)$，才可以计算回波平均功率及其他的统计特征。

平均径向速度的定义为

$$\overline{v_r} = \frac{\displaystyle\int_{-\infty}^{\infty} v\varphi(v) dv}{\displaystyle\int_{-\infty}^{\infty} \varphi(v) dv} \tag{4.19}$$

式(4.19)说明，$\overline{v_r}$ 是以在 dv 速度间隔内的功率 $\varphi(v) dv$ 为权重对径向速度的加权平均值。$\overline{v_r}$ 可以由平均多普勒频率 $\overline{f_d}$ 推算得到，由于

$$\overline{f_d} = \frac{2\overline{v_r}}{\lambda} \tag{4.20}$$

而平均多普勒频率为

$$\overline{f_d} = \frac{\displaystyle\int_{-\infty}^{\infty} f\varphi(f) df}{\displaystyle\int_{-\infty}^{\infty} \varphi(f) df} \tag{4.21}$$

式(4.21)说明，$\overline{f_d}$ 是以在 df 频率间隔内的功率 $\varphi(f) df$ 为权重对多普勒频率 f 的加权平均值。

径向速度谱方差的定义为

$$\sigma_v^2 = \frac{\displaystyle\int_{-\infty}^{\infty} (v - \overline{v_r})^2 \varphi(v) dv}{\displaystyle\int_{-\infty}^{\infty} \varphi(v) dv} \tag{4.22}$$

显然，σ_v^2 是以 $\varphi(v) dv$ 为权重对 $(v - \overline{v_v})^2$ 的加权平均值。σ_v 为径向速度谱的宽度，σ_v 和 σ_v^2 是衡量径向速度偏离其平均值的程度。同样的，多普勒频谱的方差也具有这样的性质。其表达式为

$$\sigma_f^2 = \frac{\displaystyle\int_{-\infty}^{\infty} (f - \overline{f_d})^2 \varphi(f) df}{\displaystyle\int_{-\infty}^{\infty} \varphi(f) df} \tag{4.23}$$

由式(4.20)可得

$$\sigma_f^2 = \frac{4}{\lambda^2} \sigma_v^2 \tag{4.24}$$

回波信号的径向速度谱密度 $\varphi(v)$、平均径向速度 $\bar{v}_r$ 和径向速度谱宽 σ_v 之间的关系如图 4.6 所示。

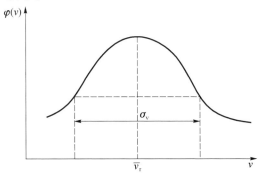

图 4.6　φ_v、$\bar{v}_r$ 和 σ_v 之间的关系示意图

按照概率论的表示方法可以把多普勒速度谱密度 $\varphi(v)$ 的 n 阶矩表示为

$$\bar{v}^n = \int_{-\infty}^{\infty} v^n \varphi(v) \mathrm{d}v \qquad (4.25)$$

所以,有些文献把平均回波功率称为多普勒频谱的零阶矩,把平均径向速度称为多普勒频谱的一阶矩,把多普勒谱的方差称为多普勒频谱的二阶矩。

下面介绍多普勒天气雷达提取上述信息的方法。

多普勒天气雷达获取的资料量非常大,例如雷达距离库长为 0.15km,150km 的探测距离就有 1000 个距离库;再考虑方位角以 1° 的间隔作平均,则雷达扫描探测一周,可得到 3.6×10^5 组数据资料。若天线转速为每分钟两周,则在 1s 里需要处理 1.2×10^4 组数据才能满足实时显示的业务要求。其中最大量的计算就是将雷达接收到的时变信号通过傅里叶变换转换成频域表示方式。近年来,计算机芯片的运算速度已大幅提高,实时的直接计算已完全可能。因此,目前生产的多普勒天气雷达提取信息的方法主要有快速傅里叶变换法和脉冲对处理法。有的雷达则两种方法兼而有之。

4.3.2　快速傅里叶变换法

快速傅里叶变换法是在离散信号傅里叶变换(DFT)的基础上,为了提高变换速度而发展起来的。它是在直接对回波信号进行傅里叶变换的基础上计算多普勒信息产品,没有加入假设条件,所以精确度比较高。

由于天气多普勒雷达兼有测定目标距离的任务,必须采用脉冲制,回波信号也是一个个脉冲;再加上经过 A/D 变换,都转换成了离散式的回波数据,必须用离散信号的傅里叶变换来处理。

设某一距离上雷达接收到的回波信号为 $S(nT_s)$，T_s 为取样时间间隔，n 为取样的序号。运用离散的傅里叶变换，可以得到样本数为 N 的信号频域表示形式，即频谱：

$$F(KF_s) = \sum_{n=0}^{N-1} S(nT_s) e^{-i2\pi nkF_s T_s} \quad (k = 0,1,2,\cdots,N-1) \qquad (4.26)$$

式中：k 为谱线序号；F_s 为频域上离散信号的谱线间隔。

其谱密度函数为

$$\varphi(kF_s) = \left| \sum_{n=0}^{N-1} S(nT_s) e^{-i2\pi nkF_s T_s} \right|^2 \qquad (4.27)$$

离散信号的傅里叶变换就是直接用式（4.26）、式（4.27）来计算频谱的。经分析可知，在计算各条谱线时有不少运算是重复的，为了避免这些重复运算，就推动了快速傅里叶变换方法的研究和产生。快速傅里叶变换避免了运算过程中经常出现的重复运算，从而大大节省了运算时间，已被广泛采用，并编制了这种算法的标准程序。由于推演过程比较复杂，这里不作介绍，有兴趣的读者可以参阅有关信号处理书籍。这里给出一个数学概念，即在样本数 $N = 1024$ 时，快速傅里叶变换与原来的直接计算相比，运算量几乎减小到原来的 1/200。

用快速傅里叶变换计算得到的 $\varphi(kF_s)$ 以及根据平均多普勒频率和谱方差的定义，可得

$$\overline{f_d} = \frac{\displaystyle\sum_{k=0}^{N-1} F(kF_s)\varphi(kF_s)}{\displaystyle\sum_{k=0}^{N-1} \varphi(kF_s)} \qquad (4.28)$$

和

$$\sigma_f^2 = \frac{\displaystyle\sum_{k=0}^{N-1} |F(kF_s) - \overline{f_d}|^2 \varphi(kF_s)}{\displaystyle\sum_{k=0}^{N-1} \varphi(kF_s)} \qquad (4.29)$$

应用式（4.20）和式（4.24）即可得到平均径向速度 $\overline{v_r}$ 和速度谱方差 σ_v^2。

4.3.3　脉冲对处理法

脉冲对处理法不需要知道整个多普勒功率谱的详细结构，在时域直接计算得到谱的统计特征值。即平均回波功率、平均多普勒速度和多普勒速度谱方差，从而可避免大量的复杂计算。脉冲对处理法是在假定雷达照射体积内每一个粒子的径向速度脉动具有偶函数的分布密度，采用相继的两个取样值成对的进行

处理,直接得到平均多普勒频率(或速度)。另外,进一步假定偶函数分布密度为正态分布,还可得到多普勒频率谱方差(或速度谱方差)等信息。由于它是对相邻两个取样值进行成对处理,所以称为脉冲对处理法。

设回波幅度的复振幅可表示为

$$S(t) = I(t) + \mathrm{i}Q(t) \tag{4.30}$$

式中:$I(t)$、$Q(t)$分别为$S(t)$的实部和虚部。

又设回波信号的取样样本数为N,则根据自相关函数的定义可得

$$R(T_\mathrm{r}) = \frac{1}{N}\sum_{j=0}^{N-1} S(t)_{j+1} S^*(t)_j \tag{4.31}$$

根据式(4.30),式(4.31)可以改写成

$$R(T_\mathrm{r}) = \frac{1}{N}\sum_{j=0}^{N-1} \left[(Q_{j+1}Q_j + I_{j+1}I_j) + \mathrm{i}(Q_{j+1}I_j - I_{j+1}Q_j) \right] \tag{4.32}$$

式中:复数的实部为

$$\frac{1}{N}\sum_{j=0}^{N-1} (I_{j+1}I_j + Q_{j+1}Q_j) = \mathrm{Re}[R(T_\mathrm{r})] \tag{4.33}$$

虚部为

$$\frac{1}{N}\sum_{j=0}^{N-1} (Q_{j+1}I_j - I_{j+1}Q_j) = \mathrm{Im}[R(T_\mathrm{r})] \tag{4.34}$$

这些回波信号的平均相位角差,即取样间隔为T_r的相继两个回波信号的相位差的平均为

$$\overline{\Delta\phi} = \overline{\phi_{j+1} - \phi_j} = \arctan\left\{ \frac{\mathrm{Im}[R(T_\mathrm{r})]}{\mathrm{Re}[R(T_\mathrm{r})]} \right\} \tag{4.35}$$

因为

$$\frac{\overline{\Delta\phi}}{T_\mathrm{r}} = \overline{\omega_\mathrm{D}} = 2\pi\overline{f_\mathrm{d}}$$

所以平均多普勒频率为

$$\overline{f_\mathrm{d}} = \frac{1}{2\pi T_\mathrm{r}}\overline{\Delta\phi} = \frac{1}{2\pi T_\mathrm{r}}\arctan\left\{ \frac{\mathrm{Im}[R(T_\mathrm{r})]}{\mathrm{Re}[R(T_\mathrm{r})]} \right\} \tag{4.36}$$

进一步假定每个粒子的径向速度脉动为正态分布,还可得到多普勒频谱方差,即

$$\sigma_\mathrm{f}^2 = \frac{2}{(2\pi T_\mathrm{r})^2}\left[1 - \frac{R(T_\mathrm{r})}{R(0)} \right] \tag{4.37}$$

式中:$R(0)$为回波平均功率。

由式(4.36)和式(4.37)就可以得到平均多普勒速度和速度谱方差,即

$$\bar{v}_r = \frac{\lambda}{4\pi T_r} \arctan\left\{ \frac{\text{Im}[R(T_r)]}{\text{Re}[R(T_r)]} \right\} \qquad (4.38)$$

$$\sigma_v^2 = \frac{2\lambda^2}{(4\pi T_r)^2} \left[1 - \frac{R(T_r)}{R(0)} \right] \qquad (4.39)$$

由上面的介绍可知,多普勒天气雷达由发射和接收系统收集了包含有多普勒信息的回波信号以后,输出 $I(t)$、$Q(t)$ 信号,经过信号处理系统用 FFT 或 PPP 方法处理以后,可以得到每一个距离库中的回波平均功率、平均多普勒速度和速度谱方差。然后由雷达显示终端以 PPI、RHI 等形式显示出来,供气象保障人员分析应用。

■ 4.4 多普勒测速性能

现役多普勒天气雷达分布在 X、C、S 波段,大都采用全相参技术体制,尽管不同厂商的产品型号较多,但相同波段产品的标称性能基本相当。表 4.1 列出了某 X 波段全相参多普勒天气雷达的主要性能。由表可以看出,除测速、地杂波抑制性能以外,多普勒天气雷达与常规天气雷达也有可比性,各性能的影响因子、分析方法基本相同,因此本节着重讨论多普勒天气雷达的测速性能。

多普勒天气雷达的测速性能取决于全系统的各个方面,如雷达各分系统技术指标、云雨目标状态及其环境、电磁波传播路径的介质特性等。

表 4.1　某 X 波段全相参多普勒天气雷达主要性能

	天线形式	前馈旋转抛物面
	极化方式	水平线极化
	天线直径/m	1.5
天线	天线增益/dB	≥38
	副瓣电平/dB	≤ -23
	波束宽度/(°)	1.5 ± 0.2
	发射脉冲功率/kW	≥75
发射机	工作频率/MHz	9360 ± 30 内的点频
	脉冲宽度/μs	1 ± 0.2
	重复频率/Hz	400 ~ 1000(400、750、1000、1000/750)

（续）

接收机	灵敏度/dBm	≤ -105（场放输入端）
	动态范围/dB	线性接收 88（AGC 为 48，线性为 40）
	中频频率/MHz	30 ± 0.1
	中频带宽/MHz	1.2 ± 0.1
	频综器短稳	10^{-11}
视频积分处理器	A/D 采样位数/位	12
	距离采样间隔/m	150
	距离库长/m	150、300
	距离库数	1024
多普勒处理器	A/D 采样位数/位	12
	采样脉冲数	8 ~ 128（可选）
	最大不模糊速度/m/s	±24（变 T）
	测速误差/m/s	≤1
	地杂波抑制比/dB	≥40
天线控制	天线扫描方式	PPI、RHI、CAPPI、手控方式
	PPI 方位扫描速度/(r/min)	0 ~ 3
	RHI 俯仰扫描速度/(°/s)	0 ~ 2
	角位置控制精度/(°)	方位≤0.2，仰角≤0.2
探测范围	距离/km	0 ~ 300（强度模式、中雨）；0 ~ 150（速度模式）
	测速范围/(m/s)	-24 ~ +24（变 T 模式）
	方位/(°)	0 ~ 360
	仰角/(°)	0 ~ 90
	高度/km	0 ~ 24
分辨力	距离/m	≤200
	方位/(°)	≤1.6
	仰角/(°)	≤1.6
测量误差	距离/m	≤200（1 ± 0.2%）量程
	方位/(°)	≤0.2
	高度/m	≤300（100km 内）
	速度/(m/s)	≤1
	速度谱宽/(m/s)	≤1
	强度/dB	≤1

4.4.1 发射脉冲参数对测量结果的影响

脉冲多普勒天气雷达发射的是一连串高频脉冲信号,由于气象目标(云或降水区)在空间分布的延续性,每一个发射窄脉冲将产生一个持续时间比发射脉冲长得多的回波信号。为了区别来自不同距离的目标信息,接收机在发射脉冲同步控制下依次打开各个距离库,分别接收各距离段上的回波信号。因此,对于某一确定的小段距离的气象目标来说,雷达接收机收接到的仍是一连串窄脉冲信号。这些回波脉冲信号与发射脉冲的重复周期相同,只是脉冲的幅度和高频相位已受到目标散射过程的调制。结合图4.7可以看出发射脉冲序列的参数对频谱特性及测量结果的影响。

4.4.1.1 发射脉冲宽度

如图4.7(a)所示,发射脉冲宽度决定了频谱包络线的宽度。因频谱包络线对于确定目标的运动状态无影响,所以不是从多普勒参数测量的要求来考虑脉冲宽度的选择,而是与一般非相干气象雷达一样根据空间分辨力和回波功率的要求来决定。如果发射脉冲宽度为1μs,则频谱包络线的宽度(包络线中心两侧最近两个零点值之间的距离)为2MHz。接收机中采样脉冲的间隔常选间隔小于或等于脉宽,以便得到尽可能高的距离分辨力。与1μs的发射脉冲宽度相应的距离分辨力为150m。

4.4.1.2 载波频率

如图4.7(a)所示,载波频率f_0决定了中心谱线的位置。从前面的讨论可知,只要维持谱线的稳定位置,并采取相干检波的办法,则谱线的绝对位置并不影响对复包络函数的检测。载波频率通常是根据待测目标物的散射特性和大气介质的衰减特性来选定的。以测雨为主的多普勒天气雷达,一般采用厘米波;以晴空探测为主的多普勒雷达,多采用分米波或米波。

4.4.1.3 脉冲序列长度

脉冲序列长度是指发射(和接收)脉冲序列所占的时段。如图4.7(a)所示,发射脉冲序列的长度决定了发射频谱中每条谱线精细结构的宽度。如发射脉冲序列的长度为t_1,则每条谱线的半宽度$B = 1/t_1$。如果回波脉冲序列的中心谱线相对于发射脉冲中心谱线的位移小于发射谱线的半宽度,则两种谱线就会有大部分重叠,这样就不能很好地识别接收谱线。因此,如果要求测量的最低多普勒频率为f_{dmin},则应使发射脉冲频谱线的半宽度小于此值,即$B \leqslant f_{dmin}$。从而应使$t_1 \geqslant 1/f_{dmin}$。换句话说,取样长度至少应大于最低多普勒频率的一个周期。例

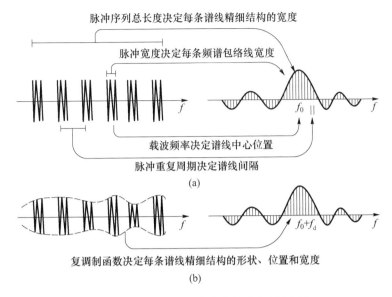

图 4.7 发射脉冲、回波脉冲序列波形及频谱

如,用 10cm 波长雷达测量下限速度为 1m/s 的运动目标,则最低多普勒频率为 20Hz,可知接收脉冲序列的长度应不短于 $1/f_{\mathrm{dmin}} = 50\mathrm{ms}$。可以看出,所要测量的速度越低,测量脉冲序列的长度也就越长。

4.4.1.4　脉冲重复频率

如图 4.7(a)所示,脉冲重复频率(PRF)决定了谱线的间隔。图 4.8 为图 4.7(b)中谱线的局部放大示意。图中:f_0 为发射频率的载波频率,Δf 为和脉冲重复频率 f_r 相同的谱线间隔,f_d 为运动目标产生的多普勒频率。当目标速度为正(目标向雷达移动)时,接收脉冲的各条谱线将偏离发射脉冲的各条对应谱线,而向频率增加的方向移动,移过的量等于多普勒频率 f_d。当多普勒频率 f_d 等于发射脉冲重读频率(PRF)时,接收脉冲的谱线将与发射脉冲的各条相邻谱线相重叠。这使雷达无法鉴别目标是处于静止状态还是速度为 $v = \lambda f_r/2$ 的运动状态。这个由发射脉冲重复频率和波长决定的速度称为临界多普勒速度。

当目标速度高于临界多普勒速度时,接收谱线的位置将更进一步超过发射谱线中的相邻谱线,这时也是难以和低速度下的谱线相区别的。这种测速的不确定性也称为速度模糊。如果考虑到速度和多普勒频率也会出现负值,那么只有多普勒频率处在 $-f_r/2 \sim f_r/2$ 范围内,才能唯一地确定其值。与此相应,不模糊的速度区间为

$$-\frac{\lambda f_r}{4} < v_r < \frac{\lambda f_r}{4}$$

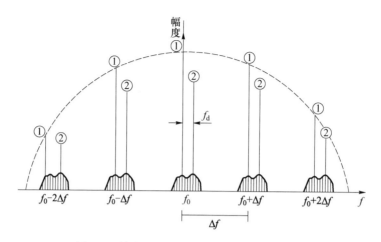

图 4.8　单个运动目标返回信号的频谱示意图

注：① 发射脉冲的谱线，自左至右分别为$f_0-2\Delta f$、$f_0-\Delta f$、f_0、$f_0+\Delta f$、$f_0+2\Delta f$、
　　② 接收脉冲(单个运动目标)的谱线，自左至右分别为$f_0-2\Delta f+f_d$、$f_0-\Delta f+f_d$、
　　f_0+f_d、$f_0+\Delta f+f_d$、$f_0+2\Delta f+f_d$。

所以,脉冲多普勒天气雷达测定目标径向速度时的最大不模糊速度为

$$v_{rmax} = \pm \frac{\lambda f_r}{4} \tag{4.40}$$

由式(4.40)可见,为了使雷达能不模糊地测定的最高速度大一些,就应该使脉冲重复频率高一些。但是脉冲重复频率的高低又关系到雷达最大不模糊距离的大小。两者对脉冲重复频率的要求恰恰是矛盾的。因为,雷达的最大不模糊距离为

$$R_{max} = \frac{c}{2f_r} \tag{4.41}$$

式中:c 为光速。

由式(4.41)可见,PRF 越高,R_{max}越小。如果目标的实际距离大于R_{max},则回波脉冲将在雷达下一个发射脉冲发出之后才到达接收机,这时就难以确定回波脉冲究竟对应于哪一个发射脉冲,从而造成目标距离的不确定性。所以,由式(4.41)确定的R_{max}也称为雷达的最大不模糊距离。可见,要使雷达具有较大的不模糊距离,必须降低雷达的重复频率,这与增大不模糊速度所提出的要求是相反的。

由式(4.40)和式(4.41)可得

$$v_{rmax} R_{max} = \frac{\lambda c}{8} \tag{4.42}$$

对于选定的波长来说,式(4.42)右端为常数。因此,在雷达设计中,要折中

地考虑速度和距离的最大不模糊测量值,从而适当地选择脉冲重复频率。有的雷达则设计有多个脉冲重复频率,供使用者根据需要选定。

表 4.2 列出了根据式(4.42)计算的最大测速、最大测距和波长之间的关系,在最大测距栏的括号内还标明了相应的脉冲重复频率。

表 4.2　最大测速、最大测距和波长之间的关系

V_{rmax}/(m/s)　R_{max}/km λ/(m/s)	50 (3000Hz)	100 (1500Hz)	150 (1000Hz)	200 (750Hz)
3.2	24	12	8	6
5.6	42	21	14	10.5
10.7	80	40	27	20

4.4.2　速度模糊及其解决方案

从上面的讨论可知,雷达的波长、脉冲重复频率、最大不模糊距离、最大不模糊速度是相互牵连的,在实用中,往往先根据雷达站的任务要求,参考气象雷达方程确定了雷达的波长和最大探测距离,于是也相应地确定脉冲重复频率,最大不模糊速度也就无从选择。例如,为了对各种气象目标的探测都能兼顾到,我国西部和东北地区非国家布网雷达选用 5cm 左右的波长,又为了有较大的探测距离以预警危险天气,往往把最大不模糊距离定为 400km,这就要求脉冲重复频率不能高于 400Hz,由此可以推算这部雷达的最大不模糊速度只有 ±5m/s。这样的探测性能显然不能满足探测各种危险天气的要求。为此,必须寻求解决速度模糊的方法。

为便于讨论,现在根据奈奎斯特取样定理和脉冲对处理的原理再对速度模糊现象作一些阐述。

若某物体的振动频率为 1Hz,要准确测量该物体的振动频率以及它的振幅和相位,对该物体进行采样的频率应该在 2Hz 以上。若采样频率也为 1Hz,则采样得到的样本永远处在某一固定的相位角上,不能测出该物体的振幅和初相角等参数。由此可推广到一般情况,也就是说,要准确测量一振动频率为 f 的物体的振动参数,则对其进行采样的频率至少为 $2f$。换言之,若采样频率为 f,则最多只能测量 $f/2$ 的物体的振动频率。这就是奈奎斯特采样定理。现在将奈奎斯特定理应用于多普勒天气雷达测定回波信号中包含的多普勒频率信息。雷达每发射一个脉冲,在一定距离处的气象目标就会有一个回波脉冲信号返回来。这个过程也就是对气象目标的采样过程。所以,雷达发射脉冲的重复频率也就是对气象目标的采样频率。根据奈奎斯特定理,雷达能够准确测得的多普勒频率是采样频率也就是脉冲重复频率 f_r 的 $1/2$,即 $f_{dmax} = f_r/2$,把 $f_d = 2v_r/\lambda$ 的关系代

入,再考虑到径向速度可正可负,可得与式(4.39)同样的结果。

此外,在脉冲对处理过程中,得到反映多普勒频率的相邻两个取样值之间的平均相角差,即

$$\overline{\Delta\phi} = \arctan\left\{\frac{\mathrm{Im}[R(T_\mathrm{r})]}{\mathrm{Re}[R(T_\mathrm{r})]}\right\}$$

分析上式可知,因等号右边的相关函数 $R(T_\mathrm{r})$ 的实部和虚部随多普勒频率的大小可正可负、可大可小,所以 $\overline{\Delta\phi}$ 将是一个以 2π 为周期的多值函数。只有当真实的相位差 $\overline{\Delta\phi}$ 在 $\pm\pi$ 范围内时,才能据此判断多普勒频率的准确值。如果真实的相位差超过 $\pm\pi$ 的范围,就难以确定测得的 $\overline{\Delta\phi}$ 究竟是 $\overline{\Delta\phi}$ 还是 $\overline{\Delta\phi} + 2\pi$ 或 $\overline{\Delta\phi} + 4\pi$……,因为它们的函数值是一样的,这就是测定相位角(也就是测定多普勒频率)的模糊现象。如果以 $\overline{\Delta\phi_\mathrm{T}}$ 表示真实的相位差,$\overline{\Delta\phi_\mathrm{d}}$ 表示雷达测得的相位差,则上面的结论可表述为

$$\overline{\Delta\phi_\mathrm{T}} = \begin{cases} \overline{\Delta\phi_\mathrm{d}} + 2n\pi\,(\overline{\Delta\phi_\mathrm{T}} > \pi) \\ \overline{\Delta\phi_\mathrm{d}} - 2n\pi\,(\overline{\Delta\phi_\mathrm{T}} < -\pi) \end{cases} \tag{4.43}$$

式中:n 为整数。如果 $n=0$,则还说明真实的相位差 $\overline{\Delta\phi_\mathrm{T}}$ 是测的相位差 $\overline{\Delta\phi_\mathrm{d}}$;如果 $n=1$,则说明真实的相位差 $\overline{\Delta\phi_\mathrm{T}}$ 是 $\overline{\Delta\phi_\mathrm{d}} + 2\pi$;其余类推。

因为测得的相位差 $\overline{\Delta\phi_\mathrm{d}}$ 和测得的径向速度 v_rd 相对应,相位差 $\pi(-\pi)$ 和最大不模糊速度 $v_\mathrm{rmax}(-v_\mathrm{rmax})$ 相对应,那么和式(4.43)相对应可写出测得的径向速度 v_rd 和真实的径向速度 v_rr 之间的关系为

$$v_\mathrm{rr} = \begin{cases} v_\mathrm{rd} + 2nv_\mathrm{rmax}\,(v_\mathrm{rr} > v_\mathrm{rmax}) \\ v_\mathrm{rd} - 2nv_\mathrm{rmax}\,(v_\mathrm{rr} < -v_\mathrm{rmax}) \end{cases} \tag{4.44}$$

可见,为得到准确的及真实的径向速度 v_rr 就必须在测得径向速度 v_rd 基础上加上或减去 $2nv_\mathrm{rmax}$ 项。v_rmax 可以由式(4.40)获得,而 n 是 0 还是 1 或 2……,则需由观测者设法做出判断。n 的大小称为折叠次数,若 $n=0$,则称为 0 次折叠,若 $n=1$,则称为 1 次折叠等等。

速度模糊是影响多普勒天气雷达发挥效能的重要问题,以下三种方法可解决速度模糊。

4.4.2.1 主观识别速度模糊

在使用速度回波的 PPI 或 RHI 等图像以前,应首先分析是否存在速度模糊现象,如存在,则在使用时应排除其影响。这种主观识别的大致思路如下:

(1)根据本站雷达的工作波长和探测时设定的脉冲重复频率,应用式

（4.39）明确雷达此时测定径向速度的最大不模糊测速范围,并且熟悉相应的速度色标。

（2）在速度图像上寻找零速度区。因为在一般的情况下,某点的径向风速为零,说明该点的真实风向与该点相对雷达的径向相垂直,或者该点的真实风的风速为零,所以肯定是不模糊的。

（3）由零速度区逐渐向邻近区域（径向或切向）分析,按风速连续性原则,除小尺度的龙卷风等特强风剧变的情况外,径向速度 v_r 一般逐渐增加（减小）,当增加（减小）到超过 v_{rmax}（$-v_{rmax}$）范围时,径向速度由正（负）的最大值或次大值突变为负（正）的最大值或次大值,这种突变的边界就是模糊区的边界。

这种识别判断对大面积降水回波较为有效;对远处的孤立回波,特别是孤立回波不出现零速度区时,难以判断,但这种情况毕竟是少数,而且删去孤立回波也不至于给分析带来很大影响。

4.4.2.2　改变脉冲重复频率或使用双重复频率扩展最大不模糊测速范围

为了排除速度模糊现象,现代雷达在硬件上可根据需要改变脉冲重复频率。使用者在需要发现目标、测定其强度时（强度模式）,采用低脉冲重复频率,这时,雷达具有较大的最大不模糊距离。当需要测定目标区的径向速度时（速度模式）,采用高脉冲重复频率,这时雷达具有较大的最大不模糊速度。

另外,交替使用两个不同的脉冲重复频率,也可以扩展最大不模糊速度范围。具体做法有两种:①脉组参差,雷达以一个脉冲重复频率 PRF_1 收集 M 个脉冲的回波信号,再以另一个脉冲重复频率 PRF_2 收集 M 个脉冲回波信号,如此交替进行;②脉间参差,雷达自动交替发射两个不同重复频率的脉冲信号,接收机分别收集每一种重复频率的 M 个回波信号。上述两种方法都可得到两组不同重复频率下的回波信号。这两组信号之间的时间间隔极小,所以反映的目标径向速度应该没有明显变化。但是由于它们的脉冲重复频率不同,相应的最大不模糊速度的范围不同,所以,它们的标准化多普勒速度不同。人们可以根据它们的标准化多普勒速度之间的差异来确定当时的真实径向速度,并且最大不模糊速度的范围会相应得到扩大。下面具体说明这种方法。

由于与脉冲重复频率相应的最大不模糊速度 v_{rmax} 对应的相位差为 $\pm\pi$,所以,任意时间雷达内测得的径向速度 v_r 可以用标准化多普勒速度 θ 来表示,即

$$\theta = \pi\frac{v_r}{v_{rmax}} \tag{4.45}$$

式中:θ 的取值区间为（$-\pi,\pi$）。

显然,因为不同的f_r对应不同的v_{rmax},所以当雷达用两个重复频率几乎同时去测定同一目标时,测得的径向速度都是v_r。如果用标准化多普勒速度来表示,则并不相同,它们分别为

$$\theta_1 = \pi \frac{v_r}{v_{rmax1}} \qquad (4.46)$$

$$\theta_2 = \pi \frac{v_r}{v_{rmax2}} \qquad (4.47)$$

式中:$v_{rmax1} = \frac{\lambda}{4} fr_1$;$v_{rmax2} = \frac{\lambda}{4} fr_2$。这两个标准化多普勒径向速度之差为

$$\Delta\theta = \theta_2 - \theta_1 = \pi v_r \left(\frac{1}{v_{rmax2}} - \frac{1}{v_{rmax1}} \right) = \pi v_r \frac{1}{v_{rmax1}} \left(\frac{v_{rmax1}}{v_{rmax2}} - 1 \right) \qquad (4.48)$$

若在设计选定fr_1和fr_2时,使$v_{rmax1} > v_{rmax2}$,并且两者的比值$n_1 : n_2$为整数,且n_1比n_2大1,即有

$$\frac{v_{rmax1}}{v_{rmax2}} = \frac{n_1}{n_2}, n_1 - n_2 = 1 \qquad (4.49)$$

由上式可得,$n_{2\,vmax1} = n_{1\,vmax2}$。如果雷达测得的$\pm v_r$正好与它们相等时,将设计时的这些考虑代入式(4.48)可得

$$\Delta\theta = \pm\pi$$

将这时的$\pm v_r$,即让$\Delta\theta$值为$\pm\pi$所对应的多普勒速度定义为扩大的不模糊速度范围v_{rmax}^*。由式(4.48)参照式(4.46),可得

$$v_{rmax}^* = v_{rmax1} \left(\frac{v_{rmax1}}{v_{rmax2}} - 1 \right)^{-1} \qquad (4.50)$$

$$v_r = v_{rmax}^* \frac{\Delta\theta}{\pi} \qquad (4.51)$$

由式(4.51)可知,依据双脉冲重复频率探测得到的两个标准化多普勒速度之差$\Delta\theta$,即可求出真实的多普勒速度v_r,而相应的最大不模糊速度为v_{rmax}^*。根据式(4.48)所列的条件,由式(4.50)可知,$0 < (v_{rmax1}/v_{rmax2})^{-1} < 1$,所以,$v_{rmax}^* > v_{rmax1}$,即不模糊速度范围得到扩展。扩展程度取决于$v_{rmax1}/v_{rmax2}$,即取决于$fr_1/fr_2$,该比值越大,最大不模糊速度范围扩展得越大。但进一步分析可知,测定的误差也会增加,一般以3/2或4/3为宜。

4.4.2.3 自动退模糊技术——软件消除速度模糊

利用计算机软件消除速度模糊的依据仍是风速连续性原理,即认为大气中

风场的分布是连续的,因此,只要雷达的分辨力足够高,风场的连续性变化特征不会被忽略掉。从理论上讲,在有回波之处运用连续性原理,总可以编制出计算程序。先判断是否存在模糊区,再从某一点推得整个回波区的真实径向速度。因为速度模糊现象总是使相邻点之间的速度呈现方向相反的突变,即正的最大值(或次大值)突变为负的最大值(或次大值),反之亦然。因此,只要所编制的计算程序具备选择适当的 n 使该突变的速度梯度明显减小的功能,即可得到合理的 n,求出真实的径向速度。然而,实际大气情况十分复杂,特别是客观上有时存在着很强的风切变,再加上雷达分辨率的限制,因此,在编制软件时还要针对不同的情况做出处理,才能得到预期的效果。

4.4.3　地物对雷达探测的影响及处理

天气雷达站预期探测范围内的地面物体对探测的影响主要有两个方面:一方面是有一定高度的建筑物或山地对雷达波束的阻挡作用;另一方面是当雷达波束的主波瓣或旁瓣照射到地面物体时产生的回波引起对气象目标探测的干扰。从天气探测角度,这种回波称为地物杂波。下面分别叙述它们的影响和处理方法。

4.4.3.1　地物阻挡的影响及处理方法

如图 4.9 所示,当雷达周围存在一定高度的山地或高大建筑物时,波束将受到阻挡,既会出现地物杂波又会影响阻挡方向的有效探测。为此,雷达站阵地选址、天线架设时需充分考虑到净空条件,特别是危险天气来向的净空条件十分重要。即使这样,限于复杂的客观条件,往往只能满足部分要求。因此,建站以后,必须对雷达的有效探测范围内可能阻挡雷达波束的各种地面物体进行勘测,绘制成地物阻挡图和等射束高度图,作为分析雷达探测资料的参考依据。

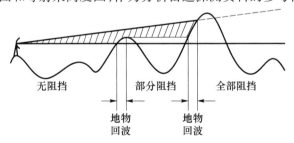

图 4.9　地物阻挡示意图

4.4.3.2　地物杂波的影响及其处理方法

当雷达波束主瓣或旁瓣的能量射向地面物体时,就会有反射能量被雷达接收而作为回波显示在相应的位置上,形成地物杂波。如果雷达的分辨力比较低,则在 PPI 显示的中心附近杂波表现为一大片亮区。如果雷达具有很高的距离分辨力,则有可能清楚地显示出地物的结构。地物杂波与气象目标回波同时显示的结果,必然干扰对气象目标的辨认。需要对气象目标如降水等进行定量测量时,掺杂了地物杂波将会严重影响测量的精度。尽管气象目标回波本身对于探测飞机、火箭等目标的军用雷达是一种杂波,但是天气雷达的使用者从一开始就面临着排除非气象的杂波问题。

抑制地物杂波影响的一种简单办法是雷达站建成以后,在晴空无云的天气条件下探测并存储各个不同仰角情况下的地物回波图像,作为区分气象目标和地物杂波的依据。实际探测时,在地物杂波比较多的方向辨认气象目标比较困难时,还可以抬高天线仰角到这个方向的地物阻挡角以上,这时显示的就完全是气象目标回波了。当然,应用这种方法排除地物杂波的影响,精度并不是很高。因为大气折射指数的分布是经常在变的,波束射向地面的程度也因时而异,地物回波的范围、强度也就发生相应变化。建站时探测的地物回波图像只能作为大致的参考。很显然,出现超折射时,地物回波大大增加,原有地物回波图像的可参考性就更小了。

随着天气雷达普遍多普勒化和信号处理技术的发展,消除地物杂波有了新的进展。由地物杂波的谱分析表明,地物杂波的多普勒谱线集中在零频附近。采用一种高通滤波器对雷达接收分系统送到信号处理分系统的线性 I、Q 信号先进行滤波,滤去其中属于地物杂波的低多普勒频率部分,而使含有气象信息的高多普勒频率部分能够几乎无衰减地通过,然后进行 FFT 或 PPP 处理,可以达到消除地物杂波干扰的目的。

高通滤波器是多种滤波器中的一种。可以用图 4.10 中的特性曲线来定性描述其性能,图中横坐标表示与信号多普勒频率相对应的多普勒速度,纵坐标表示信号通过滤波器时的衰减程度(dB),图中曲线说明这种滤波器对零多普勒速度及其附近的信号有很大的衰减,而对其他多普勒速度信号衰减极小。整个曲线在零多普勒速度附近出现一个凹口。通常把衰减极小的区域称为滤波器的通带,衰减很大的区域称为滤波器的阻带,从通带转为阻带的斜升斜降区域称为过渡带。曲线两个衰减 3dB 点之间的宽度称为凹口宽度,通带与阻带的衰减之差称为凹口深度。如果图 4.10(b)中滤波曲线的凹口正好对准了图(c)中地物杂波的谱线,就可以达到滤波的目的。

对用于数字信号处理的数字滤波器来说,滤波过程实质上是一个计算过程,它将输入信号的数字序列按照预定的要求转换成输出数列。它的设计过程通常是按照需要,规定一个理想的衰减特性,然后用一个可以实现的有理函数来逼近这个特性,再经过软件或硬件方式来实现这个函数值的实时演算,输出预期的序列。用软件方式实现就是借助于计算机,用机器语言、汇编语言或其他高级语言

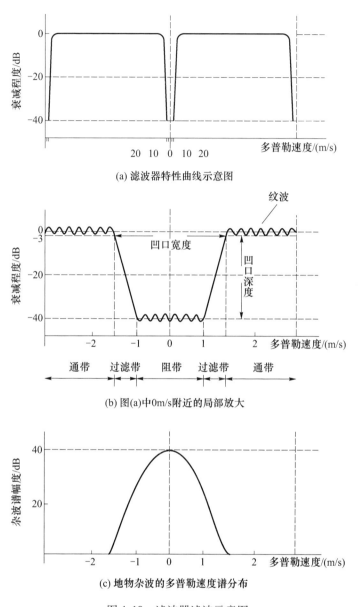

(a) 滤波器特性曲线示意图

(b) 图(a)中0m/s附近的局部放大

(c) 地物杂波的多普勒速度谱分布

图 4.10　滤波器滤波示意图

编写的程序来完成滤波运算过程。用硬件方式实现就是以延迟器、加法器和乘法器等数字组件作为基本部件构成专用的数字滤波器来完成输入数列到输出数列的转换。现行多普勒天气雷达一般采用无限冲击响应（IIR）椭圆数字滤波器。这里"无限"指处理的是无限长的数字序列，"冲击响应"指对很窄的脉冲信号的响应，"椭圆"一词来源于用来逼近衰减特性的是椭圆函数。由于在运算过程中实现的输出序列,不但是现在输入和过去输入的序列的函数,还是过去输出序列的函数,相当于电路中具有反馈支路,因此又称为"递归型数字滤波器"。这种滤波器可以采用时域方法处理数据而无需对信号进行谱分析,便于以流水方式快速实时处理数据,并且同其他形式的滤波器比较,还具有通带纹波小、过渡带陡直等优点。为了使特性曲线过渡带更加陡直、通带和阻带纹波加密,以取得既滤去地物杂波又尽量减小对有用气象目标回波信息的损失,可以选择合适的椭圆滤波器的阶数 n。一般而言,随着阶数 n 的增加,滤波效果越好,但所用的部件越多,运算量也会随之增加。

目前国内多普勒天气雷达采用三阶、四阶或五阶,并且滤波器的凹口宽度和凹口深度往往设计成多挡,用户使用时可根据需要进行选择。使用这种设计的主要原因是:尽管地物杂波的多普勒频率(速度)在 0 值附近,但其谱宽还是随着风速(引起树、草等植被的摇晃)和天线转速的增大而变宽。另外,数据处理过程中产生的误差和雷达系统频率稳定度也对地物杂波的谱宽产生一定的影响。因此,气象雷达用户应该根据探测当时的风速、天线转速等实际情况,选择适当的滤波器凹口宽度和凹口深度,以求尽可能理想地消除地物杂波。实际上,依靠滤波器未必能做到既把所有地物杂波消除掉又使气象目标信息不受损失。因此,熟知本站雷达各种工作状态时的性能,累积各种天气条件下区分地物杂波和气象目标的经验仍是十分重要的。

4.4.4　多普勒速度谱的宽度

多普勒速度谱的宽度(简称谱宽)表示有效照射体积内不同大小的多普勒速度偏离其平均值的程度,实际上它是由该照射体的散射粒子具有不同的径向速度所引起的,而散射粒子径向速度的差异在相当程度上是大气湍流的结果。因此,有可能从多普勒谱宽的资料中获得大气湍流的信息。总体地说,影响谱宽大小有气象因子和非气象因子两种。

4.4.4.1　气象因子的影响

影响谱宽的气象因子主要有四种:垂直方向上的水平风切变;因波束宽度而产生的横向风效应;不同直径雨滴在静止大气中的不均匀分布;大气中小于有效照射体积尺度的湍流运动。由于以上四个因子对谱宽的影响可以近似看作是相互独立的,所以多普勒速度谱方差 σ_v^2 可以表达成各因子造成的方差之和,即

$$\sigma_v^2 = \sigma_s^2 + \sigma_b^2 + \sigma_t^2 + \sigma_w^2 \tag{4.52}$$

式中等号右边四项分别表示风切变、横向风效应、湍流和雨滴落速差引起的谱宽方差。现分别对各因素进行讨论。

1) 风切变

水平风在垂直方向上的切变对有效照射体积内径向速度分布的影响,可以形象地用图 4.11 表示。

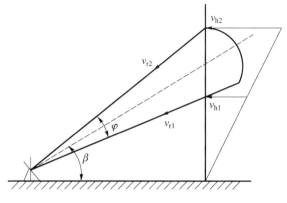

图 4.11　风切变造成的径向速度差

当雷达天线指向水平风的上风方向时,在波束下半功率点处,粒子的径向速度为

$$v_{r1} = v_{h1}\cos\left(\beta - \frac{1}{2}\varphi\right) \tag{4.53}$$

式中:v_{h1} 为 h_1 高度上的水平风速;β 为天线仰角;φ 为天线垂直波束宽度。

在波束上半功率点处,相应的径向速度为

$$v_{r2} = v_{h2}\cos\left(\beta + \frac{1}{2}\varphi\right) \tag{4.54}$$

显然,若仰角 β 和波束宽度均不超过几度,v_{r1}、v_{r2} 分别近似等于 v_{h1}、v_{h2},这时

$$\Delta v_r = |v_{r1} - v_{r2}| = |v_{h1} - v_{h2}| = kR\varphi \tag{4.55}$$

式中:k 为风速梯度;R 为探测距离。

在天线方向图为高斯型分布的情况下,Δv_r 产生的多普勒速度谱宽为

$$\sigma_s = 0.42kR\varphi \tag{4.56}$$

应指出,式(4.53)~式(4.56)仅在风向和天线指向一致或相反的情况下才成立,当天线指向与风速有偏差时,风切变 Δv_r 及其所产生的 σ_s 将减少。当天线指向与风向垂直时,其切变效应为零。另外,它还与天线的仰角 β 有关,切变效应随 β 角的增大而减小,当天线垂直指向时,这种风切变效应也为零。由于在实际大气中不仅风速随高度变化,风向也随高度变化,因此,当雷达天线指向不同方位时,风切变产生的 σ_s 并不像式(4.56)所示的那么大。对于任意的雷达方位,建议采用 $k = 4\ \mathrm{ms}^{-1}\cdot\mathrm{km}^{-1}$ 作为估计值;当雷达指向主要高空风向时,则

建议采用 $k = 5.7 \text{ ms}^{-1} \cdot \text{km}^{-1}$。很明显,若使用窄波束雷达探测不很远的气象目标时,则由风切变产生的 σ_s 将很小。

2)横向风效应

由于波束存在一定的水平宽度,与波束轴相垂直的横向风在偏离轴线方向上就有径向分量,如图4.12所示。

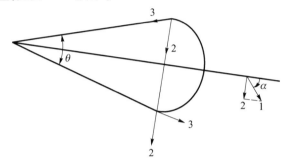

图4.12 横向风在波束中产生的径向分量
1—环境风速;2—横向风分量;3—横向风分量在波束边缘造成的径向分量。

设在波束宽度范围内,风速 v 水平均匀,波束轴线方位与风向之间的夹角为 α,则横向风分量为 $v\sin\alpha$;以 θ 表示以两半功率点为界的水平波束宽度,则在此两侧,由横向风分量贡献的速度之差为 $v\theta\sin\alpha$。由图4.12可见,两侧的径向速度大小相等、方向相反,所以这种效应造成的径向速度分布的平均值显然为零。当天线方向图为高斯分布时,和上面的切变效应类似,可以导出由波束宽度产生的谱宽为

$$\sigma_b = 0.42 v\theta\sin\alpha \qquad (4.57)$$

当风速为 30m/s,波束宽度为 2° 时,由此产生的谱宽 σ_b 最大也只有 0.4m/s,因此这一项对总的谱宽贡献不大。

3)粒子下落速度分布

由于不同直径的降水粒子具有不同的下落速度,雷达以一定仰角探测时,由它们产生的径向速度就具有一定的分布,因而产生了一定的多普勒速度谱宽 σ_w,显然,雷达有效照射体积中降水粒子的直径差别越大,则 σ_w 越大。因此,这种原因产生的谱宽取决于降水粒子的谱分布。

当雷达水平探测时(仰角 $\beta = 0°$),粒子的落速在波束轴线上的径向速度为零,由此产生的谱宽相当于上述的横向风效应产生的谱宽。而当雷达垂直指向时,粒子下落速度即为径向速度,所以由此产生的谱宽更大。因此在一定程度上,谱宽 σ_w 与 $\sin\beta$ 成正比。

按照方差的定义,当大气垂直速度在雷达有效照射体积内均匀时,垂直指向

探测的多普勒速度谱均方差可表示为

$$\sigma_{\mathrm{w}}^2 = \frac{1}{\overline{P}_{\mathrm{r}}} \int_0^\infty (w_{\mathrm{t}} - w_0)^2 \varphi(w_{\mathrm{t}}) \mathrm{d}w_{\mathrm{t}} \qquad (4.58)$$

因为某一速度间隔内的回波功率 $\varphi(w_{\mathrm{t}})\mathrm{d}w_{\mathrm{t}}$ 取决于该间隔内粒子的直径及数量,所以粒子下落末速度产生的方差与雨滴的尺度谱分布有关。经大量探测,不同降水类型在静止大气中的多普勒速度谱均方差见表 4.3 所列。

表 4.3　不同降水类型在静止大气中的多普勒速度谱均方差

降水类型	多普勒速度谱均方差/$(\mathrm{m}^2/\mathrm{s}^2)$		说明
雪	0.04 ~ 0.25		海平面附近的值
融雪	0.5		海平面附近的值
雨	0.7 ~ 1.0		海平面附近的值
冰雹(波长 3cm)	最大直径 2cm　　8(干)	19(湿)	海平面附近的值
	最大直径 4cm　　24(干)	19(湿)	当最大直径超过 2cm 后,速度方差随波长有显著变化

由表 4.3 可见,雨和雪的方差 $\sigma_{\mathrm{w}}^2 \leqslant 1\mathrm{m}^2/\mathrm{s}^2$。若取 $1\mathrm{m/s}$ 作为降水情况下的速度谱宽的典型值,那么当天线仰角为 β 时,由粒子落速产生的谱宽为 $1.0\sin\beta$。当 $\beta < 10°$ 时,这种谱宽与风切变产生的谱宽比较起来是很小的。

若有效照射体积内存在落速差别较大的降水粒子,例如同时存在雨滴和冰雹时,实测的谱方差 σ_{w}^2 就比较大。观测表明,指向天顶的多普勒雷达测得速度谱方差 $\sigma_{\mathrm{w}}^2 > 4\mathrm{m}^2/\mathrm{s}^2$,则表明可能存在冰雹,或者存在强烈的对流,或者两者兼而有之。

4)大气湍流

在湍流大气中,有效照射体积内一定直径的降水粒子除具有环境风场的平均速度和本身的下落速度外,还随周围大气的湍流脉动而运动。大粒子由于其惯性作用,对小于照射体积尺度的大气脉动的响应不如小粒子灵敏。在脉动速度为高斯分布的大气中,D 直径粒子的速度概率分布为

$$P_D(v) = \frac{1}{\sigma_D \sqrt{2\pi}} \exp\left(\frac{v - v_D}{2\sigma^2(D)} \right)$$

式中:v_D 为粒子的平均速度;v 为粒子的瞬时速度;$\sigma^2(D)$ 为粒子的速度方差。

由于粒子的惯性,不同大小的粒子具有不同的速度方差。因此,由湍流效应产生的多普勒速度谱宽 σ_{t},既依赖于湍流强度本身,也依赖于粒子对大气湍流运动响应的灵敏度。故当粒子直径大于 1mm 时,粒子的速度可能只是阵风风速的一部分,因而雷达直接测到的由湍流运动产生的速度谱方差可能比实际小,粒子直径越大,偏低越多。尽管如此,定性而言,湍流效应产生的多普勒速度谱方差可能与湍流强度之间仍有一定的相应关系。弱湍流所贡献的方差为 0.1 ~

$0.5\mathrm{m}^2/\mathrm{s}^2$,而强烈湍流可达 $6\sim20\mathrm{m}^2/\mathrm{s}^2$。

上已述及,当波束较窄,测速不大时,由风切变和波束宽度引起的横向风效应造成的速度谱宽可以忽略不计。另外,若同时以低仰角观测,粒子下落速度引起的谱宽是微不足道的话,那么只要排除其他非气象因素的干扰,实测的谱方差 σ_v^2 就主要是由湍流运动引起的。

4.4.4.2　非气象因子的影响

由于速度谱宽 σ_v 对速度差 $(v-v_r)$ 很敏感,很容易受到一些使速度差增加,从而导致谱宽或 σ_v 加大的非气象因子的影响。主要的非气象因子有以下几个:

（1）天线转速。由信号处理的理论可知,需要对一定数量的相继脉冲的回波信号进行 FFT 或 PPP 技术处理后,才能得到多普勒频移及其径向速度信息。所以,对某一固定的 PRF,在一定数量的脉冲进行采样的时间内,天线扫过的区域大小与天线的转速成正比。天线的转速越快,则采样的区域越大,它所包含的气象目标物（如雨滴）越多,从而使 $(v-v_r)$ 增加,导致谱宽增加。

（2）地物杂波干扰。地物杂波的谱宽受风速和天线转速的影响。如果没有采取地物杂波对消处理,则将对谱宽起到加宽、加大的作用。

（3）雷达接收机噪声。在无地物回波区,当信噪比（SNR）较大时,由于气象目标信号远比噪声信号强,谱宽主要取决于以上四种气象因子。但当信噪比较低时,即气象目标信号较弱,由于噪声在整个信号谱上是均匀分布的,所以由谱宽定义式(4.22)可知,将导致谱宽加大。

◼ 4.5　多普勒速度资料的分析与应用

4.5.1　多普勒速度图的识别

在日常业务工作中,根据多普勒天气雷达径向速度的 PPI 分布特征,分析和推断真实的风场结构,再结合对回波强度图的分析结果,判断天气特点,这是将雷达资料应用于气象保障的基础工作。速度资料分析时必须注意以下问题:①PPI图像反映的是一个圆锥面上的回波分布。当用某仰角的 PPI 方式显示速度图像时,以雷达为中心,沿雷达天线指向的径向上距离的增加,伴随着离地面高度的增加。因此分析时必须牢记,在 PPI 多普勒速度图像上,不同距离反映的是不同高度上的大气流场情况。②多普勒速度是径向分量。雷达在某点测得的多普勒速度是该点的风在雷达射线方向上的分量。因此,同样大小的风速,雷达在不同方位处的观测值可能不同。③某点的径向速度为零,可能包含两种情况:一种是该点的真实风速为零,或在那里的大气运动速度极小或处于静止状态;另一种是该点的真实风向与该点所在雷达的径向互相垂直。在一般情况下,大气总是处于运动状态,尤其是对雷达探测的云雨目标而言,内部总是有气流运动的,因此,多普勒速度图上的零速度区或零速度线一般属于第二种情况。

4.5.1.1　速度模糊的识别

在分析 PPI 或 RHI 的速度图像以前,首先必须分析是否存在速度模糊现象,如存在,则必须排除;否则,将把速度模糊现象误认为是强风切变区域,导致严重的分析错误。主观识别速度模糊的步骤如下:

(1)根据本地雷达波长和探测时设定的脉冲重复频率 f_r,求得 $\pm v_{rmax}$,同时注意表示最大和最小速度等级的色标。

(2)在速度图像上寻找零速度线。某点的径向速度为零,说明该点的真实风的风向与该点相对雷达的径向互相垂直,一般认为一条长的、分割整个回波区的零速度线是不模糊的。

(3)沿径向或切向,由零速度区逐渐向邻近区域扩展,按风速连续性原则,除了如小尺度的龙卷风等特强风切变情况外,径向速度 v_r 一般逐渐增加(减少),当增加(减少)到超过 v_{rmax}($-v_{rmax}$)范围时,径向速度由正(负)的最大值或次大值突变为负(正)的最大值或次大值。这种突变的边界就是模糊区的边界。

图 4.13 为一次实测的多普勒速度图,在图中零速度带的右下部的暖色区域就是速度模糊区,由两条深蓝色突变为红色的边界即为速度模糊区的边界;在零速度带的左上部,因为零速度带邻近区域为暖色,应该是不模糊的,所以由红色突然变成深蓝色的两条边界即为模糊区的边界,边界之间的冷色区域为速度模糊区。

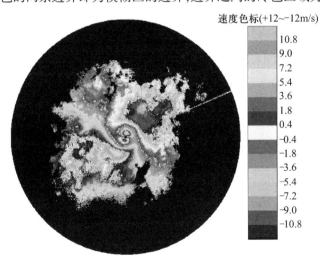

速度色标(+12~-12m/s)

10.8
9.0
7.2
5.4
3.6
1.8
0.4
-0.4
-1.8
-3.6
-5.4
-7.2
-9.0
-10.8

图 4.13　一次实测的多普勒速度回波 PPI 图像(见彩图)

在识别出模糊区之后,还可以大致判断出模糊区真正的速度大小,以图4.13模糊区中的黄色区域为例,黄色区中的真实径向速度 $v_{rT} = 4.5 - 2 \times 9.5 = -14.5$ (m/s)。

应当指出,上述速度模糊的识别原则对一次模糊现象是适用的。但在业务工作中,如雷达采用的重频过小,这就必然降低最大不模糊速度范围,可能会出现多次模糊。在这种情况下,PPI图像中有可能出现两条(以上)零速度线,此时必须仔细分辨哪一条是不模糊的零速度线。

以上识别速度模糊方法对大面积降水回波较为有效,而对孤立回波可能会没有明显的零速度线造成判断错误或无法判断。

4.5.1.2　风向的识别

在没有显著的垂直运动情况下,大尺度稳定性降水回波的多普勒速度图像代表了风场的径向分量(径向速度)分布,可从中分析出真实的风场信息。考虑到风场在大多数情况下水平方向上可假定是均匀的,而只是在垂直方向上有变化,所以对大尺度降水的多普勒速度图像都是以PPI的方式显示。因为这种显示方式既能分析某高度平面上的均匀风场,又能分析在不同高度平面上的变化情况。

在风向连续变化的条件下,根据零速度线的形状能判断风向随高度的变化情况。在规定径向速度负值表示朝向雷达运动,正值表示远离雷达方向的情况下,零速度线上某点的风向应是垂直于该点与原点的连线,由邻近的负速度区吹向正速度区。如图4.14所示,在零速度线直取了3组对称取样点加上原点,共7个取样点。风由近地面的南风(取样点4原点位置),随高度顺转到西风(取样点1,7)。

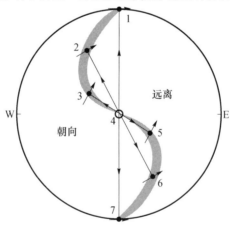

图4.14　风向的识别

应当指出,这种判断风向的方向只适用于风向均匀或风向连续变化的情况,对风向不连续面就不一定适用。

4.5.1.3　风向风速随高度变化的识别

图 4.15 给出了风向风速随高度变化时多普勒速度的分布。图中:上面一排表示风速随高度的变化曲线,共四种情况;左边一列表示风向随高度的变化曲线,共三种情况;其他圆形图表示多普勒速度 PPI 分布图,图中实线表示正多普勒速度,细虚线表示负多普勒速度,粗虚线表示零速度线,黑点表示多普勒速度极值点(也称正或负区域中心点)位置。

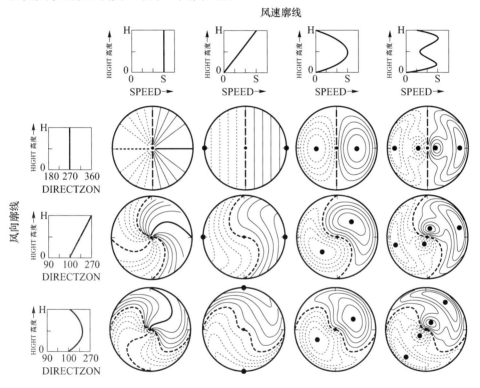

图 4.15　风向风速不同变化下的多普勒速度分布

从图 4.15 中可见:

(1)当风向随高度不变时,不管风速随高度如何变化,多普勒速度图上共同的特征是零速度线为经过原点的一条直线。

(2)当风向随高度顺转时,不管风速随高度如何变化,多普勒速度图上共同的特征是零速度线发生弯曲,如从原点沿零速度线往外走,发生的是顺转。

(3)当风向随高度逆转时,不管风速随高度如何变化,多普勒速度图上共同的特征是零速度线发生弯曲,如从原点沿零速度线往外走,发生的是逆转。

(4)当风向随高度先顺转再逆转时,不管风速随高度如何变化,多普勒速度图上共同的特征是零速度线发生弯曲,如从原点沿零速度线往外走,发生的是先顺转再逆转。

（5）当风速随高度不变时,不管风向随高度如何变化,多普勒速度图上共同的特征是表示不同速度的各种颜色带和零速度线,线形几乎一样地从原点往外伸出。

（6）当风速随高度增加时,不管风向随高度如何变化,多普勒速度图上共同的特征是表示正负多普勒速度极值的黑点位于多普勒速度图的边缘。

（7）当风速随高度先增加后减少时,不管风向随高度如何变化,多普勒速度图上共同的特征是表示正负多普勒速度极值的黑点位于多普勒速度图的中间距离处,它们距雷达的距离对应着风速极大值的高度。

4.5.1.4 辐合与辐散的识别

对于大尺度的风向性辐散运动,虽然雷达只能探测到其中一部分,探测不到辐散源。相应的多普勒速度图像如图 4.16 所示,表现为整个零速度带的形状呈弓形,弓两侧弯向负速度区。负区小正区大表示来的少跑的多,当然是辐散。

大尺度辐合运动的多普勒速度图像和上面分析相同,如图 4.17 所示,整个零速度带也呈弓形,但弓两侧弯向正速度区。

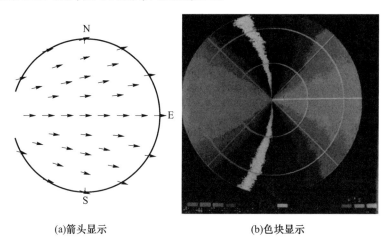

(a)箭头显示   (b)色块显示

图 4.16 风向辐散的多普勒速度图像(见彩图)

对于小尺度的辐合辐散运动,由于尺度较小,整个流场均在雷达探测范围内图像具有鲜明特点。如图 4.18 所示的纯辐散性流场,当雷达位于辐散中心的南方,由近及远地采集速度资料时,首先是负速度区,速度绝对值随距离增大,逐渐达到最大,形成负中心速度区,然后随距离增加而减小,到气流辐散中心时,风速为零,多普勒速度也为零。随着距离进一步增加,径向速度成为正值,并逐渐增

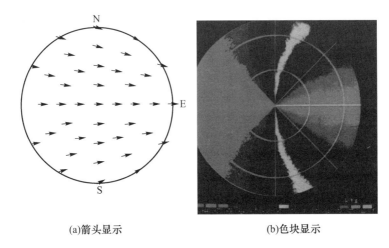

(a)箭头显示　　　　　　　　　　(b)色块显示

图 4.17　风向辐合的多普勒速度图像(见彩图)

大到最大,形成正速度中心,而后又随距离增加速度值减小。其他的零速度点主要是因为风向基本上都和它们的径向接近垂直而形成。

　　因此,轴对称的辐散气流的多普勒速度图像可总结为:正、负速度中心沿径向线对称分布,负速度中心在近距离一侧,正速度中心在远距离一侧。

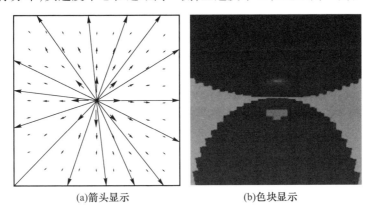

(a)箭头显示　　　　　　　　　　(b)色块显示

图 4.18　轴对称辐散气流的多普勒速度图像(见彩图)

　　一般强雷暴(超级单体或多单体雷暴),或与飑线强锋面有关的带状回波中处于成熟阶段的单体中的下沉气流,在近地面处向水平方向扩散,常常形成辐散性的阵风,有时阵风风速很大,可以造成类似龙卷风那样的严重灾害。有时虽然风速不大,但由于这种辐散性气流的尺度较小,并且在这种尺度范围内风向相反,假如这种情况发生在机场附近,则可能对飞机起飞降落影响极大,有时会发生灾难性的后果。

　　据调查分析,美国由于气象原因的飞机事故大多数为这种强辐散气流造成。

在多普勒速度图的某个径向上,若存在着一对正、负速度中心,中心速度之间的距离小于4km,而速度差大于或等于6m/s,即视为微下击暴流。

通过大量多普勒雷达观测事实,总结归纳的微下击暴流演变模式如图4.19所示,图中T时刻为符合微下击暴流定义的辐散气流接地时间。由图可见,接地前5min(即$T-5$min),下沉气流在2km或以上,这时速度分布没有明显的水平辐散特征,但下沉气流和其母云中的回波强度中心相伴。接地前2min时,下沉气流在1km以下的高度,并且开始显示出水平辐散气流特征,在辐散出流两侧边缘存在着水平涡动气流现象。

这时近距离低仰角探测就能识别出径向速度的辐散特征(小尺度)。在T时刻,水平辐散气流接地,这时下沉气流速度已增加到6m/s左右,下沉气流区的直径约为1km,水平辐散气流的厚度小于1km,其中在1.8km的水平距离上的最大速度差达到12m/s,即径向切变值为$6.7 \times 10^{-3} \text{s}^{-1}$。接地5min前后,向辐散气流区的四周伸展,在3.1km距离上的最大速度差为24m/s,即速度径向切变为$7.7 \times 10^{-3} \text{s}^{-1}$。到$T+6$时刻,下沉气流区直径扩展到$2 \sim 3$km,但下沉速度下降;水平辐散气流扩展到$6 \sim 8$km,但速度差值减少。$T+6$min以后,进一步扩散,这时大多数个例中的水平辐散特征已很不明显,少数的辐散气流区扩散后的特征继续存在,但速度差值减小。还有极个别的辐散气流区扩散后,新的微下击暴流在该区域内突然发展形成。

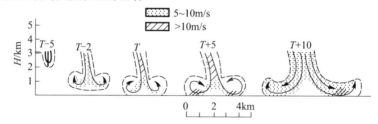

图4.19 微下击暴流的演变模式

大多数伴有强下击暴流的雷暴回波,具有钩状或弓状的回波形态特征,如图4.20所示。强下击暴流通常发生在回波钩的周围和弓状回波的前沿。对弓状回波作为强天气识别指标的可靠性进行统计后,表明弓状回波是发布强天气警报的一个重要指标。

下击暴流在多普勒速度图上的典型特征为:正、负速度中心沿径向线分布,负速度中心在近距离处,零速度线与正负速度中心连线正交。图4.21为荆州雷达2002年7月16日16时50分实测的一次微下击暴流的速度图像,观测仰角1.0°,距离圈表示30km。在方位225°的径向线上6km处有正、负速度中心,最大值都达到了12m/s以上。

由于下击暴流的水平尺度一般小于或等于4km,水平辐散气流的厚度小于

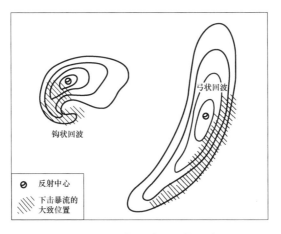

图 4.20　钩状回波和弓状回波

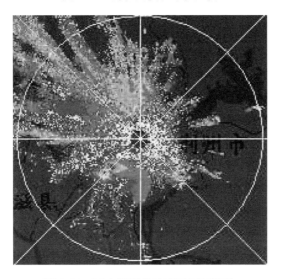

图 4.21　下击暴流的速度图(见彩图)

1km,所以多普勒雷达必须做低仰角探测,仰角一般不大于 1.5°,有效探测半径为 40km 左右。另外,由于微下击暴流的突发性,必须密切监测飞机起降前邻近机场区域的情况,特别是与跑道和飞机航道平行的径线上的情况。

4.5.1.5　气旋与反气旋的识别

对于纯气旋性流场,当多普勒雷达位于气旋中心正南方时,其多普勒速度图像如图 4.22 所示。图像特征是:零速度线沿径向线分布,背对雷达原点而立时,正速度区在右,负速度区在左,正、负速度中心以零速度线为中心线,呈方位对称分布(正、负中心所在方位,分别与零速度线所在方位差的绝对值相等)。

这种特征实际上是很好理解的,当雷达天线顺时针转动指向与左半圆周相切的方向时,相切点的径向速度即为该圆周上的气旋旋转速度值,且朝向雷达方向,所以是负速度中心。当天线指向气旋中心时,中心处风速为零,且指向中心的径线上任一点的风向和径线垂直,所以这条径线上所有的径向速度也为零。当天线指向与右半圆周相切的方向时,切点的径向速度即为该圆周上的旋转速度,且是远离雷达方向,是正的速度中心。由于假定是纯气旋,所以正、负速度中心的切点距雷达的径向距离基本相同。可以理解,典型中尺度反气旋的速度图像特征与此类似,但正中心在左侧,负中心在右侧。

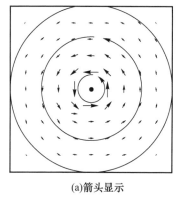

(a)箭头显示   (b)色块显示

图4.22　典型中尺度气旋的多普勒速度图像(见彩图)

图4.23为一次强风暴的实测多普勒速度图像,在约58km、20°方位区域中,明显有一对正、负速度中心,基本呈方位对称,相距约7km,但正、负中心的速度值不同,左侧负速度值为24~32m/s,右侧正中心速度值为48m/s,中心之间为值不大的正速度带。

很明显,这个中尺度气旋受到了偏南环境风的影响。很容易计算,该中尺度气旋的方位切变 $S = \dfrac{48 - (-32)}{7 \times 10^3} = 0.011 \text{s}^{-1}$。该中气旋随后派生出了两个龙卷风。另外,在图中约47km、345°方位区域内存在另一中尺度气旋,正、负速度中心也呈方位对称,相距约3km,正中心速度为24m/s,负中心速度为 -32m/s,其速度方位切变为0.018s^{-1},它派生出一个龙卷风。

图4.24为一次近海台风实测的多普勒速度图像,排除速度模糊干扰后,明显可见在45km左右,接近60°方位区域有一对呈方位对称的正、负速度中心,相距40余千米,其间有一条平直的零速度带。根据这种特征,可以估计台风中心的位置,即正、负速度中心连线的中点大致为台风中心位置。

现代气象雷达

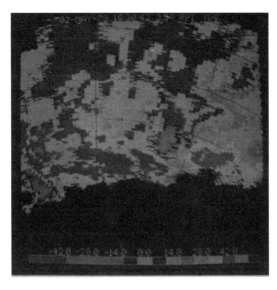

图 4.23　中尺度气旋的多普勒速度图像(见彩图)

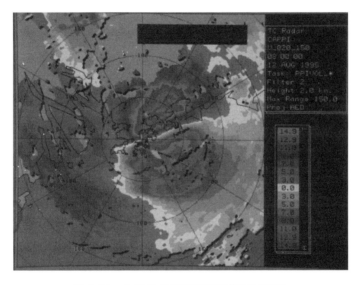

图 4.24　台风的多普勒速度图像(见彩图)

4.5.2　多普勒天气雷达产品与应用

应用多普勒天气雷达探测的回波强度、径向速度和速度谱宽数据,经过加工处理、坐标变换和计算,生成的与气象有关的数据和图像称为产品。多普勒天气雷达的产品一般分为 4 大类共 76 种,这 4 大类是基本数据产品、物理量产品、自动识别产品和风场反演产品。下面简要介绍它们的生成过程、物理意义和应用方向(参考 WSR-88D)。

4.5.2.1 基本数据产品

基本数据产品是将雷达以各种探测方式获取的数据,不改变其属性在多种不同的坐标上显示出它们的分布情况。这些产品具有实时性强、直观和形态特征明显等优点,在多普勒雷达资料应用方面有一定的知识和经验的业务人员有时可从这类产品中直接识别和分析出一些重要的天气现象,如中尺度气旋、锋面、下击暴流、大尺度的风向风速和冷暖平流等。这类产品主要有等高平面位置显示(CAPPI)、组合反射率因子显示(CR)、任意垂直剖面显示(VCS)、平面位置显示(PPI)、距离高度显示(RHI)等。

1)等高平面位置显示

雷达以不同仰角分别作全方位扫描的探测(简称体积扫描)时所获取的是球坐标形式的三维数据,它实际上由不同仰角的 PPI 数据组合而成。按照用户设置的高度,应用测高公式选取邻近该高度平面上的上、下两个仰角相应雷达测距上的 PPI 数据,然后用内插方法得到该高度上的数据。为提高数据精度,常采用双线性插值及加权平均插值方法。当然,若实测数据刚好位于设置的高度平面上,则无须用内插方法。如图 4.25 所示,高度 6km 上一个点的数据需用 A、B、C、D 四个点的实测数据经内插方法得到。用这种方法得到的图像产品即为 CAPPI 产品。

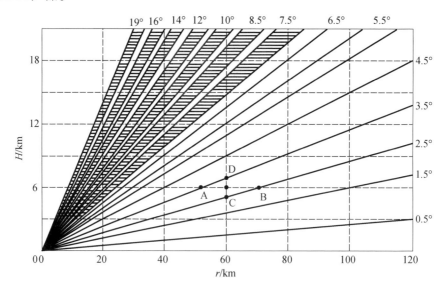

图 4.25 CAPPI 数据获取示意图

由于这种分布图像的高度相等,可以较方便分析信息在某高度上的水平分布,便于和邻近该高度的天气图分析相结合。用不同高度上的 CAPPI 数据还可以了解信息的三维结构。

从图 4.25 明显可见,某一高度平面上的资料实际上是由不同仰角、不同距离上的资料经内插方法得到的。由于不同仰角的径向速度之间没有明确而固定的关系,所以径向速度的 CAPPI 分布的意义不够清晰。因此,有些雷达系统的 CAPPI 产品中只有回波强度和速度谱宽这两种没有方向性的产品。对有些雷达系统提供的径向速度 CAPPI 产品,在分析时应注意到上述 CAPPI 的制作过程,以免产生错误。

2) 组合反射率因子显示

CR 产品是应用体积扫描获取的回波强度数据,在以 1km × 1km(或 2km × 2km)为底面积,直到回波顶的垂直柱体中,对所有位于该柱体中的回波强度资料进行比较,挑选出最大回波强度。再用测高公式计算最大回波强度的所在高度,从而得到最大回波强度及其所在高度的两幅分布图像。为方便用户分析,将这两幅分布图像作同屏显示。

这种产品有助于用户快速查看最大回波强度及相应高度的分布。对有些突发性的强对流天气,其初始回波往往出现在中空,用户使用这种产品可以有效监测这一类的强对流天气。在稳定性降水条件下,还有助于用户识别 0℃ 层亮带及其所在高度。由于在降雹区域,相应的中空可能存在水分累积区,所以 CR 产品是监测冰雹发生发展的工具之一。

使用该产品时,应注意到近距离处的地物回波干扰,以免把地物回波误认为最大回波强度。在远距离处,由于最低仰角获取的数据离地面有一定高度,所以有可能探测不到真正的最大回波强度。另外,由于业务工作的时间限制,一般体积扫描的最高仰角不会很大(小于 30°),所以在雷达周围地区不一定能探测到最大回波强度,如图 4.26 中大于 β_{max} 仰角的地区就探测不到,这个区域又称静锥区。

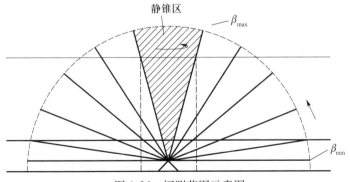

图 4.26　探测范围示意图

3）任意垂直剖面显示

VCS 产品一般用来分析降水云体的垂直结构,它需要用体积扫描获取的三维数据制作。根据用户在任一仰角的 PPI 图像上确定的两点,以两点连线作为需分析的垂直剖面的基线,显示出垂直剖面与其他仰角的 PPI 相交点的数据。由于体积扫描时,相邻不同仰角之间隔不能取得很小,所以在不同仰角之间区域,仍采用双线性插值及距离加权平均插值的方法予以弥补。

VCS 产品与 RHI 产品不同,它不受固定方位角的限制,因此能分析回波区中任意方向的垂直结构;与 CAPPI 产品类似,由于径向速度的方向性,任意方向剖面上的径向速度一般情况下没有明确的意义。

4.5.2.2 物理量产品

物理量产品是指由雷达以各种探测方式获取的回波强度、径向速度和速度谱宽数据,经过一定的计算和处理,转化为有明显气象意义的物理量,进而把这些物理量的分布显示出来的图像和图形产品。它有助于用户直接和某些天气现象联系起来进行分析和应用。

1）回波顶高显示

一般而言,对流的强弱在一定程度上和回波伸展的高度有关,所以回波顶高显示(ETPPI)产品用来分析估计雷达探测范围内不同地区的对流发展与否,以及对流相对强弱的情况。

应用体积扫描获取的三维数据,选择一定的回波强度阈值,根据测高公式,在以某一特定的底面积的垂直柱体中,自上而下地搜索选定阈值所在的高度。若该回波强度阈值在上、下两个仰角的径向线之间,则用线性插值和距离加权平均技术确定阈值所在高度。用这种方法得到的回波顶高度分布图像即为 ETPPI 产品。

回波强度阈值,用户可根据当地的气象气候条件自行择定。在一般情况下,云顶高度处的回波强度阈值为 5dBZ,估计降水层顶时的强度阈值为 18dBZ,探测强回波顶高度时,则用 30dBZ 作为强度阈值。垂直柱体的底面积一般为 1km × 1km、2km × 2km 和 4km × 4km 三种,用户可自行择定。

2）相对于风暴的平均径向速度图

相对于风暴的平均径向速度图(SRM)与基本速度产品类似,只不过减去了由风暴跟踪信息(STI)识别的所有风暴的平均运动速度,或减去由操作员选定的风暴运动速度。对每个采样的仰角都可得到此产品,此产品最大距离为230km,分辨力为 1° × 1km,数据级别为 16,它用的是组成 1km 产品分辨力体积的 4 个 0.25km 距离库中最大的速度。此产品可用来探测被风暴运动掩盖掉的切变区域(如中气旋、辐散及龙卷涡旋特征),对快速移动的风暴最为有效。注意:如果由 STI 得到的平均风暴运动不典型(如风暴运动为发散形式,则其矢量平均的风暴运动不具有代表性),则产品将不可靠。

3)相对于风暴的平均径向速度区

相对于风暴的平均径向速度区(SRR)与 SRM 产品类似,区别是:首先它是一个覆盖 50km×50km 距离的"窗口"产品,其产品中心可由操作员在 230km 雷达半径内任意指定;其次,产品分辨力(1°×0.5km)也比 SRM 要好。SRR 产品减去的风暴移速默认为最接近产品中心的风暴移速,或可由操作员输入风暴移速值。操作员一般在几个仰角上将 SRR 产品中心定在雷暴上,以估计相对于风暴的三维流场。

4)强天气分析

强天气分析(SWA)以可能的最高分辨力提供 4 个不同的产品,即反射率因子(SWR)、平均径向速度(SWV)、谱宽(SWW)及径向切变(SWS)。在距雷达位置的 230km 内,4 个产品以相同的 50km×50km"窗口"显示,其中每个占 1/4 屏幕,但也可显示在全屏上。当特定的警报(如中气旋)被触发时,4 个产品的SWA 可自动生成,并以被警报气象现象的方位、距离和最接近"临界高度"的仰角为中心。产品也可在用户指定的仰角和地理中心点上生成。最高分辨力的速度和谱宽产品(1°×0.25km)的显示半径为 60km,而 SWA 速度和谱宽能在雷达的 230km 内以 1°×0.25km 分辨力在任何地点生成。

5)层组合反射率因子平均值及最大值

层组合反射率因子平均值(LRA)及层组合反射率因子最大值(LRM)是从三个层次(定义为可调参数)得到的,分层的默认值为地面~7.3km MSL、7.3~10.1kmMSL、10.1~18.3kmMSL。以雷达站点为每层的中心,在笛卡尔网格(460km×460km)上显示分辨力为 4km×4km 的 8 个数据级别的反射率因子。将相关方位扫描的反射率因子垂直投影到层格点上,并计算层上所有格点值的平均值或最大值。

该产品的处理思路是:应用体积扫描反射率因子资料,按照测高公式计算不同仰角、不同斜距资料点相应的高度,然后按高度把资料归入以上三个层次中。对每一层中每 1km×1km(或 2km×2km)为底面积的垂直柱体中的反射率因子资料进行比较,挑选其最大值,并同时计算它们的平均值。以 PPI 方式,用 16 个(或 8 个)等级的彩色分别显示最大值和平均值分布。

航空气象学家可用此产品确定飞机的空中航线。此产品也可用于确定风暴趋势,做法是将中层组合反射率因子最大值产品与低仰角的反射率因子产品比较。对低层产品,雷达波束扫描会遗漏掉较远距离有意义的低层反射率因子;对高层产品,会遗漏掉较近距离有意义的高层反射率因子。

6）层组合湍流平均值及最大值

层组合湍流平均值（LTA）及层组合湍流最大值（LTM）产品是应用多普勒雷达获取的速度谱宽资料，根据它与湍流强度的关系式，估计大气中尺度小于雷达采样体积的气流扰动分布的图像产品。这种产品不仅用于对飞机颠簸区域的监测，而且有助于估计降水云体的发展情况。

该产品的处理思路与层组合反射率因子平均值及最大值相同，只不过应用的是体积扫描谱宽资料。

7）风切变产品

飞机在起降或飞行过程中，有时会受到一些强风切变的威胁。对飞机起降造成灾难性后果的天气现象，如下击暴流和阵风锋等都表现为低空水平风切变较大，另外，中高空的强风切变往往伴随着湍流。因此，如果多普勒雷达能定量地探测到那些风切变较大的区域，则对保障飞机起降和航程安全是十分有利的。目前，国内外有些雷达系统已经提供了一些风切变产品。

（1）径向切变（VRS）。VRS产品实际上是应用某仰角的PPI数据，计算同一根径线上径向速度的切变 $\dfrac{\partial v}{\partial r}$ 分布图像。当流场中出现辐散辐合现象，并认为各向同性时，它在一定程度上表征流场的散度，所以这种产品又称为径向散度显示。它是定量分析低空风切变的有效工具之一。另外，在雷达低仰角、近距离探测的低空中，若径向切变表征为辐散性，并达到一定强度和一定范围，则这种产品还可用来帮助识别下击暴流。

当径向切变表征为辐合性，并达到一定强度和一定范围时，该产品可用来帮助识别低空阵风锋等强对流天气。

（2）方位切变（VAS）。应用某仰角PPI资料，在相同距离上计算径向速度的方位切变 $\dfrac{\partial v}{r\partial \theta}$ 分布图像，即为速度方位切变产品。若流场中出现气旋与反气旋运动，并认为这种运动各向同性时，则方位切变产品在一定程度上可表征为涡度分布，可以反映出大气中存在气旋性的或反气旋性的旋转运动情况。另外，当这种方位切变表征为气旋性，并且达到一定强度和一定范围时，这种产品还可用来帮助识别中尺度气旋和风向气旋性切变等天气现象。

（3）径向方位合成切变（RACS）。RACS是速度径向切变和速度方位切变合成的一种风切变产品，它反映了大气流场中的一种不均匀性。这种产品可用来帮助识别速度在径向和方位上均有切变的天气现象，如阵风锋、风切变线、辐散辐合性的气旋或反气旋等。

4.5.2.3　降雨量有关的产品

（1）垂直累积液态含水量

垂直累积液态含水量（VIL）是反映降水云体中，在某一确定的底面积（一般为 1km×1km、2km×2km 和 4km×4km 三种）的垂直柱体内液态水总量的分布图像产品。它是判别强降水及其降水潜力、强对流天气造成的暴雨、暴雪和冰雹等灾害性天气的有效工具之一。美国对 WSR-88D 多普勒雷达产品应用情况调查表明，VIL 是业务中应用次数最多的产品之一。

根据雷达反射率因子 Z 的定义，其积分形式为

$$Z = \int_0^\infty N(D)D^6 \mathrm{d}D$$

含水量 M 定义为单位体积内所有雨滴的质量，所以 M 的理论表达式为

$$M = \frac{1}{6}\pi\rho \int_0^\infty N(D)D^3 \mathrm{d}D \tag{4.59}$$

于是，在雨滴谱分布 $N(D)$ 为 $M-P$ 分布的假设下，可以推导得

$$M = 3.44 \times 10^{-3} Z^{4/7} \tag{4.60}$$

式（4.60）称为 $M-Z$ 关系式，它把雷达反射率因子 Z 和降水云中含水量 M 直接联系起来了。Z 值可通过雷达直接测量到。

垂直累积液态含水量定义为某底面积的垂直柱体中的总含水量，所以

$$\mathrm{VIL} = \int_{\text{底高}}^{\text{顶高}} M \mathrm{d}h \tag{4.61}$$

将式（4.60）代入式（4.61），可得

$$\mathrm{VIL} = \int_{\text{底高}}^{\text{顶高}} 3.44 \times 10^{-3} Z^{4/7} \mathrm{d}h \tag{4.62}$$

实际计算时，只能应用实测的体积扫描三维回波强度数据进行离散求和，并在某距离上相邻两仰角之间的高度间隔 Δh 内，用这两仰角的实际数据的平均值进行计算。这样式（4.62）可改写为

$$\mathrm{VIL} = 3.44 \times 10^{-3} \sum_{i=1}^{N-1} \left(\frac{Z_i + Z_{i+1}}{2} \right)^{4/7} \Delta h_i \tag{4.63}$$

式中：Z_i 为第 i 层高度上的雷达反射率因子；Δh_i 为第 i 层和第 $i+1$ 层之间的高度差；N 为体积扫描的仰角总数。

（2）雨强

雨强定义为单位时间内落到单位面积上的水的质量。所以雨强与落到单位面积上总的雨滴质量和雨滴下落速度有关，而前者与雨滴直径 D 的三次方成正比，后者也和雨滴直径密切相关。

可以看出，反射率因子 Z 和雨强 R 都与雨滴直径有关，可以理解 Z 和 R 存

在某种关系(简称 $Z - R$ 关系),这种关系通常用下面形式表示:

$$Z = AR^b \qquad (4.64)$$

式中:Z 单位为 mm^6/m^3;R 单位为 mm/h。

大量研究表明,$Z - R$ 关系中的参数 A 和 b 是不稳定的,随不同雨型、天气条件等因素而变化。一般情况下,可根据当地降水中的统计物理特性确定系数 A、b,也可以用当地雨量站资料对雷达测量的雨强进行对比、校正,对系数 A、b 做适当修改。经典的 $Z - R$ 关系为 $Z = 200R^{1.6}$。

(3) 时段累积雨量

某一点的雨量实际上是某一时间内的降雨量,原则上由雷达用上面技术计算的雨强乘以两次探测时间间隔,即得到该间隔内的雨量,然后把该时段内所有相邻观测时间间隔内的雨量累加,即为该时段内的雨量。鉴于降水的时空变化性,两次雷达探测时间间隔不宜取得很长,一般以小于 12min 为宜。另外,累加时用上述直接累加法较粗糙,一般用梯形求和方法。设相邻两次探测时间间隔为 Δt,则某点 j 在这间隔内的雨量为

$$v_j = \frac{1}{2}(R_{ij} + R_{i+1,j})\Delta t_i \Delta s_j \qquad (4.65)$$

式中:Δt_i 为第 i 和第 $i+1$ 次探测时间间隔;Δs_j 为某点 j 所代表的面积;v_j 单位可采用 mm/km^2,意为在 $1km^2$ 面积上降了厚度 1mm 的雨量。

若某时段内雷达探测 N 次,则某点 j 在该时段的累积雨量为

$$v_{ja} = \frac{1}{2}\sum_{i=1}^{N-1}(R_{ij} + R_{i+1,j})\Delta t_i \Delta s_j \qquad (4.66)$$

式中:v_{ja} 单位为 mm/km^2,也可用降水质量表示。若质量 M 单位为 t,水密度 ρ 单位为 g/cm^3,面积单位为 km^2,则

$$M_{ja} = 10^3 \cdot \rho \cdot v_{ja} \qquad (4.67)$$

式中:M_{ja} 为在 Δs_j 面积上在该时段内降水的质量。

(4) 流域降雨量

在上述单点雨量产品基础上,计算雷达探测范围内(包括雷达组网后的探测范围)任意区域上的总降水量。设把某区域分成 $M \times N$ 个网格,则该流域上某时段的降水总量为

$$V = \sum_{j=1}^{M \times N} v_{ja} \qquad (4.68)$$

这种产品仍以 16 种色调显示各时段的累积雨量分布,但对所计算的区域注明降水总量,所以它仍保留着降水量的空间分布信息。

4.5.2.4　自动天气识别产品

自动识别产品中一般以强天气识别为主,强天气识别产品一般有风暴单体

识别、中气旋识别以及进一步衍生出来的风暴跟踪、冰雹指数、龙卷涡旋特征、报警文本信息等。

在风暴核识别方法中,将强风暴定义为强度达到一定值、具有一定体积的空间连续区域。其基础是 1978 年 Lemon 根据对美国国家强风暴实验室 6 年的 WSR－57 雷达观测资料的研究,提出的根据雹云的三维回波结构特征来判别强雹云(落地冰雹直径大于或等于 1.9cm)的指标:

（1）中层(离地面 5～12km)的最大反射率因子大于或等于 45dBZ。

（2）中层悬挂回波超出低层(离地小于或等于 1.5km)回波外缘或最强的反射率梯度处大于或等于 6km。

（3）最高回波顶位于悬挂回波一侧,并位于回波核与回波边缘之间的反射率梯度最大处的上方,或悬挂回波的上方。

因此,该识别算法的基本做法是:首先在体扫描资料的每幅 PPI 的每根径向线中搜索满足一定条件的"一维风暴段";其次按一定条件将相邻的风暴段组合成强度大于一定阈值的二维连续区域,即"二维风暴分量";然后依据不同层 PPI 上的风暴分量是否具有垂直相关性,将不同层中垂直相关的二维风暴分量合并成三维风暴体。

4.5.2.5 风场反演产品

多普勒天气雷达系统获取的径向速度分布数据,在某些假定条件下,通过反演可以获取某高度平面上的平均风向风速、二维风场、三维风场等。其中除 20 世纪 60 年代初期 Lhermitte 和 Atlas 等人提出的用单部多普勒天气雷达测量风场的速度方位显示(VAD)技术比较成熟外,其余大部分方法还处在研究或试验试用阶段,尚达不到业务使用要求。

VAD 技术的基本思想是:若各高度上的风场水平均匀,即风向风速不随方位角而变化时,若把雷达作旋转扫描探测到的不同方位上的多普勒速度显示在以雷达方位为横坐标、速度为纵坐标的图上,则将是一个三角函数变化曲线。这时从该曲线上读出的多普勒速度最大值即为风速(假定雷达观测仰角为 0°),而该曲线上多普勒速度最小值所在方位便为风向。这种将多普勒天气雷达测得的同距离圈上多普勒速度值点绘在以方位为横坐标、多普勒速度为纵坐标的图上,从而可查得该距离圈所在高度的风向风速。

数学式简单推导如下:当天线以某一固定仰角 β 做方位旋转扫描时,雷达测出的多普勒速度不但和所在高度上的水平速度 v_h 和垂直速度 v_f 有关,还和雷达的方位角和仰角有关,如图 4.27 所示。

以正东为 X 轴正向,正北为 Y 轴正向,Z 轴向上为正。令水平风向和 X 轴的夹角为 θ_0,则雷达测得的某方位角上的 $v_r(\theta)$ 可表示为

$$v_r(\theta) = v_h(\theta)\cos\beta\cos(\theta - \theta_0) + v_f(\theta)\sin\beta \tag{4.69}$$

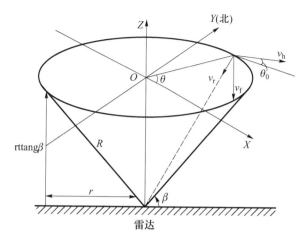

图 4.27　圆锥扫描示意图

若风场均匀,则 v_h、v_f 和 θ_0 为常量,不随方位角而变化。由式(4.69)可知,某一固定距离圈上的多普勒速度 $v_r(\theta)$ 将按余弦方式变化,并且叠加了一个常数 $v_f\sin\beta$,如图 4.28 所示。

当雷达天线指向水平风的来向时,$\theta = \theta_0 + \pi$,所以这时的多普勒速度为

$$v_{r1} = -v_h\cos\beta + v_f\sin\beta \tag{4.70}$$

显然,v_{r1} 朝向雷达方向,为余弦变化中的最小值。

当天线指向水平风的下风方向时,$\theta = \theta_0$,这时的多普勒雷达 v_{r2} 远离雷达方向,为最大值,即

$$v_{r2} = v_h\cos\beta + v_f\sin\beta \tag{4.71}$$

比较式(4.70)和式(4.71),可得探测高度上的水平风速为

$$v_h = \frac{v_{r2} - v_{r1}}{2\cos\beta} \tag{4.72}$$

水平风的风向就是多普勒速度最小值时天线指向的方位角。

垂直速度也可由式(4.70)和式(4.71)解出,可得

$$v_f = \frac{v_{r1} + v_{r2}}{2\sin\beta} \tag{4.73}$$

式(4.72)就是风场均匀时一般意义上的 VAD 技术的基本思想。即将多普勒天气雷达测得的同距离圈上多普勒速度值点绘在以方位为横坐标、多普勒速度为纵坐标的图上(图4.28),这时从图上直接读出多普勒速度的最大、最小值,利用式(4.72)便可以求得该距离圈所对应高度上的风速,而多普勒速度最小值所在方位便是风向。

考虑到 PPI 上不同的距离圈对应不同的高度,因此,对不同距离圈上多普勒速度的观测资料,应用 VAD 技术,便可得到水平风速风向和垂直速度 v_f 随高度

· 120 ·

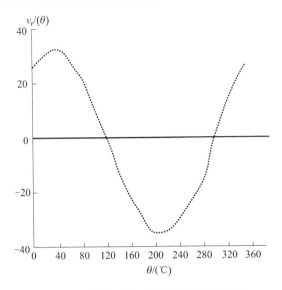

图 4.28　均匀风场时的多普勒速度分布

分布的信息。

　　应用相继时间的体扫资料,即可获得平均风向和平均风速随高度和时间变化的剖面图,如图 4.29 所示。图形与一般天气图中的风向、风速表示形式相同。

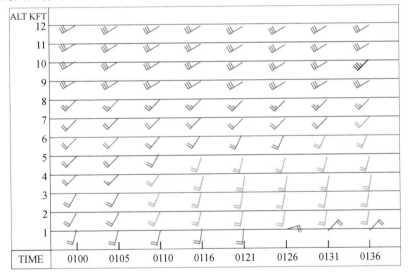

图 4.29　平均风向和平均风速随高度和时间变化剖面图(见彩图)

　　此产品有较高的实用价值,如航空气象人员常用来识别平均风的垂直切变(特别是低空中的垂直风切变)及其随时间的变化,也可分析环境风随高度和时间的变化情况等。

第 5 章
双偏振全相参多普勒天气雷达

◤ 5.1 概　　述

　　双偏振全相参多普勒天气雷达具有单偏振(未作偏振特别说明的)全相参多普勒天气雷达的全部功能,它在获取天气目标的强度、速度信息的同时,能根据目标回波的双偏振参数取得云雨粒子的尺度分布、几何形状、空间取向和存在相态等微观信息,对于改善天气雷达降水类型判断准确性和提高天气雷达降水量的估值精度具有十分重要的意义。双偏振全相参多普勒天气雷达关于天气目标位置、强度、运动参数测量的原理、方法及产品与第 3 章、第 4 章有关部分一样,本章不再重复。

　　偏振概念来源于光学,又称极化,表示光波的强势振动方向。自然光经过媒质的反射、折射或者吸收后,在某一方向上的振动比其他方向上强,这种现象称为偏振。

　　雷达向空间辐射的电磁波除有一定的波形、频率、幅度、相位特征外,还具有偏振特性,气象目标回波中也包含着偏振信息。任何雷达都至少收发一种偏振波,常规地基天气雷达绝大部分都是收发水平线偏振波。但习惯上不将收发一种偏振波的雷达称为偏振雷达,而是将收发圆偏振、椭圆偏振或两种线偏振波的雷达称为偏振雷达。(微波技术领域更习惯称极化,以下除雷达名称外,都用极化这个名词)

　　电磁辐射是由以电磁波频率振荡的电场和磁场组成的,电磁波的电场矢量 E 与磁场矢量 H 总是相互垂直,只要知道其中一个的方向,就可确定另一个的方向。

　　通常用电场矢量 E 的端点在垂直于波传播方向平面内(XOY 平面)的变化轨迹来描述其极化状态。电场矢量端点在 XOY 平面上描出一条直线的称为;描出一个圆的称为(圆极化波),描出一个椭圆的称为椭圆极化波,如图 5.1 所示;图 Ex、Ey 分别为 E 在 x、y 轴上的投影。

　　将电场方向和电磁波传播方向(Z 轴方向)所构成的平面称为极化面。垂

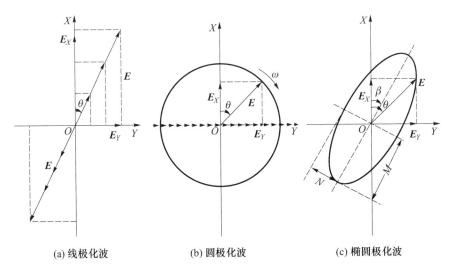

(a) 线极化波　　　　　(b) 圆极化波　　　　　(c) 椭圆极化波

图 5.1　三种极化形式电场矢量的合成与分解

直极化波的偏振面是 YOZ，水平极化波的极化面是 XOZ。本章讨论的双线极化雷达既发射水平极化波，又发射垂直极化波。

◤ 5.2　系统组成与工作过程

　　双偏振多普勒天气雷达有三种工作模式：一是单发单收，发射单一极化波、接收也是单一极化波，要么收发水平极化波，要么收发垂直极化波；二是单发双收，发射单一极化波（水平或垂直），接收双极化波（水平和垂直）；三是双发双收，发射双极化波（水平和垂直），接收也是双极化波。

5.2.1　单发单收双偏振多普勒天气雷达

　　雷达只有一个发射机和接收机，工作时雷达以触发脉冲重复周期为时间间隔，交替发射和接收水平或垂直两种线极化波。雷达在前一个重复周期发射和接收水平极化波获取水平极化反射率因子 Z_{HH}，在后一个重复周期发射和接收垂直极化波获取垂直极化反射率因子 Z_{VV}，依次交替，不断重复。这种雷达相对简单，造价低，在常规雷达上改装较容易。早期业界大都通过对常规雷达的改装实现这种双偏振功能。这样得到的差分反射率因子 Z_{DR}、差分传播相位 $\varPhi_{DP}$ 和线退偏振比 L_{DR} 的相关性稍差些，且要求雷达具有较高的脉冲重复频率，且在雨介质中，Z_{DR} 和 L_{DR} 会受到衰减的影响，有时需要加以修正，这就限制了它的应用范围。

单发单收双偏振多普勒天气雷达的系统组成如图5.2所示。其馈线系统组成如图5.3所示。雷达发射机产生的大功率微波脉冲信号经四端环行器、方位和俯仰旋转关节送到电控变极化器;计算机产生控制信号,使变偏振器的I、H端导通,发射信号由H端送双工器,以水平偏振状态经天线向空间辐射出去,并接收相应极化状态的回波信号,沿原路经四端环行器送接收机。在下一个脉冲重复周期,变偏振器转为I、E导通,发射信号经变极化器E端、移相器送双工器,以垂直极化的方式发射。计算机控制变极化器I端到E、H端的交替导通,就实现了雷达水平、垂直极化波的交替发射和接收。

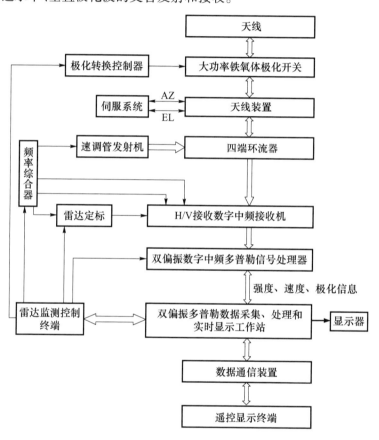

图5.2 单发单收双偏振雷达简要组成框图

AE—方位角;EL—仰角。

该雷达实现双线偏振的关键器件是电控变极化器,它包括极化转换控制器和大功率铁氧体极化开关,极化转换控制器接收雷达监控计算机的指令,产生极化控制信号,用以改变大功率铁氧体极化开关的导通端口,使雷达在脉间交替发射(接收)相互正交的水平线极化波和垂直线极化波。

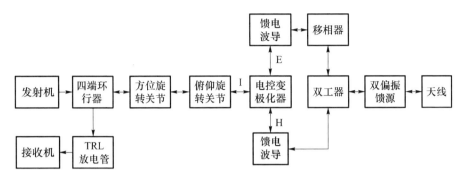

图 5.3　单发单收双偏振雷达馈线系统组成框图

5.2.2　单发双收双偏振多普勒天气雷达

单发双收体制雷达有两个接收通道,它在前一个重复周期发射水平极化波,同时接收水平和垂直极化回波,获取 Z_{HH} 和 Z_{HV};在后一个重复周期发射垂直极化波,同时接收垂直和水平极化回波,获取 Z_{VV} 和 Z_{VH}。该雷达比单发单收雷达多一个双路方位旋转关节,可测量天气目标的 L_{DR}。单发双收双偏振雷达简要组成框图如图 5.4 所示。

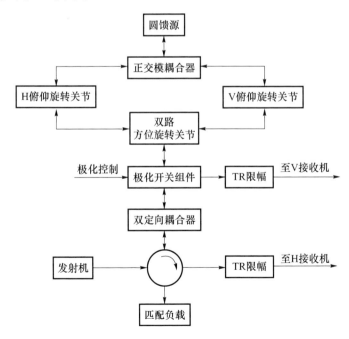

图 5.4　单发双收双偏振雷达简要组成框图

5.2.3 双发双收双偏振多普勒天气雷达

双发双收双偏振多普勒天气雷达主要由双偏振天馈线分系统、发射机分系统、天线伺服分系统、双路低噪声大动态线性接收机、双路数字中频多普勒信号处理器、双偏振多普勒数据处理分系统、雷达在线标校监控分系统、电源和配电分系统等部分组成,如图 5.5 所示。其天线馈线具体组成如图 5.6 所示。

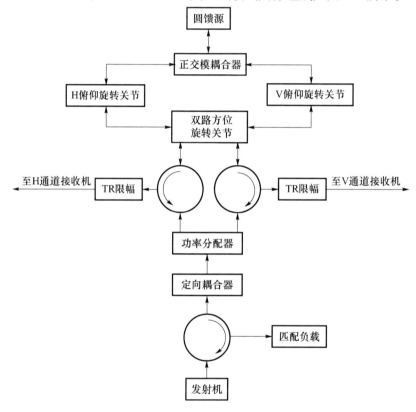

图 5.5　双发双收双偏振雷达简要组成框图

当雷达处于发射状态时,将频率综合器送来的射频信号经微波固态功率放大器放大,以此推动速调管工作,产生大功率射频信号作为发射信号。发射信号经功率分配器后分成两路,一路为 H 通道,另一路为 V 通道,它们分别经过各自的四端环行器(这时与接收机断开)、方位及俯仰旋转关节到达天线处的正交模耦合器,在那里经扭转波导出口的不同方向将两路原 TE10 波变成 H 及 V 极化波,若 H 及 V 波相位始终相同,则合成为与45°方向的线极化波后,从馈源(圆形波纹喇叭)发射出去。脉冲发射之后,四端环行器反转以接收同极化回波信号。

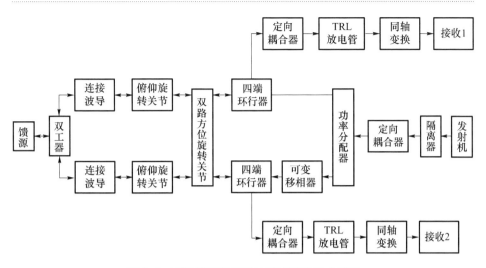

图 5.6　双通道双偏振雷达馈线系统组成框图

雷达接收机采用一次变频体制,H、V 两种偏振信号采用不同的接收通道。不同极化的信号在双路线性中频接收机中各自经混频、放大、A/D 转换成为水平、垂直极化数字中频信号,送双路双偏振数字中频多普勒信号处理器。

当雷达处于接收状态时,具有 H 及 V 两种极化的合成回波信号进入馈源及正交模耦合器,这时 H 及 V 极化分量各自进入 H 及 V 通道,并分别经各自的方位及俯仰旋转关节、环流器后,到达 H 通道接收机与 V 通道接收机。

双偏振数字中频多普勒信号处理器主要对中频信号进行各种分析、处理,提取强度、速度、极化等目标信息,同时产生极化控制信号,控制雷达发射信号的极化状态。

对于这种制式的双线偏振雷达,要求有性能完全相同的两个发射通道和接收通道,技术相对复杂且造价高。它的优点是两通道的隔离度可以做得较高。回波相关性好,极化性能优越,可以直接获得高质量的 Z_{DR}、Φ_{DP} 和 ρ_{HV}。

如果需要合成右(或左)旋圆偏振波发射出去,则只要在 V 通道中加一个移相器。使 E_H 与 E_V 相位相差 90°或 270°。

双发双收体制雷达同时有两个发射通道和两个接收通道,它不需要极化开关组件,但需要一个功率分配器。这种雷达在每一个重复周期可以同时获取 Z_{HH} 和 Z_{VV},但不能获取 Z_{HV} 和 Z_{VH}。一般不能测量 L_{DR},若要具备测量 L_{DR} 的功能,则需要增加一套电动波导开关,兼容单发双收工作模式。

5.2.4　双发双收、单发双收兼容式双偏振多普勒天气雷达

双发双收、单发(水平)双收兼容式双偏振多普勒天气雷达简要组成框图如图5.7所示。这种雷达平时工作于双发双收体制,必要时可工作于单发双收模式。

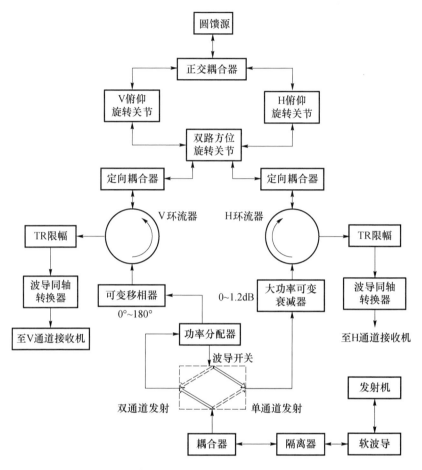

图 5.7　双发双收、单发(水平)双收兼容式双偏振雷达组成简要框图

这种雷达通过对波导开关的控制,具有两种工作模式:一是双通道发射工作模式,功分器输出两路,雷达工作于双发双收体制;二是单通道发射工作模式,功分器没有输入,雷达工作于单极化发射双极化接收状态。

图 5.7 中的电动波导开关是一种四端口器件,其端口两两相连,实线箭头相连时,系统工作于双通道发射工作模式。在终端给出转动指令后,波导开关转动 90°,虚线箭头相连,系统工作于单通道发射工作模式。

馈线系统在 V 支路中设置一个可变移相器,可 0° ~ 180°移相,连续可调,用以决定馈源辐射的波形,可以是正圆极化波、负圆极化波或 45°线极化波等。H 支路中设置一个大功率衰减器,衰减量 0 ~ 1.2dB,步进 0.05dB,调好后可以固定,用以调整两路极化波发射时幅度的平衡性,衰减器本身的插入损耗小于或等于 0.2dB。当需要探测 L_{DR} 时,转入单发(水平)双收状态,此时功分器没有输入,雷达只发射水平极化波(不能发射垂直极化波),同时接收到水平极化波的

反射率因子 Z_{HH} 和垂直极化波的反射率因子 Z_{HV}，这样就可以测量线退极化比 L_{DR}。实际工作中，在探测 L_{DR} 时，由于发射水平极化波时接收到的垂直极化波的反射率因子值即 Z_{HV} 值极其微小，在工程上无法保证该值的可信度，所以尽管设计双发双收、单发(水平)双收兼容式双偏振雷达的初衷是为了能测量 L_{DR}，但通常这种机型的技术性能指标中并不标示测量 L_{DR} 的功能和性能。

双发双收、单发(水平)双收兼容式双偏振雷达中的电动波导开关，用来控制其工作体制。双通道发射，即双发双收式，作为双偏振雷达，可以测量除 L_{DR} 以外的双偏振参数。单通道发射，即单发(水平)双收时，由于该机型没有配置极化开关组件，只能发射单一的水平极化波而不能发射垂直极化波，虽然可以测量 L_{DR}，但不能测量其他双偏振参数，所以这种工作模式与以上定义的单发双收工作体制有较大差异。当前，这种兼容机的双通道隔离度只能达到 30dB 左右，与 L_{DR} 数据量级相当，由此得到的 L_{DR} 可信度大打折扣。

这种具备两种工作模式的机型的主要价值在于：首先，它是一种在当前双偏振多普勒天气雷达市场上功能完备的产品；其次，当它以单通道发射水平极化波时，是一部发射功率比双发双收大 1 倍的单偏振全相参脉冲多普勒天气雷达。用户可以根据气象保障需要灵活地选用。

综合上述双偏振雷达系统组成与工作过程可以看出：

(1) 凡是单发的双偏振雷达，必须配置高功率、高隔离度的极化开关组件，以便控制单发水平极化波或单发垂直极化波。通常要求隔离度达到 30dB。

(2) 凡是双收的双偏振雷达，即同时接收水平、垂直极化波的双偏振雷达，必须配置双路方位旋转阻流关节。

(3) 凡是双发的双偏振雷达，即同时发射水平、垂直极化波的双偏振雷达，必须配置功分器，使发射机产生的微波脉冲功率均分到两个相互垂直的发射通道。

(4) 不论何种体制的双偏振雷达，都必须配置正交模耦合器和圆馈源。

(5) 双发双收双偏振雷达，以两种极化波探测同一气象目标，它接收到的回波信号的相关性好，有利于提高雷达天线的转速，完成一幅 PPI 画面所花费的时间少。单发单收双偏振雷达如果要得到精度相同的原始数据，采样时间就要增大 1 倍。此外，双发双收双偏振雷达不需要高功率、高隔离度的极化开关组件，而需要的功率分配器指标要求也容易达到。

5.3　云和降水粒子极化信息提取

5.3.1　三种偏振波与降水目标粒子极化特性

雷达电磁波分为线极化、圆极化和椭圆极化三种形式。只要它们沿 Z 轴方

向传播,都可将它分解成两个分量,即

$$\begin{cases} E_x = E_{xm}\cos(\omega t - kz + \phi_x) \\ E_y = E_{ym}\cos(\omega t - kz + \varphi_y) \end{cases} \quad (5.1)$$

式中:E_{xm}、φ_x 和 E_{ym}、φ_y 分别为两个分量的振幅和初相;k 为相移常数($2\pi/\lambda$)。

5.3.1.1　线极化

如果 E_x、E_y 同相或反相,则合成电场是线极化波,其矢量合成和时空变化分别如图5.1(a)和图5.8(a)所示。此时,空间任一瞬间合成电场矢量与 X 轴夹角 θ:

$$\tan\theta = \frac{E_y}{E_x} = \frac{E_{ym}}{E_{xm}} = 常数$$

即,θ 为常数。

当 $E_x = 0$ 时,$\theta = \pi/2$,电场矢端轨迹沿垂直轴变化,称为垂直极化波;当 $E_y = 0$ 时,$\theta = 0$,电场矢端轨迹沿水平轴变化,称为水平极化波。

线偏振波被云雨粒子所散射,其回波仍为线极化波。如果雷达发射的线极化波的极化面和散射粒子的对称轴平行,其后向散射波的极化面也平行于入射波的极化平面,这种情况下,雷达天线能全部接收散射波的能量,这是线偏振波雷达工作的理想状况。但由于实际散射粒子的形状和姿态不可能满足理想状况,其对称轴通常不可能与入射波极化面平行。在这种情况下,散射粒子的后向散射波中,除存在与入射波极化面平行的分量外,还有与入射波极化面垂直的分量。而常规雷达天线只能接收平行分量,无法接收垂直分量,因此雷达实际工作时接收的线偏振波的回波能量比理想情况要小,而且无法鉴别粒子属性。绝大多数常规天气雷达(包括多普勒天气雷达)只能发射和接收平行于地面的水平极化波。

球形粒子具有轴对称性,而非球形粒子可用相互正交的长方向的对称轴(长轴)和短方向的对称轴(短轴)来描述。如果天气雷达既能发射水平极化波(电场矢量平行于地面),又能发射垂直极化波(电场矢量垂直于地面),两者具有正交特性。相应地,非球形粒子的两个轴向散射存在明显的差异,利用这种差异能有效地鉴别非球形粒子的几何属性。

5.3.1.2　圆极化

如果 E_x、E_y 的振幅相等,均为 E_m,相位差 $\pi/2$,则合成电场矢端轨迹为一个圆,称为圆极化波,可得

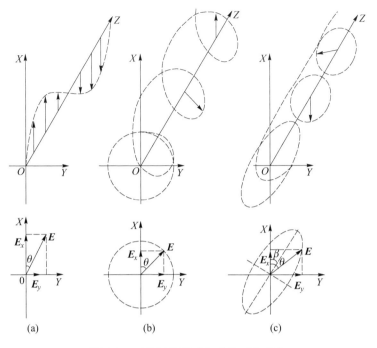

图 5.8　三种极化形式矢量的时空变化

$$\begin{cases} E_x = E_m \cos(\omega t - kz + \varphi_x) \\ E_y = E_m \cos\left(\omega t - kz + \varphi_x \pm \dfrac{\pi}{2}\right) = \pm E_m \sin(\omega t - kz + \varphi_x) \end{cases} \quad (5.2)$$

则空间任意一点的合成电场为

$$E = \sqrt{E_x + E_y} = E_m = 常数$$

合成电场与 X 轴的夹角为 θ:

$$\tan\theta = \frac{E_y}{E_x} = \pm \tan(\omega t - kz + \varphi_x)$$

所以

$$\theta = \pm(\omega t - kz + \varphi_x)$$

由此可见,合成电场 E 的大小不变,而 θ 以角速度 ω 随时间 t 变化,其矢量合成和时空变化分别如图 5.1(b) 和图 5.8(b) 所示。

沿电磁波的传播方向看去,若电场矢量在横截面内顺时针旋转,则称为右旋圆极化波;若反时针旋转,则称为左旋圆极化波。

圆极化波可分解成空间正交、相位差 π/2、振幅相等的两个线极化波。当雷达发射圆极化波时,该波照射在球形粒子上,因为球形粒子的对称轴可任意选择,它产生的后向散射波也是圆偏振波,如图 5.9 所示。尽管发射波和后向散射波的旋转方向相同,但由于其传播方向相反,故发射波为右旋圆极化波,后向散射波为左旋圆极化波。

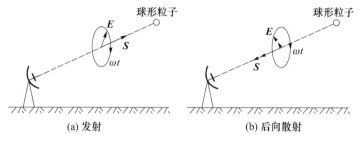

图 5.9　圆极化波的发射与后向散射

圆极化波可分解为与散射粒子长、短轴对应的两个线极化波,其产生的后向散射波中沿长轴方向的电场较强,而短轴方向较弱,它们的合成是一个椭圆极化波。

对于非球形粒子来说,如果入射到粒子上的电磁波电场矢量振动方向不与粒子的对称平面重合,则后向散射波中可能含有与入射波的偏振面正交的对称分量。一般来说,这种正交分量比平行分量要小得多。正交分量与平行分量的功率之比称为退偏振比,可表示为

$$D_{ep} = 10\lg(P_c/P_p)$$

式中:P_c 和 P_p 分别为雷达接收的目标后向散射功率的正交分量与平行分量。

退偏振比与目标粒子的形状、大小、取向和介电性质有关,这是圆偏振波雷达鉴别粒子属性的理论基础。

5.3.1.3　椭圆极化

如果 E_x、E_y 的振幅和相位均为任意值,则合成电场矢端的轨迹为一椭圆,称为椭圆极化波。设传播方向上某一位置的两个平面波的电场为

$$\begin{cases} E_x = E_{xm}\cos(\omega t + \varphi) \\ E_y = E_{ym}\sin\omega t \end{cases} \tag{5.3}$$

可得

$$\left(\frac{E_x}{E_{xm}}\right)^2 - \frac{2E_x E_y}{E_{xm} E_{ym}}\cos\varphi + \left(\frac{E_y}{E_{ym}}\right)^2 = \sin^2\varphi \tag{5.4}$$

该式是一个椭圆方程,说明合成电场矢端的轨迹为一椭圆。

椭圆极化波的矢量合成和时空变化分别如图 5.1(c)和图 5.8(c)所示。

当椭圆极化波的长轴远大于短轴时,则近似为线极化波,当长、短轴相等时,则成为圆极化波,因此可将线极化和圆极化看作椭圆极化的特例。

三种偏振形式既有区别又有联系。一个线偏振波可以分解为两个旋向相反、振幅相等的圆极化波,一个椭圆极化波可以分解为两个旋向相反、振幅不等的圆极化波,其中与椭圆极化波旋向相同的称为椭圆极化波的平行分量,旋向相反的称为正交分量。后向散射椭圆极化波的正交分量与平行分量的比称为圆退极化比。

在极化信息提取中,圆退偏振比是一个十分重要的参数。散射粒子是球形时,正交分量为零,圆退偏振比是 $0(-\infty\,\text{dB})$;当散射体是无限长的细柱时,正交分量与平行分量相等,圆退偏振比为 $1(0\text{dB})$。在雷达系统中区别两种旋向,比较两者的振幅,就可以提取圆退偏振比的数据,获得目标的极化信息。

5.3.2 云和降水粒子的双偏振参数

在偏振雷达中,当前双线偏振全相参多普勒天气雷达技术发展最快。它的技术要求相对简单,在常规雷达上添加偏振功能较容易,这是它发展较快的原因之一。另外,它的优越性能和广泛的应用潜力则是其发展较快的重要原因。这种雷达既能收发水平极化波,又能收发垂直极化波,并且具备全相参多普勒天气雷达的全部功能。下面介绍该雷达能够获取的云雨目标的双偏振参数。

5.3.2.1 水平反射率因子 Z_{H} 和垂直反射率因子 Z_{V}

Z_{H} 和 Z_{V} 是雷达获得的最基本的参量,对两者进行比较可以了解降水粒子形状、空间取向等信息。为了能更确切地表明这些参量获得的过程,常以 Z_{HH} 表示发射水平极化波并接收水平极化波得到的反射率因子,Z_{VV} 表示发射垂直极化波并接收垂直极化波得到的反射率因子,它们可表示为

$$Z_{\mathrm{HH}} = 10\lg(P_{\mathrm{HH}}) + 20\lg R - 10\lg C$$
$$Z_{\mathrm{VV}} = 10\lg(P_{\mathrm{VV}}) + 20\lg R - 10\lg C$$

式中:$P_{\mathrm{HH}}(P_{\mathrm{VV}})$ 为发射水平(垂直)极化波并接收水平(垂直)极化波的回波功率;R 为目标距离,C 是雷达常数。

5.3.2.2 差分反射率因子 Z_{DR}

差分反射率因子是双线偏振雷达所能得到的最常用的参量,可表示为

$$Z_{\mathrm{DR}} = 10\lg\frac{Z_{\mathrm{HH}}}{Z_{\mathrm{VV}}} \tag{5.5}$$

显然,Z_{DR} 反映的是水平极化反射率因子和垂直极化反射率因子之比。比值

的大小与粒子的形状(非球形)有关。粒子的非球形程度可用椭率(a/b)来表示,a、b分别为旋转椭球的旋转轴和半径。等效直径为0.4cm的单个旋转椭球粒子Z_{DR}和a/b之间的关系如图5.10所示。不同等效直径粒子的曲线有所不同,但变化趋势是相同的。

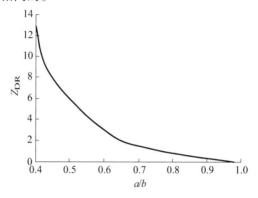

图 5.10　Z_{DR} 与 a/b 之间的关系

从图可见,a/b值越小,即粒子越扁,Z_{DR}值越大。当a/b接近于1(粒子接近球形)时,Z_{DR}几乎为零。实际降水区中,大雨滴接近于扁椭球,相应的Z_{DR}就是较大的正值;小雨滴和翻滚下落中的大冰雹接近球形,相应的Z_{DR}就接近于零。当在实际探测中发现某一区域具有很大的Z值,对比这个区域的Z_{DR}很小,则可以判别这里出现的是冰雹。

5.3.2.3　差分传播相移率 K_{DP}

多普勒天气雷达可以获得目标相对雷达运动产生的相位差。同样运动状态的降水区对于水平极化波和垂直极化波引起的相位变化是不同的,两者之间的差值与降水区的特性有关。双程差分传播相位变量 ϕ_{DP} 表征这种相位变化:

$$\phi_{DP} = \phi_{HH} - \phi_{VV} \tag{5.6}$$

式中:ϕ_{HH}、ϕ_{VV}分别为水平极化回波和垂直极化回波的相位。由于这个差值是雷达电磁波往返于雷达和降水目标之间的结果,所以称为双程差分传播相位。

上述相位变量的产生,实质上是由于水平极化波和垂直极化波在不同特性的降水区中传播时传播相位变化不同引起的。K_{DP}是用来表示传播相位变化不同的参量,它的值可由下式来估计:

$$K_{DP} = \frac{\phi_{DP}(r_2) - \phi_{DP}(r_1)}{2(r_2 - r_1)} \tag{5.7}$$

式中:r_2、r_1分别为降水区中两个测量点到雷达的距离;K_{DP}为降水区中两点间的单位距离的差分传播相位变化。一般降水区中的液态水含量越多,K_{DP}值越大。

5.3.2.4　零滞后相关系数 $\rho_{HV}(0)$

对于同时发射方式的双线偏振雷达,零滞后相关系数 $\rho_{HV}(0)$ 可以用散射矩阵的元素表示为

$$\rho_{HV}(0) = \langle S_{VV} S_{HH}^* \rangle / [\langle |S_{HH}|^2 \rangle^{1/2} \langle |S_{VV}|^2 \rangle^{1/2}] \tag{5.8}$$

式中

$$S_{HH} = \frac{1}{M} \sum_{i=1}^{M} Z_{H\,i}^* Z_{H\,i}$$

$$S_{W} = \frac{1}{M} \sum_{i=1}^{M} Z_{V\,i}^* Z_{V\,i} \tag{5.9}$$

式中:$S_{HH}(S_{VV})$ 为发射水平(垂直)极化波并接收水平(垂直)极化波的回波强度。

相关系数的大小对于粒子的椭率变化、倾斜角、形状不规则性以及混合相态的降水是比较敏感的。对于瑞利散射体而言,其值大小说明由于水凝物水平和垂直大小的变化而引起的非相关程度。模拟和观测显示水凝物方位与形状的多样性会引起相关系数的减小。在只有一种凝聚物类型中的相关系数值要比多种水凝物的值高。相关系数的值与雷达的标定、水凝物的浓度及传输的影响无关,但对雷达信噪比比较敏感,也易受到旁瓣回波和地物杂波的影响。

对于毛毛雨及干雪,零滞后相关系数的理论值约为 0.99。对于雨和冰晶,相关系数小于 0.99。具有亮带特性的混合性降水的相关系数较小,主要是因为降水粒子形态和方向性的变化较大。在降水粒子中存在融化状态的雪时,相关系数为 0.8 ~ 0.95。而在雨与冰雹的混合性降水中,相关系数能降到 0.8。相关系数可以用来探测混合相态的降水及冰雹。

5.3.2.5　线退偏振比 L_{DR}

当雷达有两组天线时,一组用来发射和接收水平线极化波,另一组用来接收降水粒子在水平极化波照射下由于粒子形状非球形而同时产生的垂直极化分量,则可以同时得到分别表示水平极化反射率因子 Z_{HH} 和垂直极化反射率因子 Z_{HV},两者之比以分贝表示称为线退偏振比,即

$$L_{DR} = 10 \lg \frac{Z_{HV}}{Z_{HH}} \tag{5.10}$$

显然,根据 L_{DR} 的大小可以推断降水粒子的形状。完全球形的粒子,L_{DR} 接近于 $-\infty$ dB;水平方向细长的目标(如金属丝),L_{DR} 接近 0dB;实际气象目标,L_{DR} 在 $-15 \sim -35$dB 之间。

5.3.2.6 圆退偏振比 C_{DR}

对于圆偏振雷达,如果也有两组天线,一组发射和接收右旋圆极化波,另一组接收左旋圆极化波,由此可以获得与发射波平行的极化分量的反射率因子 $Z_{/\!/}$ 和与发射波正交的极化分量的反射率因子 $Z_{\perp}$,两者的比值称为圆退极化比(dB),即

$$C_{DR} = 10\log \frac{Z_{/\!/}}{Z_{\perp}} \qquad (5.11)$$

显然,C_{DR} 的大小与降水粒子的形状有关。理论上,C_{DR} 值在 $0 \sim -\infty$ dB 之间变化。无限细长的散射体 $C_{DR} = 0$,完全球形粒子 $C_{DR} = -\infty$ dB。

▇ 5.4 天气目标偏振参数测量性能

现役双偏振多普勒天气雷达大都采用双发双收技术体制,在 X、C、S 波段都有成熟产品。表 5.1 列出了某 S 波段双偏振全相参多普勒天气雷达的主要性能。其中加粗字项目是双偏振雷达特有的。

表 5.1 某 S 波段双偏振全相参多普勒天气雷达的主要性能

	强度监测距离范围/km	2 ~ 500
	强度测量距离范围/km	2 ~ 250
	速度监测距离范围/km	2 ~ 250
	谱宽监测距离范围/km	2 ~ 250
	偏振参数监测距离范围/km	**2 ~ 250**
探测范围	强度测量范围/dBZ	$-10 \sim 70$
	速度测量范围/(m/s)	$-48 \sim 48$
	谱宽测量范围/(m/s)	0 ~ 16
	差分反射率因子测量范围/dB	**$-5 \sim 10$**
	差分传播常数测量范围/(°/km)	**$-5 \sim 15$**
	相关系数测量范围	**0 ~ 1**
	线性退偏振比测量范围/dB	**$-10 \sim -35$**

（续）

参数测量误差	强度/dB	≤1
	速度/(m/s)	≤1
	谱宽/(m/s)	≤1
	差分反射率因子/dB	**≤0.2**
	差分传播常数/(°/km)	**≤0.2**
	相关系数	**≤0.01**
	线性退偏振比/dB	**≤1**
参数测量分辨率	强度/dB	≤0.5
	速度/(m/s)	≤0.5
	谱宽/(m/s)	≤0.5
	差分反射率因子/dB	**≤0.2**
	差分传播常数/(°/km)	**≤0.5**
	相关系数	**≤0.01**
	线性退偏振比/dB	**≤0.01**
天线罩	直径/m	12
	双程衰减/dB	≤0.3
	引入波束指向偏移/(°)	≤0.03
	引入波束展宽/(°)	≤0.03
	H、V 波束宽度差/(′)	**≤1**
	H、V 增益相对变化/dB	**≤0.1**
	H、V 交叉偏振电平/dB	**≤ −50**
天线	天线类型	旋转抛物面,中心馈电
	反射体直径/m	8.54
	增益/dB	≥44
	波束宽度/(°)	≤1
	第一副瓣电平/dB	≤ −29
	H、V 波束宽度差/(′)	**≤2**
馈线	馈线电压驻波比	≤1.3
	H、V 交叉偏振电平/dB	**≤ −30**
发射机	工作频率/MHz	2700~3100 内的点频
	脉冲宽度/μs	1,4
	重复频率/Hz	300(4μs),600~1000(1μs)
	输出脉冲功率/kW	≥650
	重复频率比	2/3,3/4
	改善因子/dB	≥52

（续）

	接收机形式	一次变频全相参
接收机	中频频率/MHz	30
	灵敏度/dBm	$\leqslant -107(1\mu s), \leqslant -113(4\mu s)$
	线性动态范围/dB	$\geqslant 92$
	频综器相位噪声/(dBc/Hz)	$\leqslant -110(1kHz)$
多普勒信号处理器	A/D 采样位数/位	14
	库长/m	125,250,500
	库数	1000
	处理范围/km	500
	地杂波抑制比/dB	$\geqslant 50$
	去模糊处理	变 T 比为 2/3、3/4

双偏振天气雷达与常规单偏振天气雷达相比,可以得到云降水目标粒子差分反射率因子、差分传播常数、水平垂直相关系数、线性退偏振比等原始数据,这些数据的精度直接关系到双偏振雷达终端气象产品的质量。决定偏振参量原始数据精度的主要有两路系统的对称性、隔离度及随机误差等。对称性带来系统误差可以通过标定消除,隔离度带来的误差只能通过提高硬件水平加以降低,随机误差则需要通过积分平滑来减小。差分反射率因子、差分传播常数是目前应用最多的双偏振参数。以下简要分析影响它们测量误差的主要因素。

5.4.1　差分反射率因子 Z_{DR} 的测量误差

Z_{DR} 的测量误差主要来自雷达双通道不对称、隔离度不高、设备性能不稳定、电磁波传播路径介质特性起伏和地杂波干扰等。

1. 雷达设备造成的 Z_{DR} 误差

双偏振雷达天线罩、天线、馈线、发射机、接收机、信号处理器等设备性能的不理想都会带来 Z_{DR} 的测量误差。

1）天线罩带来的误差

（1）天线罩导致 H、V 波束宽度不对称,使两种偏振的有效照射体积大小不同,因此造成 Z_{DR} 误差。

（2）H、V 增益相对变化,即使是同一球体目标,也能造成 Z_{DR} 误差。

（3）天线罩带来 H、V 交叉偏振电平,直接产生 Z_H 及 Z_V 的误差,造成 Z_{DR} 误差。

2）天线辐射方向性及主波瓣内 Z 值梯度带来的误差

（1）同一个天线,发射水平极化及垂直极化波时,两者天线辐射方向特性不完全相同,即使对球形粒子,测得的 Z_H 和 Z_V 也会有差异,造成 Z_{DR} 误差。

（2）天线 H、V 电轴指向不一致,在远处探测的不是同一目标,造成虚假的 Z_{DR}。

（3）天线 H、V 增益不同,即使是同一球体目标,测得的 Z_H、Z_V 也不同,造成 Z_{DR} 误差。

（4）天线 H、V 波束宽度 (θ,φ) 不同,使相同距离上有效照射体积大小不同,产生 Z_H、Z_V 的粒子数目不同,造成 Z_{DR} 误差。

（5）天线旁瓣及主波瓣内 Z 值梯度带来误差。旁瓣引起的对 Z_H、Z_V、Z_{DR} 的测量误差比主瓣至少要低 1 个量级,但低仰角时例外。主瓣引起的 Z_{DR} 相对误差可达 10% 以上,绝对误差可达 0.5dB 左右;主瓣引起的 Z_H、Z_V、Z_{DR} 误差,与该点的 Z 值大小无关,而与该点的 Z 值梯度有关。为降低天线旁瓣及主波瓣内 Z 值梯度带来的误差,通常要求天线旁瓣电平小于 -25dB,主瓣宽度应尽量小且主波瓣内特性应尽量一致。

3）天馈线系统双偏振通道隔离度不理想带来的误差

双通道隔离度较低会使一种发射极化波的小部分功率,漏进另一种极化通道,使两种极化波发射功率大小不同;类似地,接收的回波功率也会窜入另一通道,引起 Z_H 及 Z_V 的测量误差,造成 Z_{DR} 误差。决定天馈线系统 H、V 双通道隔离度主要有三个部件:

（1）双工器（图 5.11）。双工器由两个互相垂直的矩形波导与方波导组成。直臂和边臂的矩形波导内传输的能量在方波导内激励起一个正交的波（TE10、TE01）。或者是一个正交的极化波在正方形波导中,其中一个电场平行于直臂窄边的电矢量进入直臂,另一个与它相垂直的电矢量就由边臂的耦合孔耦合到边臂,所以双工器对于两个互为正交的极化波来说是两个分离元件的混合体。

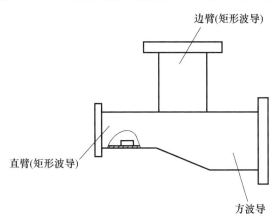

图 5.11　双工器

当波导开关处于双极化状态时发射机的大功率信号分别通过双工器的直臂（垂直支路）与边臂（水平支路）进入双工器,且通过移相器调节进入双工器的信号的相位,当直臂与边臂的信号相位相差为0°时,雷达工作于双线极化(水平偏振和垂直偏振)状态。当波导开关处于单极化状态时发射信号从边臂传输到方波导出口处时,雷达工作于单极化状态(水平极化)。双工器隔离度可做到大于40dB。

（2）大功率微波（极化）开关（图5.12）。它是决定整个通道隔离度好坏的关键,目前国内大功率微波（极化）开关的隔离度可达27dB,理想要求是30dB及以上。

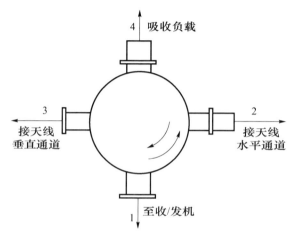

图 5.12　微波（偏振）开关结构示意图

（3）微波（极化）开关。当前一般要求微波开关转换时间小于20μs。在每次发射脉冲之前的20μs微波（极化）开关就开始转换极化环流方向（图中由 H 转换为 V）,在这20μs内是接收不到原 H 极化回波的,与20μs相当的约3km距离范围内的数据是不正确的。

4）发射机交替发射 H、V 带来的误差

对于单发单收体制的双偏振雷达,两种极化波以脉冲重复周期 T_r 作交替发射时,一方面各自探测到的不是完全相同的目标体积,另一方面目标状态在 T_r 时间内也发生了变化,结果使 Z_H 与 Z_V 相关性变差,造成 Z_{DR} 误差。

显然,双偏振雷达 PRF 的选择直接关系两种极化波对于同一目标的相关性,T_r 短相关性好;但同样关系雷达的最大不模糊距离 R_b,T_r 短 R_b 变小。因此要根据具体情况,兼顾两方面的要求。

5）接收机性能对 Z_{DR} 测量误差的影响

（1）当雷达采用对数接收机时,在数据处理中对数运算变成减法运算,可大大节省计算时间。同时要求其实际放大特性与理论对数特性相一致,以保证两种极化波经对数接收机的输出时,可使 $Z_{DR} = Z_H - Z_V$ 关系正确成立。

如果接收机实际放大特性与理论特性相差较大,则使用上式计算就会带来 Z_{DR} 的误差。

目前新型双偏振天气雷达大都采用数字中频接收机,已不存在对数特性问题。

(2)接收机增益的稳定性是影响偏振参量测量误差的重要因子之一。因为无论回波功率 P_{RH} 或 P_{RV},都是按照厂方给出的增益值换算得来的,增益不稳定,同一目标将出现不同的 P_{RH} 或 P_{RV} 值,从而影响数据 Z_H、Z_V 及 Z_{DR} 等偏振参量的准确性。

6)信号处理器 A/D 位数、DVIP 样本数的影响

云雨目标典型 Z_{DR} 值在 $-3 \sim +5dB$ 之间,不同降水的 Z_{DR} 值可能仅差十分之几分贝。故一般要求 Z_{DR} 误差小于 0.2dB,Z_H、Z_V 误差小于 0.5dB,为此要求 A/D 在 12 位以上,以保证 90dB 动态范围的 Z_H、Z_V 在转换后的分辨率(一个数字代表的分贝值)优于 0.2dB,满足误差要求。若 A/D 在 12 位以下必然导致测量误差。

信号处理理论已经证明,为了保证 Z_H、Z_V 的标准差能满足上述精度要求,就要有足够多的等效独立样本进行 DVIP。DVIP 样本数不够,必然造成测量误差。增加方位向的采样率,即提高 PRF、放慢天线转速可以满足 DVIP 样本数要求。

对于雷达设备本身造成的 Z_{DR} 误差,理论上可以通过对系留金属球的探测进行测定,并作为系统误差加以订正。

2. 地表对 Z_{DR} 测量的影响

一方面低仰角时,天线波束主瓣向下部分的一些射线经地面反射后,与主瓣中心轴线附近一些射线相交产生干涉(图),使交点上功率增大或减小,最大功率密度可增大 4 倍。这就使按原 P_t 值计算的目标回波功率产生误差;另一方面同一波束在水平极化与垂直极化时,地表对水平极化波的影响大于垂直极化波,波长越长,影响越大。要摆脱地面反射的影响,天线仰角 β 必须高于波瓣宽度 θ_0、φ_0。

3. 雨区衰减引起 Z_{DR} 值的测量误差

相同的水平极化与垂直极化电场入射到同一个椭球粒子上时,其衰减截面 Q_{tH} 与 Q_{tV} 不相同,故发射波束通过由垂直一致取向的椭球形雨滴组成的雨区时,射到雨区前端目标上的两种偏振入射电场就不相同。即使目标为球形粒子也会出现 Z_{DR} 值,若目标是椭球粒子,则测得的 Z_{DR} 中包含有衰减引起的一部分误差。雷达波长与粒子尺度相对大小决定这种衰减程度,波长越长,衰减越

大。估算雨区衰减造成的 Z_{DR} 误差,就要确定单个椭球粒子在不同偏振波入射时的衰减截面,进而给出椭球粒子群在其旋转轴作不同取向、不同极化波时的衰减系数。

5.4.2 差分传播相移率 K_{DP} 的测量误差

K_{DP} 由 ϕ_{DP} 求得,K_{DP} 的误差也主要由 ϕ_{DP} 决定。ϕ_{DP} 的误差主要来自雷达系统及回波信号涨落。

1. 雷达系统引入的误差

交替发射两种偏振波时,接收时使用的是同一个接收机,故接收机不会在测定 ϕ_{DP} 时引入误差。但从正交模耦合器到极化开关之间的双路馈线及极化开关本身,会存在相位不对称,存在 ϕ_{DP} 测量的系统误差。

双发双收系统更容易发生双路馈线及接收机的相位失衡,带来 ϕ_{DP} 测量的系统误差。

以上系统误差都可以通过精确校正及补偿而得到消除。

2. 回波信号统计特性带来的误差

个别样本的 H 和 V 值是涨落起伏的,使由 H 和 V 的序列所决定的 ϕ_{DP} 值出现在零值附近的波动,从而引入 ϕ_{DP} 误差。减少 ϕ_{DP} 测量误差就要取 M 对相邻样本进行时间平均去获得估算值,以减小测量误差。但连续的时间样本平均,一般不满足样本间相互独立的要求,样本间往往具有很好的相关性。ϕ_{DP} 的方差与平均的样本对(H、V)数目 M 有密切关系,在一定范围内,数目 M 越大,方差越小;再做距离平均,标准差将进一步减小。

对于雷达系统造成的 ϕ_{DP} 误差,可以在有降水时用天线垂直指向进行探测的办法进行估测,然后做订正。

▌5.5 双线偏振多普勒天气雷达资料的分析与应用

近年来的研究表明,双偏振多普勒天气雷达的优越性主要表现在提高定量降水的测量精度和降水粒子性质的识别上。

5.5.1 改善雷达定量测量降水的精度

以前在定量测量降水时,多采用 $Z-I$ 关系。由于 Z_H-I 关系随雨滴谱型变化较明显,普适性较差,而且假定雨滴是球形的,忽略了大雨滴非球形带来的影响,故其测雨精度不高。如在降水中,冰雹的出现使 Z_H 值增大,就会过高估计降水量。

采用双线偏振多普勒天气雷达后,可以获得更多的回波信息。理论研究及实验均证明,采用 Z_{DR}、K_{DP} 等偏振变量建立的测雨方程,由于这些变量对雨滴谱变化相对来说较不敏感,又考虑了雨滴非球形的影响,所以可提高测雨精度。

1987 年 Zrnic 等人提出用 K_{DP} 来测量降雨量,如下式所示:

$$I = 5.1(K_{DP}\lambda^{0.866}) \tag{5.12}$$

图 5.13 为 10cm 雷达对一次 Alberta 风暴探测时分别用 $I-Z$ 和 $I-K_{DP}$ 方法测得的降雨量与雨量筒实测雨量的比较。从图可见,用"+"号表示的 $I-K_{DP}$ 方法测得的结果,绝大部分都处在拟合曲线(虚线)的两侧,而用"O"号表示的 $I-Z$ 方法测得的结果,偏离拟合曲线(实线)的程度要大得多。Chandrasekar 等人(1990)数值模拟的结果表明,在降水量大于 70mm/h 时 $I-K_{DP}$ 方法的精度更高。这是因为 K_{DP} 主要与液态水含量有关,而不受冰雹出现的影响。

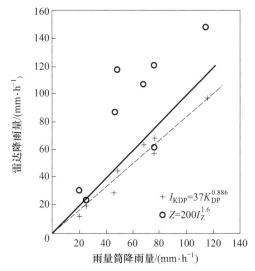

图 5.13　用 10cm 雷达对一次 Alberta 风暴探测时分别用 $I(Z)$ 和 $I(K_{DP})$

常用的雷达估测降雨量公式的形式如下:
常规天气雷达采用

$$I_h = a_0 Z_h^{b_0} \tag{5.13}$$

双线偏振常规雷达采用

$$I_{DR} = a_1 Z_h^{b_1} Z_{DR} \tag{5.14}$$

双线偏振多普勒雷达采用

$$I_{DP} = a_2 K_{DP}^{b_2} \tag{5.15}$$

$$I_{DK} = a_3 K_{DP}^{b_3} Z_{DR} \qquad (5.16)$$

式中:a_0、a_1、a_2、a_3、b_0、b_1、b_2、b_3 为常系数。

张培昌等人以滴谱理论为基础,用模拟雨滴谱分布的方法讨论了雨滴谱变化以及降水强度变化对双线偏振多普勒雷达测雨公式的影响,分析了双线偏振多普勒雷达测雨公式优于普通雷达的原因,进而对回归所得双线偏振多普勒雷达各测雨式的测雨精度进行了对比分析。他们认为:

(1) 雷达反射率因子 Z_H 不仅对雨强变化很敏感,而且对降雨谱各谱参量的变化非常敏感,因此用该观测量测雨时只能依据雨型而确定其系数,不能得到一个具有广泛代表性的公式。

(2) 双线偏振多普勒雷达的差分相移常数 K_{DP} 对谱的变化不敏感,而与降水率具有较好的线性相关性,它是双线偏振多普勒雷达用于测雨的观测量中效果最好的。

(3) 双线偏振多普勒雷达测雨式的测雨精度普遍高于普通雷达,式(5.14)对谱变化和雨强变化有较好的稳定性,式(5.16)几乎不依赖于任何谱参量,且适用于任意的雨强范围,其测雨精度比式(5.15)和式(5.14)要高得多。

5.5.2　识别降水粒子相态

由于双线偏振多普勒天气雷达可以同时获取与粒子形状和相态有关的多个产品,综合考虑这些参数,可以提高对水成物粒子的识别能力。如 Z_{DR} 反映粒子在水平和垂直方向的变形信息,在低仰角观测时,它的值越大,对应的可能是大雨滴或者扁平的冰晶,前者的 Z_H 值一般大于后者,据此可以将二者区分开。小的近似零的 Z_{DR} 值反映的是大云滴、毛毛雨或低密度的聚合雪晶以及高仰角观测时的柱状、圆盘状冰晶,冰雹的 Z_{DR} 值也比较小,但它的 Z_H 较大,据此也可以区分降雹还是降雨。

如图5.14是美国国家大气研究中心(NCAR)的 CP-2 雷达在科罗拉多州丹佛收集的一次冰雹云回波。图5.14(a)是 Z_{10}(10cm 波长),图(b)是 Z_{DR}。对比可见,回波反射率因子 Z_{10} 很大,且具有明显的冰雹云结构特征,反映在 Z_{DR} 上则是大部分区域保持低值,这正是冰雹存在所致。

一般来说,几种参数的综合考虑是识别不同水成物粒子的好方法。这是因为就某单个参数来讲,不同水成物粒子的值可能相同,但另外的参数就不尽相同,或者有多个值相同,但又有几个参数值差异较大,利用这些差异就可以将它们很好地区别开来。Doviak 和 Zrnic(1993)给出了不同降水类型时各个双偏振参数的阈值(表5.2)。

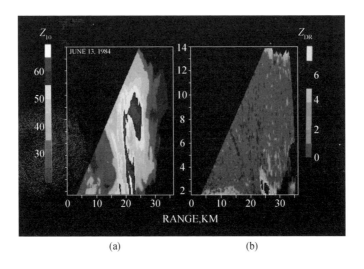

图 5.14　一次冰雹云的 Z_{10} 与 Z_{DR} 对比(见彩图)

表 5.2　不同降水粒子各种参量出现的范围

		$Z_H/\mathrm{dB}Z$	Z_{DR}/dB	$|\rho_{HV}(0)|$	$K_{DP}/((°)/\mathrm{km})$	L_{DR}/dB
	毛毛雨	<25	0	>0.99	0	<-34
	雨　滴	25~60	0.5~4	>0.97	0~10	-27~-34
	干　雪	<35	0~0.5	>0.99	0~0.5	<-34
	密雪晶	<25	0~5	>0.95	0~1	-25~-34
	湿　雪	<45	0~3	0.8~0.95	0~2	-13~-18
	干软雹	40~50	-0.5~1	>0.99	-0.5~0.5	<-30
	湿软雹	40~55	-0.5~3	>0.99	-0.5~2	-20~-25
湿雹	直径小于2cm	50~60	-0.5~0.5	>0.95	-0.5~0.5	<-20
	直径大于2cm	55~70	<-0.5	>0.96	-1~1	-10~-15
	雨/雹	50~70	-1~1	>0.9	0~10	-20~-10

　　这些阈值主要是以模拟计算、有限的雷达测量、实时的飞行器测量和地面测量的比较得出的,这使得统计算法的应用受到了限制。许多降水粒子类型识别算法都是基于这些阈值。在表 5.2 中可以看到许多种粒子的双偏振参数阈值不是独有的,而是相互叠交的。这促进了一种新的算法——模糊逻辑算法的发展。此算法主要分为三步:

　　(1)模糊化。用成员函数决定每个输入值(Z_H、Z_{DR}、K_{DP}、L_{DR} 等)属于每个模糊集(雨、冰雹、雪等)的程度叫做输入值的模糊化。模糊化使每个输入相对于每个模糊集的值介于 0 ~ 1 之间。

（2）集合化。对模糊化的结果乘以一个进行判别决定的权重,对模糊化权重后的结果进行求和,得到每个模糊集的单独值。

（3）退模糊。具有最大值的模糊集被认为是给定 Z_H、Z_{DR}、K_{DP}、L_{DR} 等值的粒子类型。

每个成员函数的形状主要是从已做过的研究以及模拟得到的。该算法成员函数的形状及权重可以调整,其精确程度主要取决于选取的成员函数贴近客观事实的程度。这种算法简单、高效,可以实时计算,显示降水粒子类型。

图 5.15(a)是甘肃平凉 1990 年 8 月 9 日 14 时 40 分探测到一个雹暴的 RHI 上 Z_H 和 Z_{DR} 分布,从左边 Z_H 图中可见,出现在图中 2km 高度上的强中心 $Z_H =$ 55dBZ。右边 Z_{DR} 图中右下侧 Z_{DR} 为 $-1 \sim -3$dB,当时地面下的是核桃大的冰雹,在 3km 高度上 Z_{DR} 突变成正值,这是小冰雹造成的。4km 高度上出现大的 Z_H、Z_{DR}、K_{DP}、L_{DR} 区,Z_{DR} 值均匀地为 $+1$dB 左右,估计它是由小冰粒和过冷水滴所造成的。图 5.15(b)是 15 时 06 分,方位 330°的情况。

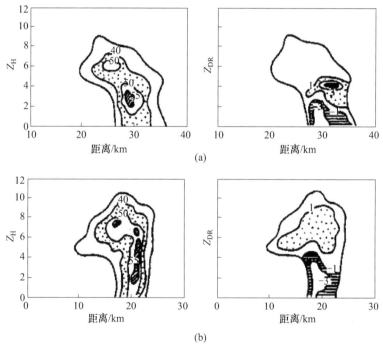

图 5.15　1990 年 8 月 9 日的冰雹过程 Z_H 和 Z_{DR} 的 RHI 分布

图 5.16 是 1992 年 6 月 19 日美国俄克拉荷马州诺曼城探测到一个强对流单体的情况。在一个最大 $Z_H > 50$dBZ 的区域,它与 1.5°仰角时的 $Z_{DR} = 1.3$dB

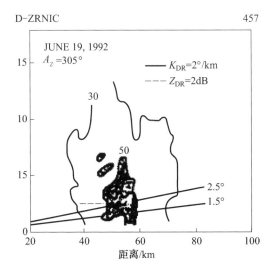

图 5.16　RHI 分布图上 Z_H、Z_{DR} 和 K_{DP} 的联合重现

及 2.5°仰角时 $Z_{DR}=0.3\text{dB}$ 区域是重叠在一起的,说明该处有冰雹与雨滴共存,且在较高的高度上(即仰角较大时),冰雹所占比例大。K_{DP}值在 2 ~ 4(°)/km,表明那里有丰富的含水量。

图 5.17 为 2009 年 6 月 5 日,国营第 784 厂研制的 S 波段双偏振全相参多普勒天气雷达在南京观测到的一次降雹天气。

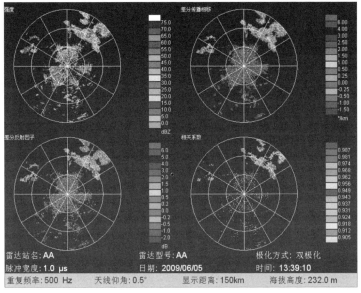

(a) 平显(四幅图分别为Z_H、Z_{DR}、K_{DP}、ρ)

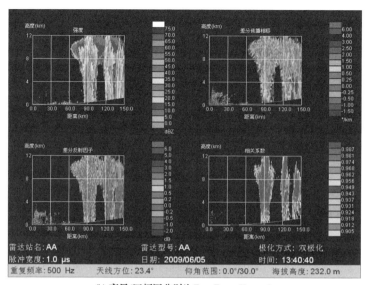

(b) 高显(四幅图分别为Z_H、Z_{DR}、K_{DP}、ρ)

图 5.17　双偏振全相参多普勒天气雷达观测的一次降雹回波(见彩图)

第 **6** 章
高空气象探测雷达

◣ **6.1** 概　　述

气象学所说的高空,通常是指从地面到高度约35km范围。在此范围内,从气象要素的不同特性考虑,可分为大气边界层和自由大气两层。通常把3km及以下的称为大气边界层,在此以上的称为自由大气。在大气边界层内,空气受地面摩擦的影响,有明显的乱流和上升、下降运动。在自由大气层这种乱流和空气的垂直运动要小得多。大气边界层和自由大气并没有严格的界限,在地形复杂的山区、丘陵,大气边界层要高一些,平原地区则较低,在同一地区夏季通常较高而冬季较低。

高空气象探测是利用高空气象探测仪器设备测量近地面层以上大气的物理、化学特性,它是在地面气象观测的基础上发展起来的,使得人们认识大气由二维平面发展到三维立体,由此揭示了大气环流、锋面、气旋、台风等天气系统。

高空气象探测系统通常由地面测量设备和气象传感器构成,完成不同高度层的温度、湿度、气压、平均风速和平均风向五个原始气象要素的探测。气象传感器由气球携带升空随大气场气流自由漂移,将探测的温度、湿度、气压数据发回地面测量设备,因此也将气象传感器称为探空仪。同时,地面测量设备还跟踪气球的运动,通过运动轨迹计算平均风速和平均风向,因此从功能上把地面测量设备称为测风系统,将这种探测方式称为有球探空。实际上,高空气象探测还有无球探空方式,无球探空设备即风廓线雷达,将在第7章中介绍。

目前,高空气象探测呈现出有球探空与无球探空、地基探空与空基探空、常规探空与非常规探空互补的综合性的发展趋势。高空气象探测系统的地面设备通常由雷达构成,因此称为高空气象探测雷达,从完成的功能上又称为测风雷达。常规测风雷达从体制上分有以下三种:

(1) 一次测风雷达。一次测风雷达是将气球携带的角反射靶作为雷达的跟踪目标,当雷达发射的电磁波遇到角反射靶后则产生散射,雷达接收机则接收角反射靶的后向散射信号,用来跟踪目标的运动,以确定目标的空间位置,得到目标运动轨迹,从而计算出平均风。一次测风雷达可工作在 X、C、S 波段,采用针状波束,具有较高的探测精度,但是易丢失目标,在放球初期需要使用目标捕获辅助装置。一次测风雷达上也可附加探空接收装置,这时气球携带角反射靶和无线电探空仪,无线电探空仪将探空数据调制成探空信号向雷达发射,雷达中的探空接收机则可接收到探空信号。探空接收机可工作在 P、L 波段。

(2)二次测风雷达。二次测风雷达是将气球携带的无线电探空仪和回答器作为雷达的跟踪目标,雷达与回答器构成应答关系。当雷达发射询问脉冲被回答器接收后则同步产生应答,雷达接收机则接收回答器产生回答脉冲信号,用来跟踪目标的运动,以确定目标的空间位置,得到目标运动轨迹,从而计算出平均风;当雷达不发射询问脉冲的情况下,回答器则将探空仪采集的温度、气压、湿度数据调制到载波上进行发射,雷达接收机则将接收到的调制信号进行解调,还原出各气象要素随高度分布的情况。二次雷达能以较小的发射功率获得较大的探测距离,二次测风雷达可工作在 P、L 波段。

(3)无线电经纬仪。无线电经纬仪与雷达工作方式类似,相当于二次测风雷达不开发射机仅被动接收来自探空仪发回的探空信息,同时依据各层气压反算目标高度。无线电经纬仪由于不能发射信号,因此无法直接测定目标空间位置,但可以利用跟踪目标时的角度、地球曲率、几何高度等来换算出目标距离,从而得到风的要素值。无线电经纬仪一般工作在 L 波段。

无线电经纬仪有两个性能参数需要特别关注,即测风精度和最低工作仰角。测风精度取决于探空高度,而探空高度又取决于气压传感器的精度,因此,为提高测风精度采用副载波方式增加测距功能。最低工作仰角取决于天线的增益、旁瓣等因素,多数无线电经纬仪已采用相控阵天线来提高增益,目前最低工作仰角可达到 7°。

由上可以看出,高空气象探测雷达是通过对目标位置的连续测量获得目标移动的参数,从而得到风向风速;其他气象要素必须通过气象传感器即无线电探空仪来获得。

■ 6.2 系统组成与工作过程

6.2.1 一次测风雷达

一次测风雷达是利用角反射靶对发射电磁波的散射特性,完成对目标在空间位置的精确定位,从而得到平均风向、平均风速。也就是说,雷达只需进行一次电磁波发射即可实现对目标位置的定位探测,因此称为一次测风雷达。同时,温度、湿度、气压三要素由探空仪实时获取,并通过回答器的发射机发回被探空接收机接收,从而完成温度、湿度、气压、风向和风速五个原始气象要素的探测。

图 6.1 为某型假单脉冲一次测风雷达的简化组成框图。

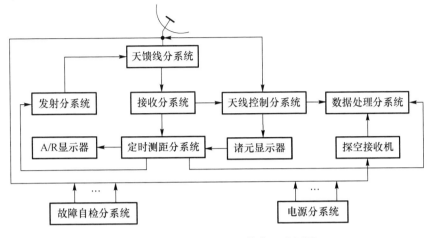

图 6.1 一次测风雷达的简化组成框图

该雷达实施探测时,由气球携带角反射靶和探空仪升空。反射靶是一种直角边长为 0.5m 和 0.35m 的八面体角反射靶,质量不大于 690g。探空仪是电子探空仪,采用单测温、无基频体制,由电子感应元件和集成电路构成,发射信号的载波频率固定为 403MHz。它只能探测高空的大气温度,气压则须通过雷达测得的探空仪高度反算获得,雷达跟踪气球携带的角反射靶,连续、自动、精确地测量反射靶的球坐标数据,并实时接收和处理电子探空仪发回的温度信息。计算机根据地面气象要素值、高空气温以及反射靶球坐标数据的变化,计算出高空风速、风向、气压、密度等参数。探测结束后自动编写、打印输出所需的气象通报和探测结果报告。

发射系统采用刚性开关调制、磁控管单级振荡式体制。在定时测距分系统送来的发射触发脉冲的控制下,发射分系统产生宽度为 0.5μs、重复频率为 1200Hz、峰值功率为 160kW 的高频发射脉冲,经天馈线分系统向空间发射。

天线馈线分系统包括天线和馈线两部分。馈线部分主要是波导元件,由回波信号变换装置、高功率波导元件、收发转换开关、接收波导元件等组成。馈线部分用来将发射系统产生的高频发射脉冲传送到天线的馈源,将天线接收到的回波信号进行变换、处理后送到接收分系统。天线部分具有双通道结构:一个是雷达天线通道,天线为典型的卡塞格伦天线,主反射体为金属板状抛物面,副反射体为金属栅网状双曲面,馈源为双模双喇叭。雷达天线用来将馈线部分馈送的高频发射脉冲能量聚集成针状波束,以电磁波的形式向空间辐射;接收由目标反射回来的回波信号,经馈线部分处理后送到接收分系统。另一个是探空接收天线通道。探空接收天线寄生在雷达天线上,它由馈电器和反射器组成。馈电器由雷达天线的双曲面副反射体和匹配器组成,反射器利用雷达天线的抛物面主反射体。探空天线方向图的主轴与雷达天线的主轴相重合。探空接收天线只接收探空仪发回的温频信号,然后传送给探空接收机。

接收分系统由高频组合、电动变频控制机构、输入组合和主放大器组合构成。它用来放大、变换由天线馈线分系统送来的微弱回波信号,为测距分系统提供自动测距和距离自动跟踪所需的信号。为保证接收分系统的正常工作,自动频率控制电路控制本振频率的变化,使输出中频始终为额定中频。

定时测距系统是雷达全机的核心,用来产生全机同步工作所需的一系列触发脉冲及控制脉冲,并完成雷达对目标距离的准确测定和精确跟踪。

A/R 显示器用来显示目标的距离,它的扫描量程为 0～150km,扩展扫描量程为 2km。诸元显示器用数码管显示目标的方位角、仰角、距离以及温频,其显示范围方位角 0.1°～359.9°、仰角 0°～89.9°、距离 0～105.000km、温频 0～9999Hz。它还用度盘指示方位角和仰角数据,方位粗度盘指示范围为 0°～360°,仰角粗度盘指示范围为 0°～90°。

天线控制分系统主要由外控镜、角误差变换组合、角跟踪功放组合等部分组成。它用来控制天线沿方位角和仰角两个方向作指向目标体的转动,以便使天线准确地跟踪目标(探空仪),同时产生角位置信号,送给数据处理分系统和诸元显示器。

天线的控制方式有两种:一是外控镜控制,当外控镜在水平和垂直方向上转动时,控制天线与外控镜同步转动以跟踪目标;二是自动控制,即用目标和雷达天线电轴方向的角偏差信号控制天线转动,以跟踪目标。由于在自动控制时,雷达天线能始终准确地跟踪目标,因此自动控制又称为自动跟踪。

数据处理分系统主要用来实时录取雷达测得的目标的球坐标数据以及探空接收机接收到的信号,并计算出空中各高度上的温度、气压和风向风速。最终计算出需要的温度偏差量、空气密度偏差量和弹道风,通过打印机或字符终端输出各种计算结果和通报。

探空接收机是一种超外差接收机,包括高放前中组合、本振、对数中放、频率控制、视频放大等组件。它用来接收探空仪发回的温频信号,对其进行放大、处理,输出重复周期随温度而变的脉冲信号到数据处理分系统。

故障自检分系统由软件和硬件组成。它主要用来检测雷达各分机工作是否正常,对被测点进行性能分析、运算,并判断其是否处于故障状态,然后做出相应处理。软件部分作为整个分系统的工作程序,被复制在两片 2732EPROM 中。硬件部分包括接口板、信号处理电路、时序发生器、分类译码器、译码电路、信号传输电路、指示单元电路等。

6.2.2　二次测风雷达

当目标为回答器时,雷达发射询问脉冲用以启动回答器,回答器响应后产生回答脉冲被雷达接收,也就是说,雷达和回答器需要分别发射一次电磁波才能完成对目标的一次探测,这种应答关系的测风雷达称为二次测风雷达。

图 6.2 为某型假单脉冲二次测风雷达简化组成框图。

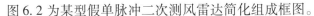
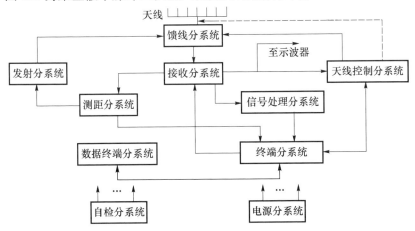

图 6.2　二次测风雷达简化组成框图

该雷达用来探测从地面到 30km 范围内各高度层次的温度、气压、湿度以及风向、风速等气象要素值。在探测过程中,雷达自动跟踪由气球携带的探空仪连续测定其球坐标数据,并接收探空仪发来的信号,进行解码和译码,通过计算机的运算和处理,得到所需的高空气象探测资料。

为了提高整机工作的可靠性,该雷达通过冗余设计,实现双机冷备份工作方式,雷达设有机内自动测试设备,雷达发生故障时,能自动报警,并提示故障部位,提高了雷达的维修性。

在测距分系统送来的发射触发脉冲控制下,发射分系统产生宽度为 $0.6\mu s$、频率为 800MHz、脉冲功率不小于 0.6kW 的高频发射脉冲,经馈线分系统送天线,由天线向空间进行辐射。

天线采用引向天线阵(八木天线阵),16 根引向天线以 4 根为一组,分成上、下、左、右 4 个天线小组。在结构上 4 个天线小组按菱形排列,组成天线阵。馈线分系统主要由功率分配器、和差环、调制器、环行器和高频旋转关节等组成。其中,和差环是形成单脉冲角误差信号的关键部件;调制环在来自天线控制分系统送来的程序方波控制下,依次将仰角、方位角的差信号调制到和信号上,经环行器送到接收分系统,从而使雷达实现了假单脉冲体制。

接收分系统接收的应答脉冲和探空脉冲信号,经过高频前端放大后再变换成中频脉冲信号,经主路中放及探空中放充分放大后,分三路输出全中频信号(包括应答、探空脉冲信号):第一路送到天线控制分系统,同时送给机内示波器显示回波;第二路送到信号处理分系统;第三路送到测距分系统。

测距分系统采用数字式自动测距工作方式,主要完成精确测距功能。接收分系统送来的全中频信号,只取中频应答脉冲,实施数字式距离自动跟踪,并将跟踪过程中测得的目标距离数据,以数字信号的形式送到终端分系统。同时,测距分系统还产生发射触发脉冲等多种脉冲,作为全机的同步信号。

信号处理分系统主要完成对探空信号的解码、译码功能,将译码后得出的数字式探空信号送到终端分系统。

天线控制分系统将接收分系统送来的中频信号经采样、处理后,得到天线当前位置状态,同时与上一次位置状态进行比较得到角误差信号,经轴角变换后,实施角度自动跟踪。在跟踪过程中,不断地将目标的方位角、仰角数字信号送到终端分系统。

终端分系统是雷达主机与数据终端分系统的接口,完成上传下达的任务。一方面将接收数据终端分系统发出的雷达工作状态的键控指令,分发到其他分系统;另一方面,将角度、距离数字信号,探空数字信号以及其他有关信号送给数据终端分系统。

数据终端分系统有两个功能:一是产生雷达工作状态的各种控制指令送到终端分系统;二是完成探空数据接收、处理,输出各种高级气象产品。

自检分系统采用单片机对全机工作状态的重要物理量实行自动循环检测,检测项目共有 16 项。每秒循环 2 次,如果 8 次连续检测中某物理量不正常,则视为该物理量对应的雷达工作状态支路发生故障,产生相应的故障报警。

探测结束(球炸)后 3min 内,雷达可打印并输出整个探测过程的报表和电码通报,并能储存全部探测的数据和产品,能制作月报表。此外,还能提供其他11 种气象产品。

6.2.3　无线电经纬仪

地面设备不产生发射信号,仅接收回答器发射的、携带探空信息的电磁信号,具有这种工作特性的设备称为无线电经纬仪(也称无源雷达)。

图 6.3 为某型数字式无线电经纬仪的组成框图。在结构上主要包括天线座、平面阵列式天线、高频接收机组合、中频接收机组合、电源组合、伺服组合、打印机、显示器、主控计算机、解调通信组合、不间断电源(UPS)、手持控制器等部分。在原理上主要包括天馈线分系统、接收分系统、角跟踪伺服分系统、解调器、操控及数据处理分系统、电源分系统等部分。

天馈线分系统用来接收探空仪发回的探空信号,并经和差比较器形成一路

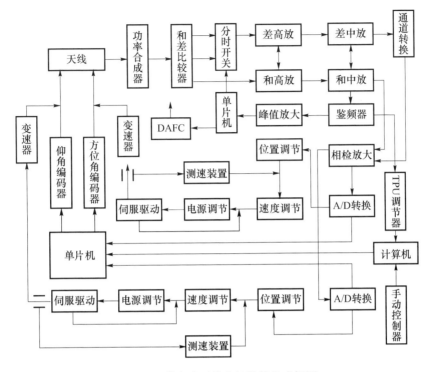

图 6.3　数字式无线电经纬仪组成框图

和信号、两路差信号。两路差信号分别是仰角差信号、方位角差信号。

接收分系统将天馈线分系统送来的和信号与差信号进行放大及变换处理，分离出各种不同的信号。其中温度、压力、湿度信号送到探空信号解调器（TPU解调器）；仰角误差信号和方位角误差信号送到角跟踪伺服分系统控制天线的转动；单片机根据和信号的幅度及频率变化情况，产生相应的数字自动增益控制（DAGC）信号及数字自动频率控制（DAFC）信号，自动控制接收分系统的增益和频率，保证接收系统工作在最佳状态。

角跟踪伺服分系统的方位与仰角由两套相同的电路组成，主要作用是控制天线的转动方向和转动速度，将天线的角位置进行实时显示，同时能对天线转动的控制方式进行转换。控制方式有两种：一是自动控制，根据探空仪的空间位置而产生的角误差信号的大小和极性自动控制天线转动；二是手动控制，通过手持控制器或计算机上的仿真控制面板来控制天线的转动。

TPU解调器将接收分系统送来的探空信号、气温、气压和湿度等信号进行解调，变为数字量的气温、气压和空气相对湿度信号，并通过接口送往计算机，做进一步处理和计算。

操控及数据处理分系统对无线电经纬仪的工作状态进行控制，使整机协调一致的工作,对输入和探测的各种数据进行综合处理、运算,并按气象运用要求以不同的方式输出结果报告。

电源分系统为无线电经纬仪正常工作提供必需的交流和直流电源。测试电路和检测电路产生各种模拟信号,便于对无线电经纬仪的性能及工作状况进行检查测试。

无线电经纬仪采用单脉冲测角体制,当探空气球携带探空仪升空后,探空仪发射高空气象探测数据信息,无线电经纬仪天线接收到探空仪的发射信号后,经功率合成器将各个天线振子接收到的信号进行功率合成,然后送往和差比较器进行和差处理,产生三路信号输出,即和信号、俯仰角差信号、方位角差信号。

和信号经和高放进行放大,再变频为和中频信号,经和中放进行第二次变频、放大后分三路分别输出到鉴频器、功率分配器和峰值检波放大电路。第一路经鉴频后的信号经峰值放大送到单片机用以产生 DAFC 信号送本振,以保证中频信号频率稳定;同时信号还送 TPU 解调器做进一步处理。第二路经峰值检波后也送到单片机用以产生 DAGC 信号作为高放和中放的增益控制。第三路经功率分配分别送仰角差支路和方位角差支路相位检波器,作为两个差支路的基准信号。

仰角差信号及方位角差信号共用一个接收通道,称为差支路。差支路的输入端接有分时开关,输出端接有与分时开关同步的通道转换开关,由单片机控制使仰角差信号和方位角差信号分时输入到差高放进行放大与变频,交替产生仰角差中频信号和方位角差中频信号,再经差中放变频和放大后输出至通道转换开关。通道转换开关在单片机的控制下,将仰角差中频信号送往仰角差支路相检放大产生仰角误差信号,将方位角差中频信号送往方位角差支路相检放大产生方位角误差信号。为了保持差高放及差中放的输出稳定,差高放及差中放同样受单片机产生的 DAGC 信号控制,以保证差中放输出信号的稳定性。

角跟踪伺服分系统包括仰角和方位角两套完全相同的电路,接收分系统中方位角支路相检放大器输出的方位角误差信号,经 A/D 转换送到位置调节电路进行判向,即根据误差信号的正、负极性来确定天线的转动方向。判向后的误差信号再送入速度调节和电流调节电路进行调速,即根据误差信号的幅度大小来确定天线的转动速度。变速器是一个减速装置,其作用是将伺服驱动电机的高速转动变为天线的低速转动。测速装置根据天线的转动速度和方向产生一测速信号反馈到速度调节端,使天线转动平稳,不产生追摆。

TPU 解调器将接收分系统送出的探空仪号码及空中气温、气压、湿度信号进行解调成数字信号,并送往主控计算机做进一步处理。主控计算机采集高空探测数据和探空仪所在位置的方位角、仰角。按高空气象探测规范计算出探空仪所在的高度,然后计算出规定高度上的风向和风速,按气象探测规范的要求对探测数据进行处理,自动编制气象通报和高空气象探测报告。

无线电经纬仪具有良好的电磁隐蔽性。由于无线电经纬仪必须用气压高度计算目标的距离,其高度误差受天气条件的影响,有明显的波动,通常用于对资料连续性要求不十分高的领域。

6.3　探测原理

6.3.1　测风原理

雷达测风的过程实际上是雷达对风场示踪物——气球的跟踪过程。气球在净举力的作用下,以一定的垂直速度上升时,同时也在风的作用下做水平运动。由于充氢后的气球体积较大,质量很小,在随风漂移运动中的惯性也很小,因此可以将气球的运动看作空气质点的运动,气球在水平方向上的移动完全可以代表空气质点的水平移动。将气球每分钟在空间的位置垂直投影到水平面上,可以得到气球的水平位移,即某一时段在水平面上的投影距离。由水平位移的大小和方向,即可得到该时段探空气球所经过气层的平均风速和风向。这就是单站雷达测风的基本原理。

常规测风雷达是通过跟踪探空气球携带的示踪物,获得气球在风场中随风飘移的运动轨迹,并确定高空风随高度的分布情况。当雷达在规定时间内测定了目标的距离、方位角、仰角(球坐标数据)后,则可根据球坐标数据知道探空气球在空中飘移的快慢和方向(风速和风向),从而计算出空中不同高度层的平均风速和风向,再用平均风求取真风和弹道风等。因此,雷达测风首先应完成目标距离和角度的准确测定。

6.3.1.1　目标距离测定

雷达测距的基本原理已在第 1 章中讨论。高空气象探测雷达由于体制不同,其目标距离的测定方式也稍有差别。

对于一次雷达,发射脉冲从天线发射出去后,遇到探空气球悬挂的角反射靶(无源目标),角反射靶随即产生一个反射信号并按原路返回,被雷达天线接收。因此,只要得到电磁波从雷达到角反射靶之间的往返时间,就可以计算出探空气球与雷达之间的距离。测距是否精确取决于计时是否精准,即在发射脉冲的起始时(发射脉冲的前沿)开始计时,在目标回波到达雷达时(回波前沿或回波中心最大值)停止计时,从而得到电磁波的精确往返时间 t_r。

对于二次雷达,雷达的“询问信号”即发射脉冲从天线发射出去,遇到探空气球悬挂的探空仪。探空仪上的“回答器”(有源目标)被激发,随即产生一个应答信号并按原路返回,被雷达天线所接收。同样,只要得到电磁波从雷达天线到探空仪之间的往返时间,就可以计算出探空气球与雷达之间的距离。但由于回答器经"询问信号"触发再发射"应答信号",这之间就存在一个延时。回答器延时的非一致性,是影响二次测风雷达测距精度的一个重要因素。

无线电经纬仪依靠被动接收无线电探空仪发射的电磁波,实现对目标的跟踪和定位。探空仪发出的信息中包含其所在高度上的气温、气压和空气相对湿度信息,无线电经纬仪接收到这些信息并解调后经计算机处理,得到准确的气温、气压和空气相对湿度值,再利用压高公式计算探空仪所在位势高度,经换算后得到几何高度。无线电经纬仪在接收探空仪发回的温度、压力、湿度信息的同时,还同步采集探空仪所在空间位置的仰角和方位角,利用加有地球曲率和大气折射订正因子的距离公式,即可计算出无线电经纬仪到探空仪的直线距离。

6.3.1.2　目标角度测定

高空气象探测雷达通常采用自动测角和角度跟踪的方法,以连续地获取目标(探空仪或反射靶)角坐标。自动测角时,天线能自动跟踪目标,同时将目标的角坐标传递到数据处理系统。自动测角必须有一个角误差鉴别器,当目标偏离天线轴线(出现了误差角 ε)时,就能产生一误差电压。误差电压的大小正比于误差角 ε ,其极性随偏离方向不同而改变。此误差电压经跟踪系统变换、放大、处理后,控制天线向减小误差的方向运动,使天线轴线对准目标。

1) 圆锥扫描自动测角

一次雷达采用圆锥扫描方式测角,圆锥扫描测角需要完成一次扫描以后才能确定目标的角位置,如图 6.4 所示。旋转轴与天线波束轴之间的夹角为偏置角。波束以一定的角速度 ω_s 绕旋转轴(等信号轴)旋转时,波束最大辐射方向就在空间画一个圆锥,故称圆锥扫描。波束在做圆锥扫描过程中,绕着天线轴旋转,天线轴方向即是等信号轴方向,因此扫描过程中这个方向的天线增益始终不变。当天线对准目标时,接收机输出的回波信号为一串等幅脉冲。

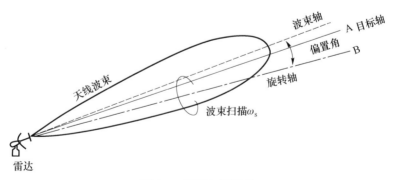

图 6.4　圆锥扫描测角

如果目标偏离了等信号轴方向,则在波束扫描过程中,目标有时靠近有时远离天线最大辐射方向,这使得接收的回波信号幅度也产生相应的变化。事实上,输出回波信号近似为正弦波调制的脉冲串,其调制频率为天线的圆锥扫描频率 ω_s,调制深度取决于目标偏离等信号轴方向的大小,而调制波的起始相位则由目标偏离等信号轴的方向决定。

考虑目标处在位置 A,由于偏置波束的旋转和目标偏离旋转轴,回波信号的幅度在旋转频率(圆锥扫描频率)下调制,调制幅度取决于目标方向与旋转轴之间的夹角,目标处在两个角坐标中的位置,确定了锥扫调制信号相对锥扫波束旋转的相位。从回波中提出锥扫调制信号后就供给天线控制分系统,连续控制天线旋转轴指向目标的方向,通过驱动天线使得目标视线处在波束旋转轴上。当天线完全对准目标时,圆锥扫描调制信号调制幅度为零。

由此可见,圆锥扫描测角的关键是正确提取出角度误差信号和形成锥扫调制的误差信号。

2)单脉冲自动测角

单脉冲自动测角属于同时波瓣测角法。在一个平面内,两个相同的波束部分重叠,其交叠方向即为等信号轴,如图 6.5(a)所示。将这两个波束同时接收到的回波信号进行比较,就可取得目标在这个平面上的角误差信号,然后将此误差信号放大变换后加到驱动电动机,控制天线向减小误差的方向运动。因为两个波束同时接收回波,故单脉冲测角获得目标误差信息的时间可以很短,理论上,只要分析一个回波脉冲就可以确定角误差,所以称为“单脉冲”。这种方法可以获得比圆锥扫描高得多的测角精度。

振幅和差式单脉冲雷达取得角误差信号的基本方法是将这两个波束同时收到的信号进行和、差处理,分别得到和信号与差信号。与和、差信号相应的和、差波束如图 6.5(b)、(c)所示。其中差信号即为该角平面内的角误差信号。

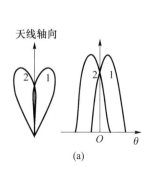
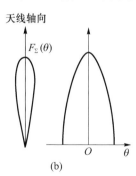
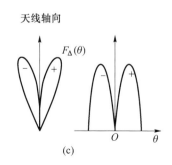

图 6.5　振幅和差式单脉冲

若目标处在天线轴线方向(等信号轴),误差角 $\varepsilon = 0$,则两波束收到的回波信号振幅相同,差信号等于零。目标偏离等信号轴而有一误差角 ε 时,差信号输出振幅与 ε 成正比,而其符号(相位)则由偏离的方向决定。和信号除用作目标检测和距离跟踪外,还用作角误差信号的相位基准。和差比较器(和差网路)是单脉冲雷达的重要部件,由它完成和、差处理,形成和、差波束。和差比较器 Δ 端输出的高频角误差信号还不能用来控制天线跟踪目标,必须把它变换成直流误差电压,其大小应与高频角误差信号的振幅成正比,而其极性应由高频角误差信号的相位来决定。

在高空气象探测时,为了直接测量探空仪的仰角和方位角,无线电经纬仪采用单脉冲测角信号处理方式。"单脉冲"是相对于圆锥扫描测角或顺序波瓣扫描测角信号处理方式而言的。圆锥扫描测角需要完成一次扫描后才能确定目标的角位置,顺序波瓣扫描测角需要完成对上下、左右波瓣的一次顺序(幅度或相位)比较以后才能确定目标的角位置。单脉冲测角只要通过接收一个目标回波脉冲就可以确定目标所在的角位置。单脉冲测角也称为同时波瓣测角。

实际上,无线电经纬仪测角是通过接收一个目标回波脉冲,得到目标偏离天线电轴的角度偏差量,即方位角和仰角误差信号,误差信号经处理后可驱动天线向减小误差的方向转动。当误差为零时,表明天线已经对准目标,天线指向的方位角和仰角即是目标的角度值,由此实现目标角度测量和角度跟踪。

3)假单脉冲自动测角

二次测风雷达天线跟踪(测角)采用的是假单脉冲体制。假单脉冲体制就是目标的角误差获取方法与单脉冲一样,但角误差信号不是直接送到接收机,而是先调制到和信号上以后再送到接收机,即与波瓣扫描体制一样,只采用一套接收机。假单脉冲体制由此而得名。

实现假单脉冲体制的关键部件是调制环。当和差环以单脉冲方式获取了方位或仰角上的和、差信号后送给调制环,调制环在程序方波的控制下,将差信号调制在和信号上,此调制信号送接收机,经放大、解调即可得到反映目标偏离电轴的角误差信号(大小和方向)。利用垂直面(也称上下)上的天线所获取的误差信号推动俯仰电动机实现角跟踪与测量,利用水平面(也称左右)的天线所获取的误差信号推动方位电动机完成方位角的跟踪和测量。下面以方位为例说明测角原理,如图6.6所示。

如果天线电轴对着正东且目标也在正东,即误差角为零。由于射频信号到达左右天线所经历的路程相等,因而无相位差,这样在显示器上分别显示出来的两根亮线就一样长。如果电轴没有对准目标(电轴方向偏南或偏北一个角度),这样因到达左右两个单元天线的射频信号有相位差,所以产生角误差信号,在显示器上两根亮线就不一样长。

假单脉冲体制雷达就是利用这个原理来测定方位角和仰角的。在高空探测

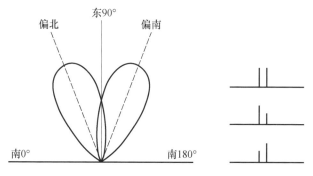

图 6.6　假单脉冲测角原理示意图

中,只要转动天线,使显示器上的四条亮线始终两两对齐(上下对齐,左右对齐)就表示雷达天线对准目标,实际上雷达的角度跟踪已经实现了自动化,只有在恶劣的天气条件下造成起始抓球失败时才需手动搜索。

6.3.2　探空原理

探空仪在气球携带升空过程中,由传感器对空中各高度层上大气的气温、气压和空气相对湿度进行实时感应。三种传感器将感应元件参数的变化通过智能转换器变换成电参数的变化,并进行编码和调制。通过发射机用高频载波将代表各高度上气象要素信息的探空编码信号发回地面,地面接收设备接收到探空仪发射的信号后,经放大、变频、解调和鉴频等处理,得到数字式气温、气压和空气相对湿度信号,该信号被送到数据处理分系统中,与预置的探空仪检定信号比较后译码输出,得到实时的气温、气压和空气相对湿度等高空气象要素数据。实时探测的各种数据均可在数据终端上显示,探空员只要通过点击图标就可以得到符合规范的报文、探空数据、测风数据以及各类报表,并可打印输出。

◾ 6.4　探测性能

6.4.1　探测精度要求

高空气象探测雷达通常能提供气压、温度、相对湿度、风向、风速五个原始气象要素。根据世界气象组织的要求,高空气象要素探测结果在其误差范围内视为符合要求。其中:气压、温度、相对湿度三要素的误差取决于探空仪内传感器的测量性能;风向、风速则取决于地面设备对目标定位的误差,即雷达设备对目标距离、目标角度的测量误差。世界气象组织制定的对高空气象要素的探测精度要求见表 6.1 所列。

高空气象探测雷达是一种跟踪雷达,其目标是探空仪回答器(或角反射靶),跟踪过程中有很多的误差来源,但大部分的误差源对测量造成影响完全在允许的范围或者说是可以忽略的。另外,有些误差通过雷达的设计或跟踪过程中的修正来避免或减少。

表 6.1　探测精度要求

气象要素	气候学的要求	天气学的要求
气压	±2hPa(直至 200hPa) ±2%(200hPa 以上)	±1hPa
温度	±0.5℃(直至 200hPa) ±1℃(200hPa 以上)	±0.5℃
相对湿度	±5%(直至 700hPa) ±10%(700hPa 以上)	±5%(直至第一对流层顶或 300hPa,以较低的为准) ±10%(在上述高度以上)
风向	±10°	±5°(风速在 25m/s 以上) ±10°(风速在 25m/s 以下)
风速	±5%(直至 200hPa)	±1m/s(风速在 10m/s 以上) ±10%(风速在 10m/s 以下)

6.4.2　探空仪误差

探空仪是利用温度、湿度、气压传感器来测量空中不同高度的温度、湿度、气压的,因此传感器的性能决定测量误差。同时,探空仪又是地面设备的目标,其工作体制、运动姿态等也会带来地面设备的测量误差。

6.4.2.1　传感器测量误差

探空仪的传感器基本上分为形变传感器和电子传感器两类。目前所采用的是电子式传感器。其中:气温传感器有热敏电阻和热敏电容,其数值随环境温度变化而变化,根据数值大小即可测量温度;湿度传感器有湿敏电阻和湿敏电容,其值随环境湿度的变化而变化,根据数值大小即可测量湿度;气压传感器有硅阻态和膜盒电容,其值随气压变化而变化,根据数值大小即可测量气压。

机械形变传感器时间常数大、测量误差大,不利于自动化测量。电子传感器时间常数小、测量准确,有利于测量自动化。湿敏电阻传感器有低温测量性能差且不能重复使用等缺点。因此,目前探空仪传感器普遍使用电容型的,即热敏电容、双湿敏电容、空盒电容。

探空仪随气球以 300~400m/min 速度向上运动,传感器的惯性必须尽可能小,以迅速响应环境的变化。传感器的测量误差在世界气象组织制定的对高空气象要素的探测误差的要求范围内视为正常。

6.4.2.2 探空仪存在的问题

1）超再生接收机造成测距误差

目前探空仪上普遍采用的是超再生接收机。超再生振荡起振条件的不确定性造成了测距误差很大。超再生振荡的频谱纯度低、杂散强,对气象频段的其他电子设备的正常使用造成影响。因此,改变探空仪的工作体制也是减小测距误差的重要方面。

2）测距与下行数据相互干扰

PTU 数据下行和雷达测距相互混叠在一起,造成测距和 PTU 数据接收两种工作方式相互干扰。

3）目标位置快速变化造成测量上的误差

气球所携带的金属角反射体或探空仪回答器之间通常有 15 ~ 30m 的距离,由于气流的作用使得气球上升过程中,金属角反射体或探空仪回答器在上升运动的同时还围绕气球做圆周运动,从小尺度来看这是一个位置快速变化的目标。而通常认为测风雷达跟踪的是慢速运动的点目标,尤其是二次测风雷达,回答器在圆周运动过程其天线指向不断变化,使回答信号强度也跟着变化,信号起伏很大。

4）重复触发带来测距误差

二次雷达测距时,其回答信号必须是在雷达发射的询问脉冲的触发下产生,这种重复触发必定带来了时间上的延迟,因此造成了距离误差。由于延时是固定的,其误差可以作为测量过程中的系统误差,因而是可以消除的。

6.4.3 地面设备误差

地面设备主要有一次测风雷达、二次测风雷达和无线电经纬仪,都是用来对目标进行跟踪测量的,同时接收探空仪发回的探空数据。因此,高空气象要素探测的误差,涉及空中的探空仪和地面信号的接收、跟踪定位、数据处理等各环节。

6.4.3.1 误码率

误码率是衡量数据在规定时间内传输精确性的指标,通常用误码与总码数的比值 ×100% 来表示,百分比值越小,表示准确率越高。

探空仪传感器在获取温度、压力、湿度数据并进行编码后,被调制到载频上向地面设备发送;地面设备接收到信号后,要进行解调和译码处理,还原出原始数据。此过程中,由于接收信号的信噪比的影响,在还原时必定会产生误码。因此,雷达中的误码率是在一定输入信噪比的情况下保证还原编码数据的准确率。

雷达中的误码率通常不大于 2% ($S/N > 4$)。

6.4.3.2　角跟踪误差

角跟踪误差主要有目标起伏误差、热噪声误差、多路径传播仰角误差和对流层折射仰角误差。目标起伏误差与波瓣宽度、伺服带宽的平方根成正比,与归一化斜率、波瓣跳变频率、目标起伏相关时间的平方根成反比。热噪声误差与波瓣宽度成正比,与归一化斜率、信噪比、接收系统带宽和伺服带宽成反比。多路径传播仰角误差与波瓣宽度、地面反射系数成正比,与归一化斜率、波束偏离损失、天线轴线方向增益对第一副瓣平均增益之比的平方根成反比。对流层折射(仰角误差)与地面折射率、最低工作仰角和最大探测高度的正切函数成正比。

角跟踪误差还与跟踪体制有关,单脉冲雷达比圆锥扫描雷达的角跟踪误差要低得多。一是因为圆锥扫描雷达至少要经过一个圆锥扫描周期后才能获得角误差信息,在此期间,目标振幅起伏噪声也叠加在圆锥扫描调制信号(角误差信号)上形成干扰,而自动增益控制电路的带宽又不能太宽,以免将频率为圆锥扫描频率的角误差信号也平滑掉,因而不能消除目标振幅起伏噪声的影响,在圆锥扫描频率附近一定带宽内的振幅起伏噪声可以进入角跟踪系统,引起测角误差。而单脉冲雷达是在同一个脉冲内获得角误差信息,且自动增益控制电路的带宽可以较宽,故目标振幅起伏噪声的影响可以基本消除。二是因为圆锥扫描雷达的角误差信号以调制包络的形式出现,它的能量存在于上、下边频的两个频带内,而单脉冲雷达的角误差信息只存在于一个频带内。因此,圆锥扫描雷达比单脉冲雷达接收机热噪声的影响大1倍,而单脉冲雷达比圆锥扫描雷达的角跟踪误差要低1个数量级。

6.4.3.3　天线增益和作用距离

单脉冲用和波束测距、差波束测角,合理设计馈源可使和波束的增益与差波束的增益同时最大,使测距测角性能最佳。

对于圆锥扫描雷达,由于其天线波束偏离天线轴线一个角度(通常选波束偏角 $\delta = 0.25°$, $\theta = 0.5°$,即等信号轴在双程方向图的半功率点),跟踪时收到的信号功率比单脉冲雷达约小 3dB,因而在相同天线增益、发射功率、接收机噪声系数情况下,单脉冲雷达比圆锥扫描雷达作用距离远,测距误差低。并且,圆锥扫描雷达的角跟踪灵敏度和作用距离不能同时最大,兼顾两者性能,权衡选择波束参数,只能做到角跟踪灵敏度和作用距离约为最大值的88%。

6.4.4　典型装备的性能参数

目前,一次测风雷达、二次测风雷达和无线电经纬仪在气象业务中均有使用,二次测风雷达装备量比另外两种装备的总和还多。比较而言,一次测风雷达定位精度优于二次测风雷达,二次测风雷达又优于无线电经纬仪,测风精度直接取决于定位精度。下面分别给出三种常规测风装备中某一型号产品的主要性能参数,见表6.2~表6.4。

表 6.2　某型一次测风雷达主要性能参数

雷达天线	天线类型	卡塞格伦天线,抛物面主反射体直径1.25m,双曲面副反射体直径0.17m
	极化方式	垂直线极化
	波束宽度/(°)	1.9±0.3
	隐蔽扫描频率/Hz	65±2
	天线增益/dB	≥36.5
	副瓣电平/dB	≤-18
	工作频段	X波段,8800~9800MHz
探空接收天线	工作频段/MHz	403±3
	天线增益/dB	≥6
	波束宽度/(°)	≤35
探测范围	最大探测距离/km	≥100
	最小探测距离/m	≤300
	最小自动跟踪距离/km	70
	气温/℃	+45~-75
探测准确度	距离/m	±10
	角度/(°)	±0.08
	气温/℃	±0.7
发射	脉冲功率/kW	160
	脉冲宽度/μs	0.5
	重复频率/Hz	1200
接收	接收灵敏度/dBm	-94
	中频频率/MHz	30
	增益/dB	≥54
天线控制	转动范围/(°)	0~360(方位角),-3~90(俯仰角)
	跟踪速度/((°)/s)	5~40(方位),5~40(俯仰)
探空接收	接收灵敏度/μV	≤2
	中频带宽/MHz	0.7±0.3

表 6.3　某型二次测风雷达主要性能参数

	天线类型	八木引向天线阵列
天线	工作频率/MHz	800 ± 5
	极化方式	垂直线极化
	波束宽度/(°)	E 面≤7,H 面≤8
	隐蔽跳变频率/Hz	50
	副瓣电平/dB	≤ − 15
	最低工作仰角/(°)	≤7.5
	行波系数/%	≥65
	交叉点斜率/%	≥26
探测范围	距离/km	0.25 ~ 200(手动),0.3 ~ 150(自动)
	仰角/(°)	7.5 ~ 90(手动),10 ~ 90(自动)
	方位/(°)	0 ~ 360
探测精度	距离/m	≤25
	角度/(°)	≤0.12
发射	脉冲功率/kW	0.6
	脉冲宽度/μs	0.6 ± 0.1
	重复频率/Hz	1875 和 1500
接收	接收灵敏度/μV	1.0
	中频频率/MHz	30 ± 0.5
	增益/dB	≥106
信号处理	误码率/%	≤2
天线控制	控制灵敏度/(°)	≤0.02
	控制精度/°	≤0.03

表 6.4　某型无线电经纬仪主要性能参数

	天线类型	平面阵列单脉冲天线
天线	工作频段/MHz	1679 ± 4
	波束宽度/(°)	E 面≤7;H 面≤10.5
	天线增益/dB	≥21
	最低工作仰角/(°)	≤7.5
	副瓣电平/dB	≤ − 18
	行波系数/%	≥65

（续）

探测范围	最大探测距离/km	200
	最大探测高度/km	30
	方位角/(°)	0 ~ 360
	仰角/(°)	8 ~ 87
跟踪速度	方位/((°)/s)	0.02 ~ 7(自动),≤25(手动)
	仰角/((°)/s)	0.02 ~ 5(自动),≥20(手动)
接收	噪声系数/dB	≤3
	中频频率/MHz	60(第一中频),10.7(第二中频)
	中频带宽/MHz	1.0 ± 0.2
	增益/dB	90
天线控制	转动范围/(°)	(0 ~ 360)方位,(-2 ~ 90)俯仰
角编码器	分辨力/(°)	0.025
	跟踪精度/(°)	0.1

6.5　终端产品及应用

高空气象探测雷达的产品可分为常规产品(一次产品)和非常规产品(二次产品)。常规产品通常包括规定标准气压层、规定高度层、零度层、对流层顶、特性层、最大风层等气象资料。非常规产品根据军事气象保障的要求,通常包括弹道气象偏差量、弹道风、大气折射率、大气电场、大气成分、臭氧、辐射等要素。

6.5.1　高空气象探测雷达的原始数据

高空气象探测雷达通常包括有源雷达和无源雷达(无线电经纬仪),所获取的原始数据通常包括各采集时间对应的气温、气压、相对湿度气象要素以及气球(探空仪)在空中运动时位置坐标数据(表6.5),采样时间间隔一般为1 ~ 4s,一次探测的原始数据与相应的参数共同形成一个高空气象探测原始数据文件,存储在高空气象探测雷达的数据处理终端,不得更改。高空气象探测所获取的原始数据是高空气象探测记录处理的基础,经过计算、订正、处理可得到满足不同需要的气象产品。高空气象探测的原始数据随高度的分布有明显的特征。

表 6.5 高空气象探测雷达获取的前 30s 原始数据

时间/s	气温/℃	气压/hPa	相对湿度/%	仰角/(°)	方位角/(°)	斜距/m
0:00	3.60	1018.10	85	3.64	279.37	60
0:01	3.80	1017.11	83	11.88	281.09	52
0:02	3.91	1016.45	83	18.54	283.57	60
0:03	3.98	1015.64	84	24.23	286.57	64
0:04	4.02	1014.74	86	27.29	289.72	88
0:05	4.02	1013.82	88	30.15	293.19	68
0:06	4.00	1012.97	90	32.50	295.47	72
0:07	3.97	1011.99	88	35.60	297.24	92
0:08	3.94	1011.07	85	39.58	298.33	84
0:09	3.90	1010.05	83	44.06	297.37	120
0:10	3.86	1009.12	83	46.95	296.73	112
0:11	3.84	1008.21	82	49.93	299.23	116
0:12	3.82	1007.33	83	50.68	303.00	140
0:13	3.81	1006.47	82	50.53	306.62	148
0:14	3.79	1005.49	82	50.50	308.32	108
0:15	3.75	1004.61	83	50.47	308.33	76
0:16	3.73	1003.77	83	50.48	307.05	84
0:17	3.72	1002.86	84	50.47	305.21	80
0:18	3.67	1001.97	84	50.36	306.24	108
0:19	3.61	1001.04	83	50.29	307.76	112
0:20	3.58	999.97	83	49.73	311.02	100
0:21	3.56	999.08	83	49.62	314.81	108
0:22	3.55	998.15	83	50.46	318.30	116
0:23	3.57	997.22	83	51.32	321.64	124
0:24	3.63	996.24	82	52.25	324.18	128
0:25	3.70	995.25	82	52.92	326.62	152
0:26	3.82	994.4	81	52.72	329.05	164
0:27	4.03	993.47	81	52.23	330.64	156
0:28	4.63	992.54	80	51.02	331.85	160
0:29	4.74	991.56	79	50.59	332.32	172
0:30	4.84	990.59	78	50.79	332.45	180

现代气象雷达

6.5.1.1　气温随高度的分布特征

气温随高度的分布有明显的规律性,以对流层顶为界,对流层顶以下,气温随高度的增加而降低,每升高 100m 约降低 0.65℃,只有很少的天气条件,在很薄的气层内有逆温或等温现象。

对流层顶的高度随地理纬度的降低而升高,在同一地区,夏季地面气温较高时,对流层顶也高,冬季则较低。对流层顶的高度在低纬度地区一般平均为 16～18km,在中纬度地区一般平均为 10～12km,在高纬度地区一般平均为 8～9km。在对流层以上是平流层,从探空的温度变化曲线上看,进入该层,温度开始出现等温或逆温,总的趋势是上升的,平流层的上限高度一般为 50～55km。

有时在探空仪出云时可能出现温度急剧下降的情况,气温的递减率明显偏大,这种情况通常是由于探空仪温度敏感元件被水沾湿造成的,这就是温度敏感元件的"湿球效应"现象。因此,在进行高空气象探测时,应当对探空仪的温度敏感元件涂有憎水层,即水滴不能使敏感元件沾湿,以防止水在蒸发时直接吸收元件本身的热量,造成温度测量误差。

6.5.1.2　气压随高度的分布特征

气压随高度的变化相对于温度和相对湿度而言要单调和简单得多,从地面开始,向上成对数关系递减,气压在近地面的递减率较大,越向上递减率就越小,在不同温度和不同气压条件时,单位气压高度差见表 6.6 所列。

表 6.6　单位气压对应的高度变化

气压/hPa ＼ 温度/℃	-40	-20	0	20	40
1000	6.8	7.4	8.0	8.6	9.2
500	13.6	14.8	16.0	17.2	18.3
100	68.3	74.1	80.0	85.8	91.7
10	682.5	741.0	799.5	858.1	919.6
5	1364.9	1482.0	1599.1	1716.2	1883.2

表 6.6 是假设气层等温时的计算结果,实际大气略有差异。可以看出,对于同一气压值,暖空气中的单位气压对应的高度差要比冷空气中大。同时,气压越低,单位气压对应的高度值就越大。

6.5.1.3　相对湿度随高度的分布特征

相对湿度的垂直分布非常复杂,它与空中是否有云密切相关,同时取决于空气是否有上升运动。晴空时,若大气没有明显的上升运动,空气中的相对湿度向上是递减的。在有云的情况下,云中的相对湿度最大,但随着云高的增加相对湿度成减小的趋势。温度为0℃及以上的云,通常由水滴组成,其相对湿度可达100%。0℃以下的云通常为冰晶。

在云中,水汽经常会出现过饱和的情况。水滴一般为球状,在球面上,水的饱和水汽压比平面上的饱和水汽压要大,对于水平面来说,这就更增加了水汽达到过饱和的可能性。因此,云中的相对湿度值往往出现较为复杂的情况。对于水面或冰面都可能偏离100%,有时还会出现过饱和的情况。

根据水汽的基本性质,其饱和蒸汽压随温度的降低呈指数递减的趋势,在-30℃以下,饱和水汽压非常小,即使很少的水汽,相对湿度也可能很大。如果将水的相对分子质量与空气的平均相对分子质量比较,水的相对分子质量只有空气平均相对分子质量的60%左右,在大气中应是向上扩散的趋势,即高空低温条件下相对湿度应是比较大的。目前,高空气象探测的结果,在20km以上,不同的湿度敏感元件,其相对湿度测量结果往往相差很大。如国产探空仪的测量结果通常在5%～20%,也有的探空仪的测量结果在30%左右,个别的也可在2%或以下。而国外的某些探空仪,在同样情况下,一般都小于3%,甚至可以到0。实际上,在低温条件下,即使相对湿度很大,水汽压也是很小的。所以,在高空低温、低气压条件下是高湿还是低湿,哪一种探空仪较为准确,是目前高空气象探测领域要探讨和解决的重要问题。

6.5.1.4 风随高度的分布特征

高空气象探测雷达对探空仪在空中的运动轨迹进行连续定位,经计算获得高空风。高空风向、风速随高度变化要比气温、气压和相对湿度复杂得多。在锋面位置附近,风向往往在很短的距离内发生逆转,风速也有较大的变化。

风随天气系统和季节的变化各地都不同,在我国北方,风表现为明显的季节特征。在5～8km(随地形不同)高度以下,夏季风向多为东南或西南,冬季则多为西北或东北风,而且冬季风速较大。由于我国大部分地区高空处于西风带,在5～8km(随地形不同)高度以上,华北、西北和东北地区盛行西北风。所以,在这些地区施放气球,不论气球开始向何方向飞行,最后总是飞向东南方向。

风速随高度的变化较为明显,在对流层顶以下,风速通常随高度增高而增大,至对流层顶最大,在对流层顶实际探测结果曾经有超过100m/s的大风,在对流层顶以上风速呈减小的趋势。

6.5.2 高空温度、压力、湿度资料的处理

高空温度、压力、湿度资料的处理通常包括规定标准气压层的处理、零度

层的处理、对流层顶的处理和特性层的处理等内容,还可以根据气象保障的要求,计算大气折射率及随高度的变化、弹道虚温偏差量和空气密度偏差量等相关要素。

6.5.2.1　气象要素曲线的处理

温度、压力、湿度气象要素曲线的处理是高空温度、压力、湿度资料处理的基础。气象要素曲线通常分为时间 – 温度曲线、时间 – 气压曲线、时间 – 湿度曲线和时间 – 高度曲线等,分别简称为时温线、时压线、时湿线和时高线。

根据高空气象探测的原始数据,对每个温度、压力、湿度数据的变化进行判别。若某一温度、压力、湿度数据与前或后相邻的变化量大于正常变化量的 5 倍时,该点应当判为飞点,予以剔除。将剔除飞点后的所有数据按一定的时间间隔,采用最小二乘法或其他相应方法进行多项式曲线拟合,拟合后的温度、压力、湿度曲线如图 6.7 所示。

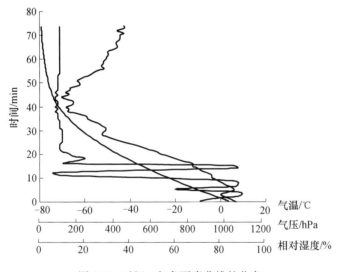

图 6.7　时间 – 气象要素曲线的分布

6.5.2.2　规定标准气压层的处理

规定标准气压层即为规定等压面,其规定的气压值为 1000hPa、925hPa、850hPa、700hPa、600hPa、500hPa、400hPa、300hPa、250hPa、200hPa、150hPa、100hPa、70hPa、50hPa、40hPa、30hPa、20hPa、15hPa、10hPa、7hPa、5hPa,以及地面层和记录终止层。规定标准气压层的处理是在高空气象探测原始数据的基础上,计算出以上气压层的气温、气压、相对湿度、位势高度、露点温度、温度露点差和风向、风速等气象要素。

1）规定标准气压层气温和相对湿度的计算

根据各规定标准气压层的气压值，在时压线上确定相应的各规定标准气压层的时间；由各规定标准气压层的时间，在相应的时温线、时湿线上，计算各规定标准气压层的气温和相对湿度值。

2）规定标准气压层位势高度的计算

（1）平均气温和平均相对湿度的计算。规定标准气压层的位势高度是根据相邻两规定标准气压层之间的厚度逐层累加计算而得，厚度是根据压高公式进行计算。设相邻两规定标准气压层分别为 P_1、P_2，如图6.8所示。对应的时间分别为 T_1、T_2，$f(T)$ 为其中的气温拟合的分布函数，$\bar{t}$ 为平均气温，则任意两规定标准气压层之间的平均温度为

$$\bar{t} = \frac{1}{T_2 - T_1}\int_{T_1}^{T_2} f(T)\,\mathrm{d}T \tag{6.1}$$

平均相对湿度的计算方法与平均气温计算方法相同。

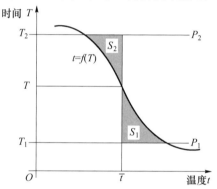

图6.8　等面积法平均示意图

（2）规定标准气压层位势高度的计算。各规定标准气压层的位势高度，按下式进行计算：

$$H = h_0 + \Delta H_{0,1} + \Delta H_{1,2} + \cdots + \Delta H_{n-1,n} \tag{6.2}$$

式中：H 为规定标准气压层的位势高度（gpm）；h_0 为放球地点的海拔（gpm）；$\Delta H_{n-1,n}$ 为 $P_{n-1} \sim P_n$ 气压层之间的厚度（gpm），且有

$$\Delta H_{n-1,n} = \frac{R_\mathrm{d}}{g_n}\bar{T}_\mathrm{V}(\ln P_{n-1} - \ln P_n) \tag{6.3}$$

其中：$R_\mathrm{d} = 287.05\mathrm{J}(\mathrm{kg \cdot K})$；$g_n = 9.80665\mathrm{m/s^2}$；$\bar{T}_\mathrm{V}$ 为 $P_{n-1} \sim P_n$ 气压层之间的平均虚温（K），且有

$$\bar{T}_\mathrm{V} = (273.15 + \bar{t}) \times \left(1 + 0.378\frac{E(\bar{t})}{\bar{P}}\bar{U}\right) \tag{6.4}$$

其中:$\bar{t}$ 为 $P_{n-1} \sim P_n$ 气压层之间的平均气温(℃);$\bar{U}$ 为 $P_{n-1} \sim P_n$ 气压层之间的平均相对湿度(%);$\bar{P}$ 为 $P_{n-1} \sim P_n$ 之间的平均气压(hPa);$E(\bar{t})$ 为气温 $\bar{t}$ 时的纯水平液面饱和水汽压(hPa)。

(3)时高线的绘制。根据相邻规定标准气压层的位势高度与时间,用直线分段绘制时高线。

3)露点温度和气温露点差的计算

(1)饱和水汽压的计算。依据气温,按下式计算气温对应的饱和水汽压:

$$\lg E(t) = 10.79574\left(1 - \frac{T_1}{T}\right) - 5.02800 \lg \frac{T}{T_1} + 1.50475 \times 10^{-4}\left\{1 - 10^{-8.2969\left(\frac{T}{T_1} - 1\right)}\right\}$$

$$+ 0.42873 \times 10^{-3}\left\{10^{4.76955\left(1 - \frac{T_1}{T}\right)} - 1\right\} + 0.78614 \tag{6.5}$$

式中:$E(t)$ 为气温 t 时纯水平液面的饱和水汽压(hPa);$T_1 = 273.16K$(水的三相点温度);$T = 273.15 + t, t$ 为气温(℃)。

(2)水汽压的计算。依据饱和水汽压和相对湿度,按下式计算水汽压:

$$e = E(t) \times \frac{U}{100} \tag{6.6}$$

式中:e 为水汽压(hPa);U 为相对湿度(%)。

(3)露点温度的计算。依据式(6.5),用迭代方法间接计算露点温度。露点温度迭代初值用下式计算:

$$t'_d = \left\{b \times \lg \frac{e}{E_0}\right\} \bigg/ \left\{a - \lg \frac{e}{E_0}\right\} \tag{6.7}$$

式中:E_0 为 0℃ 时纯水平液面的饱和水汽压,取 $E_0 = 6.1078$hPa;$a = 7.69$;$b = 243.92$。

将迭代初值代入式(6.5)进行迭代计算,当相邻两次迭代结果相差小于 0.0001 时,迭代结束,即得露点温度 t_d。

(4)气温露点差的计算。气温露点差按下式进行计算:

$$\Delta t = t - t_d \tag{6.8}$$

式中:t_d 为露点温度(℃)。

6.5.2.3 零度层的处理

气温为 0℃ 的气层称为零度层。零度层只能选择一个;当出现多个零度层时,只选其中高度最低的一个;当瞬时地面气象观测的气温低于 0℃ 时,该次探测不选零度层;当瞬时地面气象观测的气温为0℃时,地面层即为零度层;气温缺测而无法选择零度层,该次探测的零度层作缺测处理。

在时温线上,从地面层开始,当气温曲线第一次跨越0℃时,确定零度层的位置,以时间表示。在时压线、时湿线和时高线上,根据零度层的时间分别确定相应的气压、相对湿度和位势高度,并计算露点温度和气温露点差。

6.5.2.4 对流层顶的处理

对流层顶是对流层与平流层的过渡气层。对流层顶根据地理位置的不同,可分为极地型和热带副热带型两种,分别称为第一对流层顶和第二对流层顶。

1)选择对流层顶的条件

在500hPa高度以上,由气温垂直递减率 γ 开始小于或等于2.0℃/kgpm气层的最低高度,且由该高度起,向上2000gpm及其以内的任何高度与该最低高度之间的平均气温垂直递减率 $\overline{\gamma}$ 均小于或者等于2.0℃/kgpm,该最低高度若出现在150hPa高度以下,定为第一对流层顶。出现在150hPa高度或者以上,不论有没有出现第一对流层顶,均定为第二对流层顶。

在第一对流层顶以上,当出现满足由气温垂直递减率 γ 开始大于3.0℃/kgpm气层的最低高度起,向上1000gpm及其以内的任何高度与该最低高度之间的平均气温垂直递减率 $\overline{\gamma}$ 均大于3.0℃/kgpm条件的过渡气层时,在150hPa高度或者以上,由气温垂直递减率 γ 开始小于或者等于2.0℃/kgpm气层的最低高度,且由该高度起,向上2000gpm及其以内的任何高度与该最低高度之间的平均气温垂直递减率 $\overline{\gamma}$ 均小于或等于2.0℃/kgpm,该最低高度定为第二对流层顶。

第一对流层顶与第二对流层顶均只能有一个,如有多个气层分别符合第一对流层顶与第二对流层顶条件时,则选取高度最低的一个。

2)选择对流层顶的方法

(1)选择第一对流层顶的方法。在500hPa高度以上150hPa高度以下,参照时压线,从时温线上找出气温垂直递减率小于或等于2.0℃/kgpm的最低高度,作为起始点A,如图6.9所示。从A点高度起,向上逐层求取与A点之间的平均气温垂直递减率,并判别是否小于或等于2.0℃/kgpm。若在A点高度以上,2000gpm以内的气层中,平均气温垂直递减率均满足条件,则A点为第一对流层顶;否则,应当重新选取A点。

(2)选择第二对流层顶的方法。若没有第一对流层顶,则在150hPa高度及其以上,用选择第一对流层顶相同的方法选择第二对流层顶。当出现第一对流层顶时,在第一对流层顶以上,从时温线上找出平均气温垂直递减率大于3.0℃/kgpm气层的最低高度,作为起始点B,如图6.9所示。从B点起,向上逐

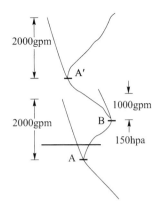

图 6.9　选择对流层顶示意图

层求取与 B 点之间的平均气温垂直递减率,并判别是否大于 3.0℃/kgpm,若满足则 B 点确定,否则,向上重新查找并确定 B 点。当 B 点选到后,在 B 点且150hPa 高度或者以上,按选择第一对流层顶的方法,选择 A′点,则 A′点为第二对流层顶,否则,不能选作第二对流层顶。若 B 点不能确定,则没有第二对流层顶。

（3）对流层顶选择的特殊情况处理。当拟选的对流层顶因记录终止而厚度不足 2000gpm 时,将记录终止时的气温以干绝热温度垂直递减率(1℃/100gpm)递减到 2000gpm 厚度的位置处,检查平均气温垂直递减率是否符合选取条件,符合时应当选为对流层顶。

（4）确定对流层顶的气象要素。确定对流层顶的位置以后,分别计算对流层顶的气温、气压、相对湿度、露点温度、气温露点差、位势高度和风向、风速,计算方法与零度层相同。

6.5.2.5　特性层的处理

表示测站上空大气温度和湿度层结特性的气层称为温度、湿度特性层。

1）选择特性层的条件

（1）地面层、对流层顶和探测终止层。

（2）第一对流层顶以下,厚度大于 400gpm 的等温层,或者气温变化大于1.0℃的逆温层的起始点和终止点。

（3）记录缺测层的开始、中间(任选)和终止点。

（4）在温度 – 气压对数坐标上,加选气温的显著转折点,即在已选两特性层间的气温分布与用线性内插的气温比较,大于 1.0℃(第一对流层顶以下)或者大于 2.0℃(第一对流层顶以上)差值最大的气层。

（5）在湿度 – 气压对数坐标上,加选相对湿度的显著转折点,即在已选两特性层间的相对湿度分布与用线性内插的相对湿度比较,大于15% 差值最大的气层。

(6) 在110~100hPa之间,如果没有温、湿度特性层,应当加选一层。

满足上述条件之一时应当选为特性层。

2) 选择特性层的方法

(1) 选出地面层、对流层顶、终止层,第一对流层顶以下厚度大于400gpm的等温层和大于1.0℃逆温层的起始点及终止点。

(2) 在已选特性层的基础上,综合考虑第一对流层顶以下温度 – 气压对数坐标上气温曲线的分布特征,加选气温的显著转折点;然后在已选特性层的两层间加选湿度的显著转折点。

(3) 选出第一对流层顶以上气温的显著转折点。

(4) 特性层的位置确定后,分别计算各特性层的气温、气压、相对湿度、露点温度和气温露点差,计算方法与零度层相同。

6.5.2.6　大气折射率的计算

根据任务需要,由探测的气温、气压、相对湿度资料计算大气折射率和大气折射率随高度的衰减系数。

1) 大气折射率的计算

根据式(2.4)可得

$$N = (n-1) \times 10^6 = \frac{77.6}{T}(P + 4810\frac{E(t)}{T}U) \qquad (6.9)$$

式中:U 为相对湿度(%);$E(t)$ 为气温 t 时的纯水平液面饱和水汽压(hPa)。

2) 大气折射率随高度的衰减系数的计算

大气折射率随高度的衰减系数(kgpm^{-1}),按下式计算:

$$C = -2.3026 \times \frac{\lg N - \lg N_0}{H} \qquad (6.10)$$

式中:N_0、N 分别为地面和某一高度 H(kgpm)的大气折射率。

6.5.2.7　任意高度或者任意气压层气象要素的计算

根据任务要求,需要提供任意高度或者任意气压层的气象要素资料时,可根据任意高度值或者任意气压值,在时温线、时压线、时湿线或时高线上分别进行内插计算,并计算露点温度和气温露点差。

6.5.3　高空风资料的处理

高空风资料处理通常包括层风处理、规定高度风处理、最大风层处理和合成风处理等项目。

6.5.3.1　层风的处理

1）层风的概念

用于计算气层平均风的气层称为计算层,在计算层内用位移合成的方法求出的气层平均风称为层风。计算层可以采用厚度划分,也可以采用时间划分,高空气象探测业务中一般采用时间来划分(0 ~ 20min,每间隔 1min 作为一个计算层;20 ~ 40min,每间隔 2min 作为一个计算层;40min 以后,每间隔 4min 作为一个计算层)。计算层的平均时间称为计算层时间,计算层的平均高度称为计算层高度。层风是计算层平均高度(平均时间)上的风。计算层时间的间隔一般不大于 1min。

在极坐标系中,气球的空间位置与水平投影点之间的关系如图 6.10 所示。相邻两气球位置的位置矢量 $\overrightarrow{P_iP_{i+1}}$ 称为空间位移,观测点到气球水平投影点之间的直线距离 OC_i 称为水平距离,相邻两气球水平投影点之间的位置矢量 $\overrightarrow{C_iC_{i+1}}$ 称为水平位移。单位时间内气球水平位移的大小称为风速,单位为(m/s);水平位移的相反方向称为风向,正北为零,顺时针方向增大的角度表示,单位为"°"。

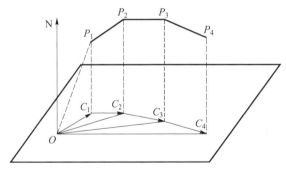

图 6.10　空间位移与水平位移的关系

2）站心坐标系中层风的计算

在以雷达或者无线电经纬仪对探空仪定位的高空气象探测系统中,层风的计算通常在以测站为中心的站心坐标系中进行,若以卫星导航方法对探空仪定位时,层风的计算方法应当采用地心坐标系。

站心坐标系以测站为原点,X 轴指向正北,Y 轴指向正东,Z 轴垂直于 XOY 平面向上,如图 6.11 所示。

图 6.11 中:P_i 为气球在 t_i 时刻的空间位置;C_i 为 P_i 在 XOY 平面上的水平投影点;Z_i 为气球的几何高度;R_i 为气球的斜距;α_i、δ_i 分别为气球的方位角和仰角。

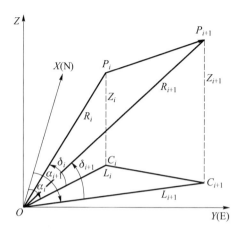

图 6.11　气球空间位置的表示

同理,P_{i+1} 为气球在时间 $t_i + 1$ 时的空间位置。

气球水平位置表示如图 6.12 所示,距离可按下式计算:

$$OC_i = R_i \cos\delta_i \qquad\qquad (6.11)$$

$$\{ OC_{i+1} = R_{i+1} \cos\delta_{i+1}$$

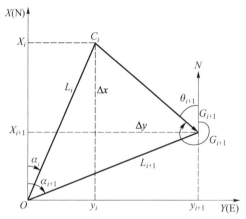

图 6.12　气球水平位置的表示

当采用雷达定位时,气球斜距 R_i 由雷达实际测量。当采用无线电经纬仪定位时,气球斜距由探空仪测量的气球位势高度按以下方法转换:气球在上升的过程中,在风力的做用下做相应的水平运动,由于地球曲率的影响,使气球的几何高度发生变化,由 Z 变为 Z',如图 6.13 所示。另外,由探空仪测量的温度、压力、湿度计算而得的气球位势高度 H 与几何高度 Z' 之间存在一定的差异。

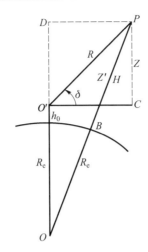

图 6.13　地球曲率对测量高度的影响

气球位势高度与几何高度的转换公式为

$$
\begin{cases}
Z'_i = \dfrac{R_e H_i}{\dfrac{g_{0\varphi}}{g_n} R_e - H_i} \\[4mm]
H_i = \dfrac{R_e Z'_i}{R_e + Z'_i} \cdot \dfrac{g_{0\varphi}}{g_n}
\end{cases}
\tag{6.12}
$$

式中：H_i 为气球的位势高度（gpm）；Z_i 为气球的几何高度（m）；Z' 为位势高度 H_i 对应的几何高度（m）；$g_{0\varphi}$ 为纬度 φ 的海平面处的重力加速度（m/s²）；g_n 为标准重力加速度（9.80665m/s²）；φ 为测站的地理纬度（°）。

在无线电经纬仪定位时，气球斜距按下式计算：

$$
R_i = -(R_e + h_0)\sin\delta_i + \sqrt{(R_e + h_0)^2 \sin^2\delta_i + Z'^2_i + 2R_e Z'_i - h_0^2 - 2R_e h_0}
\tag{6.13}
$$

由图 6.12 可见：

$$
\begin{cases}
x_i = OC_i \cos\alpha_i \\
y_i = OC_i \sin\alpha_i \\
x_{i+1} = OC_{i+1} \cos\alpha_{i+1} \\
y_{i+1} = OC_{i+1} \sin\alpha_{i+1}
\end{cases}
\tag{6.14}
$$

$$
\begin{cases}
\Delta x = x_{i+1} - x_i \\
\Delta y = y_{i+1} - y_i
\end{cases}
\tag{6.15}
$$

则层风的风速计算公式为

$$V_{i+1} = \frac{\sqrt{\Delta x^2 + \Delta y^2}}{60(t_{i+1} - t_i)}$$ (6.16)

层风的风向计算公式为

$$G_{i+1} = \begin{cases} 180° + \theta_{i+1}(\Delta x > 0) \\ 360° + \theta_{i+1}(\Delta x < 0, \Delta y \geqslant 0) \\ \theta_{i+1}(\Delta x < 0, \Delta y < 0) \\ 270°(\Delta x = 0, \Delta y > 0) \\ 90°(\Delta x = 0, \Delta y < 0) \\ C(\Delta x = 0, \Delta y = 0) \end{cases}$$ (6.17)

式中

$$\theta_{i+1} = \arctan \frac{\Delta y}{\Delta x}, C \text{ 为任意或不确定。}$$

3）大气折射订正

对于雷达测风或者无线电经纬仪测风,电磁波在大气中传播时,受到大气折射的影响。一般情况下,当测量的仰角低于 8° 或者斜距大于 150km 时,应根据情况对大气折射引起的仰角和斜距测量误差进行修正。

（1）仰角修正值的计算。

设大气是球面分层,折射指数仅随高度变化,则大气折射指数对方位角测量没有影响,只考虑仰角和斜距测量的误差。折射指数分布如图 6.14 所示。图中:n_0、n 分别为地面和高度 Z' 处的大气折射指数;O 为地球中心;O' 为测站位置;R_e 为地球半径;P 为气球某一时刻的空间位置;$O'P$ 为电磁波实际路径;δ 为实测仰角。

大气折射引起的仰角误差为

$$\Delta\delta = \tau - \delta'$$ (6.18)

式中:τ 为射线弯曲角,即电磁波发射点与目标点两处射线切线的交角;δ' 为目标点的旁切角。根据球面大气中的斯涅尔定律

$$n_0 R_e \cos\delta = n(R_e + Z')\cos E$$ (6.19)

可知射线在 Z' 高度的仰角为

$$E = \arccos\left(\frac{n_0}{n} \cdot \frac{R_e}{R_e + Z'}\cos\delta\right)$$ (6.20)

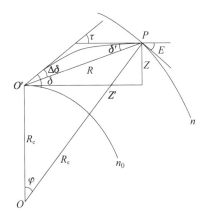

图 6.14　大气折射几何图形

对式(6.21)进行微分并整理,可得

$$dE = \cot E\left[\frac{dn}{n} + \frac{d(R_e + Z')}{R_e + Z'}\right] \tag{6.21}$$

由几何关系可知,$E + \tau = \delta + \varphi$,则

$$dE + d\tau = d\varphi(d\delta = 0) \tag{6.22}$$

在传播路径上取一微元,有如下关系:

$$d\varphi = \cot E \frac{d(R_e + Z')}{R_e + Z'} \tag{6.23}$$

$$d\tau = d\varphi - dE = -\cot E \frac{dn}{n} \tag{6.24}$$

由于 $n \approx 1$,在仰角不太低时,积分式(6.24)可得

$$\tau = \frac{n_0 - n}{\tan\delta}(\text{rad}) \tag{6.25}$$

在 $\triangle OO'P$ 中,由正弦定理计算 δ':

$$\frac{R_e + Z'}{\sin(90 + \delta - \Delta\delta)} = \frac{R_e}{\sin(90 - E - \delta')}$$

根据上式、$\Delta\delta = \tau - \delta'$ 和斯涅尔定律,可以解算出:

$$\delta' = \arctan \frac{\dfrac{n_0}{n} - \cos\tau - \sin\tau \times \tan\delta}{\sin\tau - \cos\tau \times \tan\delta + \dfrac{n_0}{n} \times \tan E} \tag{6.26}$$

式中:$\Delta\delta$ 为大气折射引起的仰角修正值(°);τ 为大气折射引起的射线弯曲角(rad)。

（2）斜距修正值的计算。斜距误差的近似计算公式为

$$\Delta R = \left(\frac{n_0 + n}{2} - 1\right)R \tag{6.27}$$

对雷达或无线电经纬仪每次测得的仰角和斜距，分别减去仰角修正值和斜距修正值，再进行层风的计算。

6.5.3.2 规定高度风的处理

规定高度风是指在层风的基础上，假设相邻两计算层内的风随高度呈线性变化，用线性内插的方法计算出各特定高度上的风。

规定高度通常包括：距地面 300gpm、600gpm、900gpm 的高度；距海平面 500gpm、800gpm、1000gpm、1500gpm、2000gpm、2500gpm、3000gpm、3500gpm、4000gpm、4500gpm、5000gpm、5500gpm、6000gpm、7000gpm、8000gpm、9000gpm、10000gpm、10500gpm、12000gpm、14000gpm、16000gpm、18000gpm、20000gpm、22000gpm、24000gpm、26000gpm、28000gpm、30000gpm、32000gpm、34000gpm 的高度；规定标准气压层包括 1000hPa、925hPa、850hPa、700hPa、600hPa、500hPa、400hPa、300hPa、250hPa、200hPa、150hPa、100hPa、70hPa、50hPa、40hPa、30hPa、20hPa、15hPa、10hPa、7hPa、5hPa 的气压层以及对流层顶的高度。低于测站海拔和高于终止层高度的规定风和规定标准气压层风不必计算。

1）规定高度风传统计算方法

规定高度风，当采用人工计算时，根据距地面、距海平面、各规定标准气压层和对流层顶的位势高度值，在相邻两计算层内，对层风的风速及风向分别用下式进行线性内插计算：

$$\begin{cases} D_g = D_{j-1} + \dfrac{H_g - H_{j-1}}{H_j - H_{j-1}} \cdot (D_j - D_{j-1}) \\[2mm] V_g = V_{j-1} + \dfrac{H_g - H_{j-1}}{H_j - H_{j-1}} \cdot (V_j - V_{j-1}) \end{cases} \tag{6.28}$$

式中：D_j、D_{j-1} 分别为与规定高度相邻的上、下计算层的风向（°）；V_j、V_{j-1} 分别为与规定高度相邻的上、下计算层的风速（m/s）；H_j、H_{j-1} 分别为与规定高度相邻的上、下计算层位势高度（gpm），$H_j = \dfrac{1}{2}(H_i + H_{i+1})$；$H_g$ 为规定高度（gpm）。

2）规定高度风矢量分解计算方法

当采用计算机计算时，应先将相邻两计算层的层风按下式进行矢量分解：

$$\begin{cases} u_j = V_j \cos G_j \\ v_j = V_j \sin G_j \\ u_{j-1} = V_{j-1} \cos G_{j-1} \\ v_{j-1} = V_{j-1} \sin G_{j-1} \end{cases} \tag{6.29}$$

式中：V_j、V_{j-1} 分别为与规定高度相邻的上、下计算层风速的南北分量（m/s）；G_j、G_{j-1} 分别为与规定高度相邻的上、下计算层风速的东西分量（m/s）。

按下式分别进行线性内插：

$$\begin{cases} u_g = u_{j-1} + \dfrac{H_g - H_{j-1}}{H_j - H_{j-1}}(u_j - u_{j-1}) \\[3mm] v_g = v_{j-1} + \dfrac{H_g - H_{j-1}}{H_j - H_{j-1}}(v_j - v_{j-1}) \end{cases} \qquad (6.30)$$

式中：u_g、v_g 分别为规定高度风风速的南北和东西分量（m/s）。

规定高度风风速按下式计算：

$$V_g = \sqrt{u_g^2 + v_g^2} \qquad (6.31)$$

规定高度风风向按下式计算：

$$G_g = \begin{cases} 180° + \arctan \dfrac{v_g}{u_g}(u_g < 0) \\[3mm] 360° + \arctan \dfrac{v_g}{u_g}(u_g > 0, v_g \leqslant 0) \\[3mm] \arctan \dfrac{v_g}{u_g}(u_g > 0, v_g > 0) \\[3mm] 90°(u_g = 0, v_g > 0) \\[3mm] 270°(u_g = 0, v_g < 0) \\[3mm] C(u_g = 0, v_g = 0) \end{cases} \qquad (6.32)$$

3）规定高度风秒数据计算方法

当雷达或者无线电经纬仪对气球位置定位数据采集是 1 s 间隔时，首先对连续采集的气球位置坐标数据进行平滑；然后根据层风计算的时间间隔，以 1 s 步长进行递推计算，获得以 1 s 间隔的层风；最后根据各规定高度值所对应的时间，在 1 s 间隔的层风中找到规定高度风。

6.5.3.3　合成风的处理

合成风是指地面至某一高度之间或者任意两高度之间气层的平均风。地面至某一高度合成风的风速按下式计算：

$$V_h = \frac{R\cos\delta}{60t} \text{或} V_h = \frac{Z\cot\delta}{60t} \qquad (6.33)$$

合成风的风向按下式计算：

$$D_{\rm h} = \begin{cases} \alpha + 180°\,(\alpha \leqslant 180°) \\ \alpha - 180°\,(\alpha > 180°) \end{cases} \tag{6.34}$$

式中：t 为气球上升到 Z 高度的时间（min）。

任意两个高度之间的合成风，可根据气球在 Z_1、Z_2 高度的雷达或无线电经纬仪采集的气球位置坐标数据和时间采用求取层风相同的方法进行计算。

6.5.3.4　最大风层的处理

最大风层是指在 500hPa 或者海拔 5500gpm 以上的层风中，从某一高度开始到另一高度结束，出现风速均大于 30m/s 的"大风区"，并且是该区中风速最大的层次。

"大风区"的开始和终止都已探测到的为"闭合大风区"。只探测到"大风区"的开始，没有探测到终止的为"非闭合大风区"。

在"大风区"中，同一最大风速有两层或两层以上时，选取高度最低的一层。若有多个"大风区"，且后一个"大风区"中的最大风速比前一个"大风区"中的最大风速大，后一个"大风区"中风速最大的层次也应选为最大风层。若后一个"大风区"中的最大风速比前一个"大风区"中的最大风速小，但后一个"大风区"中的最大风速与前一个"大风区"后出现的最小风速之间的差值在 10m/s 或者以上时，后一个"大风区"中风速最大的层次也应选为最大风层。以此类推。

选择最大风层时，在层风的基础上，根据选择最大风层的条件，由低到高确定最大风层。根据已选择的最大风层，确定相应最大风层的位势高度。

6.5.4　高空气象探测资料的应用

6.5.4.1　温度－对数压力图的应用

温度－对数压力图（T–$\ln P$ 图）是指在笛卡儿坐标系中，以纵坐标为气压的对数，横坐标为温度，绘制温度、露点温度等要素随气压变化的曲线图，如图 6.15 所示。

在温度－对数压力图上可以分析逆温层的性质、大气稳定度的性质、对流性质以及云层分布等内容。

1）逆温层性质分析

大气中的逆温通常分为辐射逆温、乱流逆温、下沉逆温和锋面逆温等，如图 6.16 所示。

逆温层下阶与下垫面相接，厚度通常不大，逆温层下部温度露点差较小，如

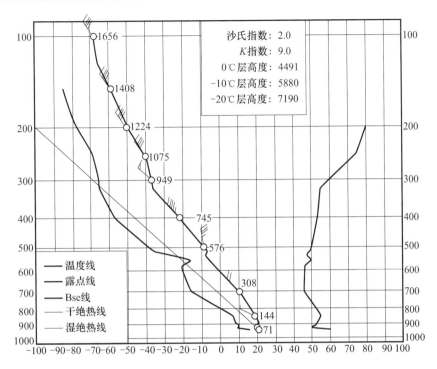

图 6.15　温度 - 对数压力图示意图

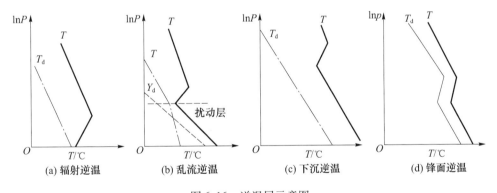

图 6.16　逆温层示意图

图 6.16(a)所示,这种逆温称为辐射逆温。逆温层底至地面的温压曲线与干绝热线近似平行,露压曲线与等饱和比湿线似平行,逆温层离地面高度随乱流混合层的厚薄而定,通常在 1500m 以下且厚度不大,一般为数十米,如图 6.16(b)所示,这种逆温称为乱流逆温。如果出现在 1~2km 高度,厚度达数百米,逆温层顶上的温压曲线常有一段近似平行干绝热线,逆温层中的温度露点差随高度迅速增大,如图 6.16(c)所示,这种逆温称为下沉逆温。逆温层高度随测站距锋面的坡度而定,可高可低,逆温层内的湿度分布一般是上湿下干,如图 6.16(d)所

示,这种逆温通常称为锋面逆温。

2）大气稳定度分析

若 $\gamma > \gamma_d$，则为绝对不稳定；若 $\gamma_d > \gamma > \gamma_m$，则为条件不稳定；若 $\gamma > \gamma_m$，则为绝对稳定。γ 越大，大气越不稳定；γ 越小，甚至等于或小于零，大气越稳定。

3）对流性不稳定分析

如果在温度－对数压力图上绘制了假相当位温随气压变化的曲线，则当假相当位温曲线随气压降低，即曲线向左偏时表示对流性不稳定，向右是对流性稳定，垂直向上是中性。

4）云层分析

温度曲线与露点曲线重合或接近的区域，往往是有云的区域。这个区域的厚度大致是云的厚度，如果在温度－对数压力图上出现几个这样的区域，就说明测站上空有几层云。

6.5.4.2　高空风图的应用

高空风图通常分为风廓线图、时间垂直剖面图、螺旋图和最大风速图等。

1）风廓线图

风廓线图是指在笛卡儿坐标系中，纵坐标为高度，横坐标为时间，风羽符号表示风速、风向，是风速或风向随高度变化的曲线图，如图 6.17 所示。同时还可以绘制纵风速、横风速随高度的变化，或者可以绘制经向风速、纬向风速随高度的变化。由此可以分析风随高度的变化情况。

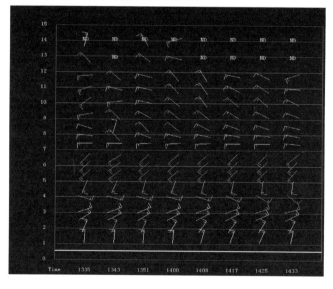

图 6.17　风廓线图(见彩图)

2）时间垂直剖面图

时间垂直剖面图是指在笛卡儿坐标系中，纵坐标为高度，横坐标为时间，将各时次、各高度的风向风速标注在坐标中的图，如图 6.17 所示。从时间垂直剖面图上能分析、判断测站附近的天气系统和高压脊、低压槽过本站情况。

判断测站附近的天气系统主要判断它是深厚系统还是浅薄系统。风向随高度无明显变化，风速随高度在一定范围内变化的层达到某一厚度，为深厚系统；低于某一厚度，为浅薄系统。在同一高度上，如果由西偏北风转为西偏南风，则可能是有高压脊过境；如果由西偏南风转为西偏北风，则可能是有低压槽过境。通过对整层槽、脊过境情况，可以分析出槽、脊是前倾的还是后倾的。在热带和亚热带受东风系统影响时也可分析出东风波的过境情况，如果由东偏北风转为东偏南风，则可能是有东风波过境。在副热带高压西进东退、北抬南撤过程中，也可能出现上述风向的变化。

3）螺旋图

螺旋图是指在极坐标系中，以风向为角度，风速为半径，从低层到高层连接的曲线图。从螺旋图上能分析出冷暖平流、热成风和大气稳定度等。

如果风随高度增加而向左偏转时，则该层为冷平流；风随高度增加而向右偏转时，则该层为暖平流。热成风是上层风与下层风之差，在螺旋图上任意两高度风的连线即为热成风，连线的长度是热成风的大小，连线从低层到高层所指的方向就是热成风的风向；热成风是由于气温水平分布不均匀引起的，所以在北半球，背热成风而立，可简单的判为高温在右，低温在左。由两个热成风的交角，向左转的补角区为相对不稳定区；根据相对不稳定区的方位和上、下两气层的平均风向，可大致确定相对不稳定区的移动方向。大气稳定度的变化是根据各层温度平流的性质、强度和它们随高度的变化情况进行判断。当下层为暖平流、上层为冷平流或暖平流随高度明显减弱或冷平流随高度明显加强时，则气层的稳定度减少；当下层为冷平流、上层为暖平流或暖平流随高度明显加强或冷平流随高度明显减弱时，则气层的稳定度增大。

4）时间最大风速演变图

时间最大风速演变图是指在笛卡儿坐标系中，横坐标为时间、纵坐标为风速，以各时次最大风速连成曲线，并将各时次最大风速的高度和风向标注在坐标中的图。从图上能看出最大风的风速、风向和所在高度的演变规律。

6.5.4.3　高空天气图

高空天气图是指填写各规定标准气压层上气象要素的图，如图 6.18 所示。

基本气象要素有位势高度、温度、露点温度、风向、风速等，根据需要还可能填写 24h 的变温和变高。根据这些基本的气象要素还可以计算出多种物理量，

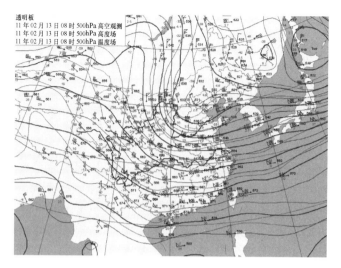

图 6.18　高空天气图(见彩图)

如假相当位温、温度平流、散度、垂直速度、涡度、涡度平流、比湿、总温度、水汽平流、水汽通量、水汽通量散度、经向风速、纬向风速等物理量。

　　高空天气图一般分为三大层,即低层、中层和高层。低层为 925hPa、850hPa 和 700hPa,特点是含有大气中绝大部分水汽、受地面影响较大,辐散辐合强。中层是 500hPa、400hPa 和 300hPa,特点是准无辐散层,对平原地区无辐散层约在 500hPa,对于高原地区无辐散层约在 400hPa,随季节有所变化,冬季高度低,夏季高度高。高层是 250hPa、200hPa、150hPa、100hPa 等,特点是基本不含水汽,高层辐合辐散对中层系统的发展和低层的辐散、辐合有很大的作用。

　　高空天气图主要用于分析空中各种天气系统的位置、强度、空间结构和其他物理特征,以及天气系统之间相互作用的结果,是预测未来天气系统和天气变化的主要工具。

第 **7** 章

风廓线雷达

◣ 7.1 概　　述

为了弥补微波雷达观测大气波动和晴空湍流等方面的不足,科学家们开发出了甚高频(VHF)和超高频(UHF)雷达探测大气的技术,由于这一波段的雷达能够连续探测大气运动的廓线,所以称为风廓线雷达。从 20 世纪 80 年代开始,科学家们研制成功了满足不同探测需求的风廓线雷达,逐渐形成了探测范围覆盖边界层到中间层的风廓线探测装备体系。

7.1.1　分类

常规的风廓线雷达探测体系是根据探测高度确定的,由边界层风廓线雷达、对流层风廓线雷达和中间层 – 平流层 – 对流层(MST)风廓线雷达等构成,不同探测高度的风廓线雷达有不同的特点及不同的应用领域。边界层风廓线雷达的探测高度一般在 3km 左右,其探测资料适合中小尺度的大气科学研究、短时预报、航空安全保障和空气质量预报等社会服务领域。对流层风廓线雷达的最大探测高度一般在 12 ~ 16km(最大探测高度低于 8km 的称为低对流层风廓线雷达)。对流层风廓线雷达的探测资料,尤其是组网探测资料适用于数值天气预报。MST 风廓线雷达探测高度可达中间层,一般用于中高层大气科学研究。

风廓线雷达也可根据所用的工作频段分为 VHF 风廓线雷达、UHF 风廓线雷达及 L 波段风廓线雷达三种。

由于湍流散射机理的限制,探测高度越高,选用的波长就应当越长,所以按探测高度的分类方法和按雷达工作频段的分类方法存在相关性。边界层风廓线雷达多选用 L 波段及 UHF 高端,一般在 1000MHz 左右,典型选用 900 ~ 950MHz及 1200 ~ 1300MHz;对流层风廓线雷达多选用 UHF 中低端(P 波段),典型选用400 ~ 450MHz;探测平流层及以上高度的风廓线雷达选用 VHF 低端,典型选用50MHz 左右。

风廓线雷达根据天线形式不同可分为抛物面天线及相控阵天线的风廓线雷

达,大多数风廓线雷达采用相控阵天线,少数边界层风廓线雷达及低对流层风廓线雷达采用抛物面天线。

根据装载方式不同,也可将风廓线雷达分为车载式及固定站两种。相控阵体制的对流层风廓线雷达及平流层风廓线雷达天线面积较大,一般采用固定站。少数相控阵体制的对流层风廓线雷达采用多辆车实现可移动性。边界层风廓线雷达及采用单抛物面天线的低对流层风廓线雷达可采用车载移动式的。

7.1.2 功能及特点

风廓线雷达作为一种新型无球高空气象探测设备,是当前常规探空的重要补充。它能够连续提供大气速度、大气温度和大气折射率结构常数等气象要素随高度的分布,其探测资料具有时空分辨率高、连续性和实时性好的特点,已经成为现代天气预报和气象保障的一种重要手段。风廓线雷达能够做到无人值守连续探测,不但节省了大量的人力、物力,还能够较好地监测系统的整个工作过程。另外,风廓线雷达的探测资料具有产品丰富、分辨力高、精确度高的特点。这些优势都是常规探测手段无法比拟的。

风廓线雷达的突出探测能力,决定了其在大气科学研究、气象业务应用和社会气象服务等方面有着不可替代的作用。在气候研究方面,通过对多年风廓线雷达观测资料的分析,已经取得了很多成果,如利用风廓线雷达的风资料对厄尔尼诺现象的研究等;在天气预报方面,风廓线雷达组网观测资料可以弥补常规高空探测站网密度和观测时次上的不足,其在数值天气预报模式中的应用,使风场的预报质量得到了明显的改善;在中小尺度气象研究方面,风廓线雷达的作用更加突出,连续探测的风廓线雷达网可以很好地监测中小尺度灾害性天气的发展变化和移动过程。此外,还可以利用风廓线雷达开展对大气湍流、大气边界层的研究,推断大气运动的湍流结构,监测大气边界层的变化,确定风切变的位置、高度等。近年来,利用风廓线雷达进行降水的研究也引起了气象工作人员的重视。

■ 7.2 系统组成与工作过程

由于大多数风廓线雷达采用相控阵体制,这里只对相控阵风廓线雷达进行介绍。相控阵风廓线雷达系统的组成与一般相控阵雷达大致相同,由相控阵天线、馈线系统(功率分配、移相网络)、发射机、接收机、频率源、信号处理、数据处理及监控分机等部分组成。

风廓线雷达发射系统有集中式、子阵分布式和单元分布式三种,接收机与发射机相对应。集中式收发最简单;天线单元分布式收发系统性能最好,其设备成本也最高。折中考虑设备造价与系统性能,风廓线雷达一般采用子阵分布式收发系统。接收前端采用低噪声高频放大器,数字中频接收机被广泛采用。

风廓线雷达是全相参体制,对频率稳定度要求非常高。频率源一般采用直接数字合成(DDS)技术,为各个分系统提供高频率稳定度的信号。

配有无线电–声探测系统(RASS)的风廓线雷达可以获得大气温度廓线。RASS 一般由放置在天线阵四角的声筒、音频产生器及音频放大器等组成。

图 7.1 是边界层风廓线雷达典型组成框图。在系统监控的作用下,接收机中频率源输出的发射激励信号经固态发射机进行功率放大后,送到馈线系统,经功率分配器进行功率分配(针对每个天线单元或天线子阵进行分配),然后将分配好的多路功率信号送到移相网络进行移相,最后达到天线的各个单元发射出去,在空中进行功率合成,形成要求指向的波束。发射的高功率信号,遇到合适的目标将发生散射,散射信号一部分将返回到天线并被天线接收。由各个天线单元接收的信号再经移相网络产生相应的相移,然后送到功率合成器,把多路信号相加,经收发开关,送到接收机进行处理,接收机经正交相位检波,得到 I、Q 两路视频信号,送到信号处理器提取多普勒信息。最后在雷达终端上形成风廓线产品。

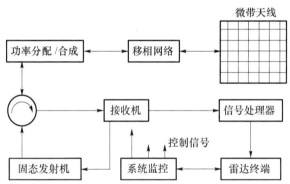

图 7.1　边界层风廓线雷达典型组成框图

7.2.1　天馈系统

大多风廓线雷达采用相控阵天线,其主要原因是:为了提高探测微弱信号的能力,风廓线雷达需要较大的发射功率,但发射功率增大将使器件承受较大功率带来的高压,从而降低器件的使用寿命。相控阵天线由多个天线单元组成,总发射功率由各个天线单元发射功率合成。每个发射支路所承受的发射功率并不大。因此采用相控阵天线可以在不提高器件功率负荷的前提下,获得较大的发射功率。

提高探测微弱信号能力的另一主要途径是提高天线增益。天线增益与天线有效面积成正比,与雷达波长的平方成反比。由于湍流散射机制限制了雷达波长的选择,只能通过增加天线面积来增大天线增益。但增加天线面积,对机械扫描的抛物面天线将增大加工及转动难度,而对电子扫描的相控阵天线很容易,只要增加天线单元即可。

从水平风计算方法看,雷达要分别向两个正交方向发射脉冲信号,波束从一个方向切换到另一个方向要非常迅速,电扫描的相控阵天线波束之间切换灵活快速,是无惯性的,而机械式抛物面天线的惯性较大,很难满足相干探测的要求。

在多数情况下,由于考虑费用问题才用抛物面天线代替相控阵天线。

相控阵风廓线雷达的天线阵一般采用平面矩形阵列,可划分成多个线阵,由多个辐射单元组成。风廓线雷达阵列天线的辐射单元常用的有微带天线、CoCo天线和振子天线,如图7.2所示。

(a) CoCo天线阵

(b) 振子天线阵

图7.2 风廓线雷达天线阵

天线阵列尺寸取决于探测高度,探测高度要求越高,需要的阵列尺寸越大。探测边界层高度的天线阵面有效面积一般为 $2m \times 2m$。探测对流层高度的天线阵面有效面积一般为 $10m \times 10m$。探测平流层及以上高度的一般达 $100m \times 100m$。它的波束扫描是通过改变馈向天线不同部分的信号相位来实现电子扫描,可快速改变波束指向。

1000MHz 频段的风廓线雷达多用微带天线,微带天线制作简单,但不便于进行加权处理。400MHz 及 50MHz 频段风廓线雷达常用 CoCo 天线或振子天线。CoCo 天线或振子天线加工和安装比微带天线复杂,但便于进行加权,以获得更好的波瓣特性。

7.2.2 全固态发射与接收

对于相控阵风廓线雷达,由于天线系统是由许多天线辐射单元构成的阵列,整个天线阵列可划分成若干个子天线阵。相控阵风廓线雷达发射时,各天线单元辐射的电磁波在空中进行波束合成。接收时,需要将各天线单元接收到的回波信号进行功率相加。

相控阵天线的工作原理和组成结构,决定了相控阵发射接收系统不但可采用集中式的收发方案,也可采用分布式的收发方案。当采用集中式收发方案时,其组成结构与采用抛物面天线的雷达系统类似,都是单通道系统。当采用分布式收发方案时,相控阵雷达的发射(接收)系统具有多通道的特点,每个通道均可以完成发射(接收)。

集中式收发是整个发射系统只使用一个高功率发射机作为发射源,发射信号经功率分配器送往各个天线辐射单元。接收系统将各个天线单元接收的信号经功率合成器相加后送至接收机进行处理。

分布式收发则是多通道并行工作,不同发射机的发射信号送往不同的天线辐射单元,不同接收单元接收的信号送往不同的接收通道。在分布式收发方案中,可进一步划分为针对天线子阵的分布式收发方案和针对天线单元的分布式收发方案。针对天线子阵的分布式收发是在每个子阵后面接一个发射机/接收机,可以称为子阵分布式发射/接收。而另一种是每个天线单元后面接一个发射机/接收机,可称为单元分布式发射/接收(又称为有源相控阵)。

集中式收发系统由发射机、接收机、功率分配/合成器、实时延时线、移相器和天线辐射单元等部分组成,如图 7.3 所示。

设天线单元总数 $N=2n$,子阵数目 $M=2m$,其中,延时线只在具有很大的瞬时信号带宽时使用。在不使用延时线时,用传输线、监测定向耦合器、相位调节器等高频元件代替。发射机产生的发射信号经过 $1/N$ 功率分配器、实时延时线和移相器后,到达各天线单元,最后发射出去在空间进行波束合成。各天线单元接收的信号经移相器、实时延时线及 $N/1$ 功率合成器相加后送至接收机进行处理。这种方式只能形成一个接收波束。目前风廓线雷达为了简化设备,多采用单波束系统,即在某一时刻只发射或接收一个波束。由于集中式收发方案,存在馈线损耗较大及在发射状态器件需要承受较大功率的缺点,探测对流层及以上高度的风廓线雷达较少采用。但对于边界层风廓线雷达,探测高度较低,对馈线损耗要求降低,多采用这种方案。

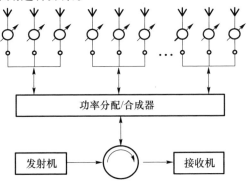

图 7.3　集中式收发系统

子阵分布式收发系统由发射机、接收机、幅度相位调节器、功率分配/合成器（一次）、高功率放大器（HPA）、低噪高频放大器（LNA）、功率分配/合成器（二次）、移相器、辐射单元及监测系统组成,如图 7.4 所示。雷达发射信号经过 $1/M$ 功率分配器、幅度与相位调节器送入各子阵发射机（高功率放大器）进行放大,每个子阵发射机的输出信号,由各自的功率分配器经移相器到达各天线单元的输入端。由各天线单元接收的信号经移相器到相应子阵的功率合成器,相加后送到各子阵接收机（低噪高频放大器）进行放大,每个子阵接收机的输出信号,

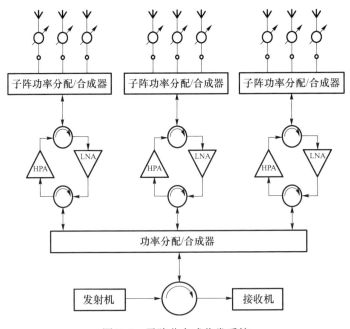

图 7.4　子阵分布式收发系统

经幅度与相位调节器送到 $M/1$ 功率合成器进行相加后送到接收机进行处理。这种方式的主要特点是只在每个子阵后面设置 HPA 及 LNA。从子阵的收发开关到天线单元之间的馈线部分是收发共用的,总损耗降低。

　　单元分布式收发系统如图 7.5 所示。每个发射单元对应一个发射机(高功率放大器)。每个接收单元后都接一个低噪声放大器。如果天线阵收发共用,则在每个发射机的输入和输出端都要设置高频开关。此方案除从天线单元至 LNA 的损耗外,收发组件、分配/合成网络、收发开关等部件对整个系统的系统噪声的影响不占主要成分,可大大降低接收系统噪声系数。

　　对于单元分布式收发系统的组成方式,现代相控阵雷达将功率分配/合成器与天线辐射单元之间的部分集成到一个模块中,称为 T/R 组件。T/R 组件可包括移相器也可不包括移相器,用时分实现接收及发射,从而实现波束的幅度加权及扫描。

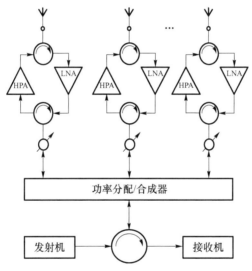

图 7.5　单元分布式收发系统

7.2.3　信号处理

1. 信号处理流程

　　信号处理是风廓线雷达工作的重要环节之一。在硬件系统良好的前提下,风廓线雷达对回波信号的处理能力决定获得数据的质量。每次发射脉冲后,模/数变换器对每个距离库进行采样,并对多次采样数据进行一系列处理,得到每个距离库的基础数据。基础数据包括回波功率谱密度函数的零阶矩、一阶矩、二阶中心矩及信噪比、C_n^2 五个量。回波功率谱密度的零阶矩、一阶矩和二阶中心矩,分别对应平均回波功率、平均径向速度和速度谱宽,这三个矩都是统计特征量。

风廓线雷达接收到的回波非常微弱,还夹杂着各种干扰。为提取出回波信号及抑制干扰,在信号处理过程中必须采取相干积分、谱平均以及噪声抑制与杂波分离等措施。按处理的先后顺序(图7.6):首先对信号进行 A/D 变换变为数字信号(时域信号);其次对采样得到的时域信号进行滤波处理(包括相干积分或时域平均、各种时域杂波滤除等),然后进行离散傅里叶变换(谱变换)得到频域信号,在频域再进行自适应频域滤波(包括谱平均或频域平均、频域杂波滤除等);最后进行谱矩参数估计(包括多重信号检测、信号辨识与矩估计)。

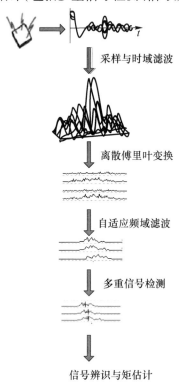

采样与时域滤波

离散傅里叶变换

自适应频域滤波

多重信号检测

信号辨识与矩估计

图7.6 信号处理流程

2. 相干积分

相干积分又称为相干积累或相参积累,也称为检波前积累,即在回波信号包络检波前完成,此时回波脉冲之间有着严格的相位关系。相干积分在时域内进行,在信号保持相干的条件下,对一定数量的脉冲回波信号进行平均处理,所以相干积分是时域平均过程。相干积分的主要目的是为了提高信噪比,使信号电平高于平均噪声电平,以便接收机能够检测到有用的微弱信号。

将来自同一个距离库的 M 个连续回波脉冲进行相互累加时,由于相邻周期的中频回波信号按严格的相位关系同相相加,因此累加结果使信号电压提高为

原来的 M 倍,相应的功率提高为原来的 M^2 倍。而噪声是随机的,相邻脉冲间的噪声满足统计独立条件,积累的效果是平均功率相加而使总噪声功率提高为原来的 M 倍,因此相干积分的结果使输出信噪比改善了 M 倍。在实际工作中,由于探测目标的运动造成回波信号的起伏变化,这将明显破坏相邻回波信号之间的相位相干性,使相干积分后信噪比改善的收益小于 M 倍,回波的起伏越大,信噪比改善收益越小。

相干积分脉冲数也不能无限大,必须受最大不模糊速度的限制。提高相干积分时间就必须减小可测量的最大不模糊速度,这可能导致要测量的径向速度超出用户设置的范围。重复周期为 T 的时域回波信号经过 M 次积累后,相当于重复频率下降为原来的 $1/M$,所以最大不模糊多普勒速度为

$$v_{\mathrm{m}} = \frac{\lambda}{4MT} \tag{7.1}$$

于是,相干积分次数由设置的速度测量范围、重复周期及雷达波长确定,即

$$M \leqslant \lambda / (4v_{\mathrm{m}}T) \tag{7.2}$$

操作者必须估计一个最大可能发生的径向速度,然后选择能正确探测这个可能发生速度的相干积分次数。

相干积分次数主要根据大气返回信号的自相关时间确定。大气返回信号的自相关时间与大气状况和风廓线雷达选用的波长有关。低层(3km 左右),相干积分时间 $\tau_{\mathrm{c}} < 0.2\mathrm{s}$;高层(10km 左右),相干积分时间 $\tau_{\mathrm{c}} < 2\mathrm{s}$。

在信号相干的前提下,若脉冲重复周期为 T、相干积分次数为 N_{t}、谱变换点数为 N_{FFT},则相干处理时间的理论值为

$$T_{\mathrm{c}} = T \times N_{\mathrm{t}} \times N_{\mathrm{FFT}} \tag{7.3}$$

实际相干处理时间小于或等于 T_{c},相干积分(信噪比)得益为 $10\lg(N_{\mathrm{t}} \times N_{\mathrm{FFT}})\mathrm{dB}$。

相干积分后,要通过数字滤波方法去除一些直流干扰。

3. 谱变换

如果只提取回波强度信息,则无需对回波信号进行谱分析和谱变换。但是为了在获取回波强度信息的同时得到速度信息,需要对相干积分后的时域信号进行谱分析。通过谱变换将时域信号变为频域信号。在频域对信号进行研究,不但可以得到回波强度,还可以得到速度以及速度谱宽。若以 $s(t)$ 表示回波的电压信号,以 $F(f)$ 表示 $s(t)$ 的傅里叶变换,称 $F(f)$ 为 $s(t)$ 的频谱函数,则

$$F(f) = \int_{-\infty}^{\infty} s(t) \mathrm{e}^{-\mathrm{i}2\pi ft} \mathrm{d}t, s(t) = \int_{-\infty}^{\infty} F(t) \mathrm{e}^{-\mathrm{i}2\pi ft} \mathrm{d}f$$

当时域信号为离散信号时,可通过离散的傅里叶变换,设离散信号为

$s(n\Delta T)$，ΔT 为取样间隔，n 为取样点数的序号，N 为总的取样数，则

$$F(k\Delta F) = \sum_{n=0}^{N-1} s(n\Delta T) e^{-2\pi nk\Delta T\Delta F}, k = 0,1,2,\cdots,N-1 \tag{7.4}$$

式中：k 为谱线序数；ΔF 为频域上离散信号的谱线的间隔。

相关函数用来描述两个信号之间，或一个信号相隔一段时间之后的两者之间的关系。互相关函数为

$$R_{12}(\tau) = \int_{-\infty}^{\infty} s(t) s^*(t-\tau) dt \tag{7.5}$$

当 $s_1(t) = s_2(t) = s(t)$ 时，则为自相关函数，即

$$R(\tau) = \int_{-\infty}^{\infty} s(t) s^*(t-\tau) dt \tag{7.6}$$

通过傅里叶变换可得

$$\begin{aligned}
R(\tau) &= \int_{-\infty}^{\infty} s(t) s^*(t-\tau) dt \\
&= \int_{-\infty}^{\infty} \int_{-\infty}^{\infty} F(f) e^{i2\pi ft} s^*(t-\tau) df dt \\
&= \int_{-\infty}^{\infty} \int_{-\infty}^{\infty} F(f) s^*(t-\tau) e^{i2\pi f(t-\tau)} e^{i2\pi f\tau} df dt \\
&= \int_{-\infty}^{\infty} F(f) F^*(f) e^{i2\pi f\tau} df
\end{aligned} \tag{7.7}$$

可见 $R(\tau)$ 与 $F(f) F*(f)$ 为一对傅里叶变换对，即

$$R(\tau) \Leftrightarrow F(f) F^*(f) = |F(f)|^2$$

当 $\tau = 0$ 时，按相关函数定义，$R(0)$ 为信号的能量，因此

$$R(0) = \int_{-\infty}^{\infty} F(f) F^*(f) df = \int_{-\infty}^{\infty} |F(f)|^2 df \tag{7.8}$$

令 $S(f) = |F(f)|^2$ 称为信号功率谱密度，它反映了回波信号能量在频率上的分布情况。

风廓线雷达中通常采用快速傅里叶变换（FFT）方法进行时域到频域的变换。样本数一般取 2^n 个，FFT 点数越大，速度分辨力越高，FFT 点数也决定了采集谱样本的时间，一般对风数据选择 256 点，对温度数据选择 2048 点。

谱处理通常要进行加窗处理，用来减小由于相干积分引起的模糊。在得到信号的功率谱密度后，可进一步求出回波功率、平均多普勒频率和多普勒谱宽等统计特征量，这部分可参照 4.3 节云、降水目标运动信息提取。

4. 谱平均

经过一次 FFT 处理,就得到一次功率谱密度结果。因为气象目标存在较强的起伏现象,所以一次 FFT 得到的功率谱具有较强的脉动性。为了减小功率谱密度的脉冲,使之变得平稳,需要对若干次谱分析得到的功率谱密度再次进行平均,称为谱平均。它对同一个距离库依次得到的 M 个功率谱,在每一个对应频率处进行功率谱密度值平均。谱平均也称非相干平均或称为检波后积累。非相干平均也可以改善信噪比,但是达不到 M 倍。这是因为包络检波具有非线性作用,信号加噪声通过检波器时,这种非线性作用会使它们结合在一起,不能再认为信号与噪声是两个完全独立的实体,从而造成信噪比的损失。非相干平均后的信噪比改善在 M 和 $\sqrt{M}$ 之间,当谱平均数 M 很大时,信噪比的改善趋近于 $\sqrt{M}$ 倍。当然,谱平均次数也不能很大,否则会降低雷达探测的时间分辨率。

重复周期、相干平均数、FFT 点数及谱平均数决定了波束驻留时间,即

$$T_{\mathrm{d}} = T \times N_{\mathrm{t}} \times N_{\mathrm{FFT}} \times N_{\mathrm{s}} \tag{7.9}$$

式中:N_{s} 为谱平均数,一般通过参数选择使波束驻留时间为数十秒量级。在谱平均后,要进行地杂波去除。

7.3　探测原理

气象雷达接收到的回波除了由降水目标引起的以外,还有大量是由非降水目标产生的。非降水回波与多种天气现象有关联。在雨天,除了像地物杂波等比较强的干扰回波外,非降水回波通常都被大的降水目标所淹没。人们最初把晴朗天气时收到的回波称为晴空回波,现在通常把探测到的非降水回波都归为晴空回波。

第二次世界大战之后,天气雷达研制成功并进入业务应用,这种雷达灵敏度很高,有时在晴天仍能观测到一些成点状或层状的弱回波,大量的观测发现,虽然这种回波有些是有鸟和昆虫等造成的,但多数是在没有任何可视目标物情况下获得的,由于当时人们不能解释这些回波的成因,将这种在天气雷达探测回波中发现的由非降水因素得到的雷达回波,称为仙波。1961 年 Tatarski 应用 Kolmogorov 的局地各向同性湍流概念,推导出了电磁波在湍流介质中的散射公式,成功解释了这类回波的成因,认为它是反常传播造成的。后来把这些回波都称作晴空回波。现在很多天气雷达都带有晴空模式,在此模式下,体扫只在很小的仰角范围内进行,天线旋转很慢以便在单位体积内发射更多的能量用来得到更好的分辨力。

引起晴空回波原因有很多种,生物群(通常是飞行的鸟群和昆虫群)、尘埃、

由温度和湿度变化引起的大气折射率梯度都能产生雷达回波。现在普遍认为,晴空回波的最主要起因是生物群及强的折射率非均匀性,而强的折射率非均匀性是风廓线探测的主要目标。

7.3.1 湍流散射原理

湍流运动研究已具有 100 多年的历史,湍流运动是无序运动与有序运动相结合的非常复杂的流体运动。地球大气无时无刻不处于湍流运动状态,大气结构及其物理参数经历着空间与时间各种宏观尺度上的不规则随机变化。这种变化引起了大气中能量动量与物质成分等新的输送过程,称为湍流输送,其输送速率比分子热运动引起的输送要大几个数量级。其次,大气湍流对水的相变、水滴的增长与破碎以至降水的形成,对声波、电磁波等在大气中的传播都有极为重要的影响。尤其是随着现代非线性动力学的发展,大气湍流在各种时空尺度大气过程中的突变及其可预报性中扮演着重要的角色。

Kolmogorov 在研究湍流性质时建立了局地均匀各向同性湍流理论。他将湍流尺度远小于湍流外尺度的尺度范围称为"准平衡区",并将其划分为"惯性副区"与"黏性副区"。惯性副区是限制微尺度术语,它定义了可能的最小和最大湍流尺度。低于惯性副区的下限,湍流被黏性耗散所严重阻尼。高于惯性副区的上限,湍流不再是各向同性的。在惯性副区内,湍涡由于黏性过程而没有损失大量能量,而是把能量从较大尺度的湍涡传递到较小尺度的湍涡(大湍涡产生小湍涡,由强到弱直到黏度)。

在讨论电磁波传播中的大气湍流效应时,主要关心的是小尺度湍流运动,因为这通常满足局地均匀各向同性的假设。Kolmogorov 引入结构函数来研究局地均匀各向同性湍流的统计结构,结构函数能定义为大气的任何实际变化量,并用单位间距两点大气变化的均方根来代表。Kolmogorov 用量纲分析的方法得出:在湍流惯性区内两点间的结构常数只与两点间距离的 2/3 次方有关,与两点的位置和相对方向无关,这就是著名的"2/3"定律。

Kolmogorov 的理论是在速度起伏的基础上推导的,但在小尺度情况下,温度起伏或折射率起伏同样可认为满足局地均匀各向同性的假设和结构函数的"2/3"定律。

对于局地均匀各向同性湍流场,折射率结构函数可表示为

$$D_n(r) = \overline{[n(x_1) - n(x_2)]^2} = \overline{[n_1(x_1) - n_2(x_2)]^2} \tag{7.10}$$

式中:$r = |x_1 - x_2|$ 为 x_1 和 x_2 两点间的距离;$n_1(x_1)$、$n_1(x_2)$ 分别为折射率在 x_1 和 x_2 的脉动量。

根据大气折射率与温度、压力、湿度之间关系,并考虑大气折射率脉动,折射

率结构函数 $D_n(r)$ 的表达式可写为

$$D_n(r) = b^2 D_e(r) + a^2 D_T(r) - 2ab D_{Te}(r) \tag{7.11}$$

式中：$D_e(r)$、$D_T(r)$ 和 $D_{Te}(r)$ 分别是湿度、温度和温湿结构函数。

根据 Kolmogorov 局地均匀各向同性湍流假设，通过量纲分析可以证明，如果没有发生相变，在湍流惯性副区尺度范围内，$D_e(r)$、$D_T(r)$ 和 $D_{Te}(r)$ 都满足"2/3"定律，所以在惯性副区，折射率结构函数 $D_n(r)$ 仍然满足"2/3"定律，即

$$D_n(r) = C_n^2 r^{2/3} \tag{7.12}$$

式中：C_n^2 为折射率结构常数，它是反映大气湍流运动的有效参数，依赖于研究低层大气最重要的三个量，即压力、温度和湿度。根据式（7.12），C_n^2 能用绝对湿度、温度及温度与绝对湿度方差的结构常数的线性组合来表达，每项的比例系数分别是压力、温度和绝对湿度的函数。

$$C_n^2 = b^2 C_e^2 + a^2 C_T^2 - 2ab C_{Te}^2 \tag{7.13}$$

式中：$C_e{}^2$、$C_T{}^2$ 和 $C_{Te}{}^2$ 分别为湿度、温度和温湿结构常数；a^2、b^2、$2ab$ 与天气状态有关，对于热带海洋气团有 $a^2 = 2.24 \times 10^{-12}$、$b^2 = 17.8 \times 10^{-12}$、$2ab = 12.6 \times 10^{-12}$，对于暖性大陆气团有 $a^2 = 1.25 \times 10^{-12}$、$b^2 = 16.2 \times 10^{-12}$、$2ab = 9.01 \times 10^{-12}$。基于这个定义，可构建许多方程使用源于雷达反射率观测值的 $C_n{}^2$ 测量值来分析大气结构。

在均匀各向同性湍流场条件下，折射率结构函数 $D_n(r)$ 的相关函数可写为

$$B_n(r) = \overline{n_1(x_1) n_1(x_2)} \tag{7.14}$$

由式（7.10）及式（7.14）可得，$D_n(r)$ 与其相关函数 $B_n(r)$ 之间存在如下关系：

$$D_n(r) = 2[B_n(0) - B_n(r)] \tag{7.15}$$

相关函数 $B_n(r)$ 可用傅里叶级数展开，其系数 $\Phi_n(r)$ 代表折射率脉动的谱密度，可表示为

$$\Phi_n(k) = \frac{1}{4\pi^2 k^2} \int_0^\infty \frac{\sin kr}{kr} \frac{d^2}{dr} \left(\frac{r^2 D_n(r)}{dr} \right) dr \tag{7.16}$$

在湍流惯性副区尺度内，折射率结构函数满足"2/3"定律，将式（7.12）代入式（7.16）可得

$$\Phi_n(k) = 0.033 C_n^2 k^{-11/3} \tag{7.17}$$

雷达反射率定义为单位体积内的后向散射截面值，即

$$\eta = \frac{\pi^2}{2} k^4 \Phi(k) \tag{7.18}$$

将式(7.17)代入式(7.18)可得到雷达反射率 $\eta(\mathrm{m^2/m^3})$ 与折射率结构常数 $C_n^2(\mathrm{m^{-2/3}})$ 有如下关系:

$$\eta = 0.38 C_n^2 \lambda^{-\frac{1}{3}} \qquad (7.19)$$

式中:λ 为入射电磁波的波长(m)。

由式(7.19)可以看出,在折射率起伏的大气中,反射率正比于折射率结构常数,且与雷达波长的 $-1/3$ 次幂成正比。这个关系式假定所有测量的反射率归因于折射率梯度的影响,如果存在能引起有效回波的其他散射体,其影响必须被滤除。

产生非均匀性的湍流假定是各向同性的且填充整个雷达分辨单元,且为了使散射能量最大,雷达的半波长必须落在惯性副区。惯性副区的上限通常相当大,在对流条件下经常达到数百米,所以一般这个假定都能满足。

假定产生散射的非均匀性大气层结尺度为 d,入射电磁波波长为 λ,入射方向与散射方向夹角为 θ,如图7.7所示,根据布拉格定理,不同面的反射干涉相加的条件为

$$d = \frac{m\lambda}{2\sin\frac{\theta}{2}} \qquad (7.20)$$

式中:m 为整数。

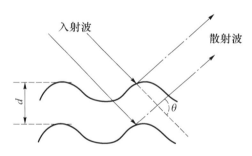

图7.7　电磁散射示意图

对于后向散射 $\theta = \pi$,则 $d = \lambda/2$,即有效的湍流尺度为雷达波长 $1/2$。这就是湍流散射的布拉格条件。也就是说,能够形成晴空回波散射机制的一个必要条件是探测区域的湍流尺度应等于 $1/2$ 的电磁波波长。在边界层中,1cm 以上的各种尺度湍流都存在,随着高度的增加,小尺度的湍流会减少以至消失,限制了风廓线雷达的最大探测高度。在大气层中各高度上的最小湍流尺度统计情况如图7.8所示,因此,探测低空大气湍流宜选用分米波段的雷达。

1993 年 Keeler 给出描写大气湍流散射的雷达方程:

$$P_r = 7.3 \times 10^{-4} C_n^2 \lambda^{5/3} \cdot \frac{P_t G h L^2}{R^2} \qquad (7.21)$$

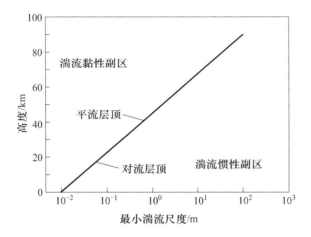

图 7.8　最小湍流尺度随高度的变化

式中: P_r 为雷达接收到的回波功率; P_t 为发射功率; G 为天线增益; L 为系统损耗; h 为波束有效照射深度, $h = c\tau/2$ (τ 为脉冲宽度, c 为电磁波速度)。

由式(7.21)可知,晴空大气中回波功率的强弱与折射率结构常数 C_n^2 有很大的关系,但通常大气中 C_n^2 值变化很大。1984 年 Doviak 根据在美国科罗拉多州冬天半年测出的资料得出 C_n^2 值随高度的变化,这个变化可用下式描述:

$$C_n^2 = 3.9 \times 10^{-15} \exp\left[-H/2 \right] \tag{7.22}$$

式中: H 为海拔(km)。

夏季测出的 C_n^2 值可以增加一个量级。当海洋性气团控制时,低层大气中 C_n^2 值将有更大幅度的增加,可达 $10^{-12} \sim 10^{-13}$ m$^{-2/3}$。

7.3.2　大气折射率结构常数测量原理

依据电磁波在湍流中的传输理论,电磁波的半波长与湍流外尺度相当的时候,可以获取最大的雷达后向散射。一般认为,在自由大气中,湍流外尺度为 10m 左右,而在风廓线雷达辐射的电磁波半波长小于湍流外尺寸的情况下,可以认为湍流是各向同性的,并均匀地分布在风廓线雷达分辨单元中,此时湍流的反射率 η 和大气折射率结构常数之间的关系如式(7.19)所示。

介质的反射率与接收到的回波功率 P_r 之间的关系可用气象雷达方程来表达,考虑削弱因子,完整的风廓线雷达方程为

$$P_r = \frac{L^2 P_t G^2 \lambda^2 h \theta^2}{512(\ln 2)\pi^2 R^2}\eta \tag{7.23}$$

式中: L 为天线馈线的单程传输效率(损耗); P_t 为发射脉冲功率; h 为有效照射深度; G 为天线增益; θ 为波瓣宽度。

由式(7.19)可计算出大气折射率结构常数：

$$C_n^2 = \frac{32(\ln 2) R^2 P_r \lambda^{7/3}}{0.38 h A_e^2 L^2 P_t \theta^2}$$ (7.24)

风廓线雷达一般不对接收到的回波功率进行直接测量，要先对回波信号进行相干累积、非相干累积后进行谱分析，在获取多普勒频移信号的同时，从谱分析中可获取信号的信噪比(S/N)。这里暂不考虑信号处理的影响，信噪比假定为接收机输出的信噪比。S/N 中 N 表征了风廓线雷达接收机的噪声功率，S 则反映了接收到的信号功率。根据噪声系数为：

$$F = \frac{S/N}{P_r/N_i}$$ (7.25)

式中：$N_i = kT_0 B$ 为接收机的输入噪声功率（k 为玻耳兹曼常数，$k = 1.38 \times 10^{-23}$ J/K，$T_0 = 290$K，B 为接收机带宽）

可得回波功率为

$$P_r = kT_0 BF \frac{S}{N}$$ (7.26)

采用了相干累积后，风廓线雷达可对 $S/N > -20$dB 的信号进行谱分析和谱参数估算，获取一定精度的 P_r 估测。

把式(7.26)代入式(7.24)，可得到适用于风廓线雷达测量大气折射率结构常数的公式：

$$C_n^2 = \frac{32(\ln 2) kT_0}{0.38} \cdot \frac{B\lambda^{7/3} F}{h P_t L^2 \theta^2 A_e^2} \cdot \left(\frac{S}{N}\right) \cdot R^2$$ (7.27)

由式(7.27)可以看出，大气折射率结构常数与探测回波的信噪比及探测距离的平方呈线性对应关系。

用对数关系式来表示式(7.27)：

$$C_n^2 = 10\lg\left(\frac{32(\ln 2) kT_0}{0.38} \cdot \frac{B\lambda^{7/3} F}{L^2 \theta^2 A_e^2 P_t}\right) + 20\lg R + 10\lg(S/N) \text{ (dB)}$$ (7.28)

代入常量，则有

$$C_n^2 = -186.3 + 10\lg\left(\frac{B\lambda^{7/3} F}{P_t L^2 \theta^2 A_e^2}\right) - 10\lg\Delta R + 20\lg R + \text{SNR (dB)}$$ (7.29)

式中：ΔR 为高度分辨力，$\Delta R = h$；SNR 为信噪比的分贝值，$\text{SNR} = 10\lg(S/N)$。

由式(7.29)可以看出，影响大气折射率结构常数探测的因素很多，当其中一个或几个发生变化不再等于标称值时，都会影响雷达测量大气折射率结构常数的准确性。为了准确反映大气折射率结构常数，必须定期地对风廓线雷达的各项主要技术参数进行标定，对于一些不再等于标称值的雷达参数，需要计算出它们的变化量,然后对雷达探测的大气折射率结构常数进行修正。

7.3.3　风分量提取原理

风廓线雷达是无线电测距和多普勒测速的结合。风廓线雷达可根据回波信号往返时间确定回波的位置及多普勒效应确定气流沿雷达波束方向的速度分量。

为了测量风廓线,首先要得到风的位置。假设具有湍流散射机制的气团随平均气流运动,通过记录脉冲发射后散射回波的延时时间来给出测量高度。得到准确的延时是得到真实湍流目标高度的基础。

在气象上,常将某一位置的自然风分解为水平风和垂直气流。垂直气流定义为 w 分量,规定向上为正。在笛卡儿坐标系中,一般将水平风分解为 u、v 两个分量,u 向东为正,v 向北为正,如图 7.9 所示。假定水平风离开正北方向方位角为 φ,则

$$v_{\mathrm{H}} = u\sin\varphi + v\cos\varphi \tag{7.30}$$

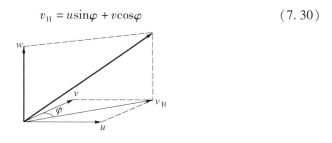

图 7.9　自然风的分解

对于任意方向斜波束,其在水平面上投影方向为 v'_{r},如图 7.10 所示,根据几何关系可以看出,水平风 v_{H} 在 v'_{r} 方向投影为 v'_{H},斜波束测得的径向速度 v_{r} 为 v'_{H} 径向上的投影 v''_{H} 与垂直气流(w 分量)在径向上的投影 w' 之和。假定斜波束偏顶角为 θ,则径向速度 v_{r} 与水平风及垂直气流的关系为

$$v_{\mathrm{r}} = v'_{\mathrm{H}}\sin\theta + w\cos\theta \tag{7.31}$$

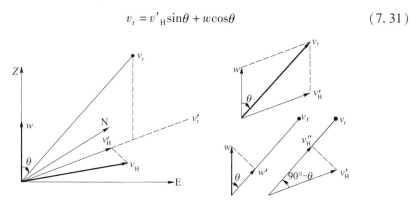

图 7.10　径向速度测量原理

由于水平风与斜波束在水平面上投影方向夹角不知道,为了方便计算,采用水平风分量 u、v 来计算水平风,为此风廓线雷达一般采用三个固定指向波束:一个垂直指向波束,两个方位正交的倾斜指向波束。为了提高探测精度,风廓线雷达多采用五个固定指向波束,一个为垂直指向,另外四个为方位正交的倾斜指向,倾斜波束的偏顶角一般取 $15° \sim 20°$,如图 7.11 所示。通过依次发射三个(或五个)指向的波束来得到风的三个分量 u、v、w。

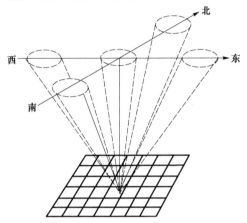

图 7.11　五波束指向示意图

垂直指向的波束可直接测得垂直气流(w 分量):

$$v_{rz} = w \tag{7.32}$$

方位正交的斜波束分别测出相应指向的径向速度。以东波束为例,如图 7.12 所示,可得东波束的径向速度:

$$v_{re} = u\sin\theta + w\cos\theta \tag{7.33}$$

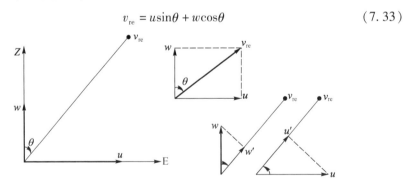

图 7.12　东波束径向速度测量原理

同理,可得北波束的径向速度为

$$v_{rn} = v\sin\theta + w\cos\theta \tag{7.34}$$

在风场水平均一假设前提下,联立式(7.32)~式(7.34)可解得三个风分量,即

$$
\begin{cases}
u = \dfrac{v_{re} - v_{rz}\cos\theta}{\sin\theta} \\[2mm]
v = \dfrac{v_{rn} - v_{rz}\cos\theta}{\sin\theta} \\[2mm]
w = v_{rz}
\end{cases}
\tag{7.35}
$$

同理,由东、南、中或南、西、中或西、北、中三种波束组合探测也可解得三个风分量。

如果用五波束探测,可用波束对称性来提高探测精度,由于一般垂直气流较小,有时也可简化用两个方位正交的斜波束来得到水平风。

得到风分量后,水平风是由 u 分量、v 分量合成得到。由图7.9可得

$$
v_H = \sqrt{u^2 + v^2}
\tag{7.36}
$$

$$
\varphi = \arctan\frac{u}{v}
$$

水平风速就等于 v_H,由于算得的是去向角度,转化为来向角度就可得到水平风向 α:

$$
\alpha =
\begin{cases}
180° + \mathrm{sgn}(u) \times 90° & (u \neq 0, v = 0) \\[1mm]
90° + \mathrm{sgn}(v) \times 90° & (u = 0, v \neq 0) \\[1mm]
\varphi + 180° & (u \neq 0, v > 0) \\[1mm]
\varphi + [1 + \mathrm{sgn}(u)] \times 180° & (u \neq 0, v < 0)
\end{cases}
\tag{7.37}
$$

式中:sgn 为符号函数,定义为输入自变量的符号。

7.4　主要探测性能

风廓线雷达的应用是对传统气球测风方法的一次革命。与有球测风相比,风廓线雷达除了具有可连续探测优点外,还具有高精度和运行可靠性。它融合了现代最新技术,操作维护方便,垂直分辨率高,风速测量误差与有球测风相当,其适用范围是有球测风无法比拟的。风廓线雷达主要功能是通过测定水平风廓线及垂直风速来获取高空风和低空急流活动特征,提供高时空密度的气象信息。此外,还可以探测湍流、大气稳定度、中尺度大气等。为了得到三维风矢量,必须通过三个非共面指向波束探测。通过对作为发射脉冲时间延时函数的雷达回波进行采样得到廓线。发射脉冲长度决定了距离分辨力。

7.4.1 探测范围

不考虑无线电频率资源使用与管理的约束,风廓线雷达工作频率的选择主要受大气湍流散射机理的限制。大气湍流散射是风廓线雷达回波信号的主要贡献者,根据大气湍流理论,湍流可看成多尺度湍涡的叠加,根据湍能在各种尺度湍涡间的传输特性,湍涡尺度由小到大可分为耗散区、惯性副区和含能涡区。小尺度湍流处于前两个尺度区间,可看成是均匀和各向同性的。大尺度湍流是非均匀和各向异性的。随高度增加,小尺度湍涡逐渐减少。根据布拉格散射理论,对雷达发射的电磁波,尺度处于雷达波长 1/2 的惯性副区内的湍涡后向散射最强,所以探测高度与频率选择密切相关。风廓线雷达一般设计工作在 40 ~ 1400MHz 之间。实际中,一般它们限制在 50MHz、400MHz 及 1000MHz 附近。三种类型的工作原理是相同的。影响探测高度的外在因素主要是散射机理,内在因素是发射功率和天线尺寸的大小。

7.4.1.1 最大探测高度

风廓线雷达的最大探测高度与一般雷达的探测威力相当,是指在一定检测概率前提下的最远探测距离。探测威力分析的最基本手段是雷达方程,雷达方程的形式很多,不同的分析方法采用不同的方程。

在气象雷达中常用最小信噪比来代替检测概率,接收机输入端的信噪比为

$$\mathrm{SNR} = K \times \eta \frac{P_\mathrm{t} \cdot A_\mathrm{e} \cdot \Delta H}{N_\mathrm{F} \cdot k \cdot T_\mathrm{n} \cdot B \cdot H^2} \tag{7.38}$$

考虑到馈线传输的来回损耗,信噪比公式修改为

$$\mathrm{SNR} = K \times \eta \frac{P_\mathrm{t} \cdot A_\mathrm{e} \cdot \Delta H}{N_\mathrm{F} \cdot k \cdot T_\mathrm{n} \cdot B \cdot H^2 \cdot L_\mathrm{r} \cdot L_\mathrm{t}} \tag{7.39}$$

式中各物理量的含义及对流层风廓线雷达的一般取值见表 7.1 所列。

表 7.1　各物理量的含义及取值

字母	物理意义	典型值(对流层风廓线雷达)
K	与波束形状有关的常数	笔形波束一般可取 0.0354
k	玻耳兹曼常数	$1.38 \times 10^{-23} \mathrm{J/K}$
λ	发射波波长	0.674m
P_t	发射机总峰值功率	20kW
A_e	天线有效截面	$67\mathrm{m}^2$(天线尺寸约 $10\mathrm{m} \times 10\mathrm{m}$ 时)
ΔH	高度分辨力(高模式)	300m(高模式时)
$\mathrm{SNR}_\mathrm{min}$	最小可检测信噪比	3dB

（续）

字母	物理意义	典型值（对流层风廓线雷达）
L_t、L_r	馈线损耗	3dB
N_F	噪声系数	2dB
B	接收机带宽	0.5MHz（高模式时）
T_n	噪声温度	290K
H	探测高度	

式（7.39）是单次探测时的信噪比,在实际风廓线雷达的运行中,接收信号经时域积累和频域积累,信噪比有很大改善。信噪比改善因子理论上可以表示为

$$I_{SNR} = N_t \sqrt{N_s} \tag{7.40}$$

式中：N_t 为时域积累次数；N_s 为频域积累次数。

于是式（7.39）可以改写为

$$SNR = K \times \eta \frac{P_t \cdot A_e \cdot \Delta H}{N_F \cdot k \cdot T_n \cdot B \cdot H^2 \cdot L_r \cdot L_t} \times N_t \sqrt{N_s} \tag{7.41}$$

从而得到最小可检测信噪比下的最大探测高度为

$$H_{max} = \sqrt{K \times \eta \frac{P_t \cdot A_e \cdot \Delta H \cdot N_t \sqrt{N_s}}{N_F \cdot K \cdot T_n \cdot B \cdot SNR_{min} \cdot L_r \cdot L_t}} \tag{7.42}$$

表7.1中风廓线雷达的技术参数主要取决于目前的工业技术水平,因此最大探测高度与目标反射率有很大的关系,由式（7.19）可知,反射率与大气折射率结构常数 C_n^2 成正比,所以最大探测高度依赖于 C_n^2。大气中 C_n^2 值随季节、地区、天气的不同而有很大变化,至今尚无较全面的测量资料。Doviak 根据在美国科罗拉多州冬季半年测出的资料得出 C_n^2 值随高度的变化如式（7.22）所示。

根据以上公式便可以估算雷达最大探测高度,当然这只是理论上的计算值。实际上,由于 C_n^2 随气候条件和季节变化起伏非常大,冬季和夏季最大可以有几个数量级的差别,即使在同一天,其变化也是比较大的。

除 C_n^2 的起伏因素外,还需要考虑两个主要因素：

（1）信噪比改善因子。理论上,时域积累 N_t 次可以提高 N_t 倍的信噪比,而频域积累 N_s 次,可以得到 $N_s^{1/2}$ 倍的信噪比改善。但实际上目标回波的相干性与理论相差比较大,回波的相干时间有一定的限度,致使 N_t 次的时域积累并不一定有 N_t 倍的信噪比提高。另外,接收机噪声也不仅仅是机内热噪声,还有环境噪声、有源干扰、地杂波残留等,都可以使改善因子下降。这些都在较大程度上影响探测高度。

（2）脉冲编码。理论上，采用压缩比为 N 的脉冲压缩技术可以使信噪比提高 N 倍，而不降低雷达的分辨力。但实际上存在压缩比的损失，对于气象体目标，其损失要比常规雷达硬体目标要大。

探测高度通常还随频率的增加而降低。对那些较低的 VHF 频段，在通过稳定大气电磁波垂直照射下，准镜面反射的后向散射能量在各个方向得到不同程度的加强，天顶波束经常观测到对方向敏感的准镜面回波，正是由于存在这些来自稳定大气最强的回波，垂直指向的 VHF 雷达可观测到平流层，可用来探测与监视对流层顶。所以 VHF 风廓线雷达垂直探测通常比倾斜探测看得更远。一般 VHF 风廓线雷达比具有相似灵敏度的 UHF 风廓线雷达探测更高。50MHz 频段探测高度一般为 20km，400MHz 频段探测高度约为 10km，1000MHz 频段探测高度约为 3km。

由于随着雷达工作频率的增加，水凝物回波明显增强，工作在 1000MHz 雷达的最大探测高度可能由于发生降水突然从 3km 变化到 8km。此外，由于在这些频段的雷达回波中包含大量像昆虫、鸟、飞机、树及输电线等无用目标信息，在 3km 以下的风廓线可能是不连续的。上面提及的树及输电线两种无用目标也可能被波束副瓣探测到，即使不位于主瓣指向上。在 50MHz 频段，唯一无用的目标是飞机，风廓线沿高度的变化不是很剧烈的。一般随着高度增加，雷达回波能量减小。在 15~20km 高度范围，回波信号将接近接收灵敏度，导致风廓线出现中断。在对流层顶，即使信号比灵敏度低，雷达回波能量一般也呈现一个阶跃性增大，当对流层顶大于 11km 时更是如此。

7.4.1.2 最小探测高度

常用最小探测高度来表征风廓线雷达的低空探测性能。影响风廓线雷达低空探测性能的主要因素有如下四个：

1）天线尺寸的影响

采用较大的天线尺寸，有利于提高雷达探测威力，但是会影响最小探测高度，根据波束形成的远场条件，天线直径 D 与波束形成的最小距离 R_{min} 关系为

$$R_{min} = \frac{2D^2}{\lambda} \qquad (7.43)$$

因此风廓线雷达的最低探测高度不可能小于式（7.43）的计算值。

对流层风廓线雷达的天线口径尺寸约为 10m，其最低探测高度的理论值约为 270m。边界层风廓线雷达的天线口径尺寸约为 2m，其最低探测高度理论值约为 25m。有些用户希望能够测得更低一点，这就要进行一些特殊处理，例如采用有源相控阵天线的风廓线雷达，可以通过只采用天线中心的一部分振子单元发射（称子阵）来探测低空，然后采用整个天线阵来探测高空。当然，使用子阵

时天线的技术参数跟整个天线的参数是不一样的,通常子阵的旁瓣会有所抬高,反过来也会影响低空探测性能,所以子阵有一个最优化选择,不宜过小。

2)工作频率的影响

最小探测高度也随频率增加而减小,这点可从式(7.43)得到,在50MHz频段最小探测高度一般为2km,400MHz频段最小探测高度为0.5km,1000MHz频段最小探测高度达到100m以下。

3)发射脉冲宽度的影响

脉冲宽度与近距离盲区的长短有关,如脉冲宽度为0.5μs,则盲区距离为75m,这是理论上的最小探测高度。由于脉冲前后沿和封闭脉冲的延迟,尤其是发射时开关余震的影响,使近距离盲区实际值扩大。

4)安装环境和气候条件的影响

雷达安装的周围环境,尤其是近距离的地物,如山脉、高大建筑物等,对电磁波都有很强的反射,常常在雷达的近距离回波信号功率谱的零频附近出现地杂干扰,而低空风常常较小,它的信号谱也位于零频附近,这样极易受到地杂波的污染,使数据可信度下降,难以通过质量控制,造成低空数据缺测。

而在大风天气下,由于周围的某些物体在大风作用下有较大幅度的运动,使得地杂波谱展宽,也会污染低空风谱信号,同样造成低空数据缺测。

综合以上各因素,以目前的工艺和技术水平而论,边界层风廓线雷达的最小探测高度很难低于50m,而对流层风廓线雷达的最小探测高度很难低于150m。

7.4.2　探测分辨力

7.4.2.1　高度分辨力

从理论上来说,高度分辨力取决于信号带宽,对于非调制脉冲,可用发射脉冲宽度来表征,即

$$\Delta R = \frac{c}{2}\tau \tag{7.44}$$

式中:τ 为脉冲宽度。

脉冲宽度小,则高度分辨力高;脉冲宽度大,则高度分辨力差。但是脉冲宽度小,发射能量也低,最大探测高度会下降;脉冲宽度小,高度分辨力高,即 ΔH 小,最大探测高度也变小。因此,采用一种探测模式是很难兼顾的。

风廓线雷达通常采用多种观测模式,其中:一种模式采用窄脉冲发射,以获得好的高度分辨力及低空能力,但是最大探测高度比较有限,称为低模式;另一种模式采用宽脉冲发射,以获得最大探测高度,但是高度分辨力稍差,称为高模式。只要不同模式间做到探测高度范围有重叠,就可以实现风廓线的连接。

7.4.2.2 速度分辨力

速度分辨力的数值应小于风速测量精度的数值,才有可能保证风速测量精度的要求。风廓线雷达风速测量精度的要求一般为 1m/s 左右,则在风廓线雷达倾斜指向波束偏顶角为 15° 时,测量的径向速度分辨力的数值应小于:$1 \times \sin 15° = 0.25 (m/s)$。

在风廓线雷达具体测量时,选择不同的工作模式会产生不同的径向速度分辨力,根据式(7.1),最大不模糊速度与相干积累数有关,而相干积累数 $M = N_t$,所以式(7.1)可写为

$$v_m = \frac{\lambda}{4N_t \times T} \qquad (7.45)$$

所以,风廓线雷达的径向速度分辨力可由下式计算:

$$\Delta v = \frac{2v_m}{N_{FFT}} = \frac{\lambda}{2T \times N_t \times N_{FFT}} \qquad (7.46)$$

7.4.2.3 时间分辨力

时间分辨力与探测采用的模式数及波束数有关,现在风廓线雷达多采用高、低两种模式探测,每个探测模式一般采用东、南、西、北、中 5 个波束,所以完成一次探测需要接收 10 个波束的数据,由于气象目标的特殊性,每次发射一个波束要驻留一定时间来提高检测概率,波束驻留时间可从式(7.9)得到,所以风廓线的时间分辨力计算公式为

$$t = \sum_{j=1}^{2} \sum_{i=1}^{5} T_{ij} N_{tij} N_{FFTij} N_{sij} \qquad (7.47)$$

式中:i 为波束序号;j 为模式序号。

由于在工作时序安排上,数据处理与发射脉冲和信号处理并行运算,时间分辨力计算时不用考虑数据处理所用的时间。

需要指出的是,风廓线雷达探测的是湍流散射,由于信号弱易受杂波干扰,为了提高风廓线反演结果的可信度,要对一段时间的连续观测值进行平均。目前在风廓线雷达中通常采用的是一致性平均方法,风廓线时间分辨力实际上应是一致性平均的时间段,对流层风廓线雷达一般采用 0.5h 或 1h 的平均,因此 0.5h 或 1h 给出一条风廓线。有的风廓线雷达软件对一段时间的连续观测值进行滑动平均,能在式(7.47)得出的时间分辨力内给出一条风廓线,但实际上相邻时刻的数据之间有一定的相关性。

7.4.3 波束对探测性能的影响

因为宽度为 1° 的波束在 10 km 距离上要覆盖 175 m 的范围,所以为了限制雷达回波的水平扩展,风廓线系统要求较窄的波束宽度。因为波束宽度与天线的水平尺寸及工作频率成反比,所以对于 50 MHz 雷达,典型天线尺寸与波束宽度分别为 100 m 与 1.5° 量级,对于 400 MHz 雷达,它们分别为 10 m 和 3° 量级,对于 1000 MHz 雷达,它们分别为 2 m 和 5° 量级。

7.4.3.1 波束宽度对湍流测量的影响

风廓线雷达提供的湍流强度信息,可用于航空界对湍流的临近预报或研究界对湍流消散与扩散的程度确定。

风廓线雷达采用谱宽或后向散射能量两种方法来估计湍流大小。谱宽给出了观测体内湍流强度的直接估计。后向散射能量大小依赖于由涡流消散率来量测的折射率湍流与机械湍流的强度。一些研究者使用风廓线雷达观测值来反演涡流消散率和涡流扩散率。在由谱宽反演涡流消散率时必须注意避免由波束展宽和切变展宽带来的干扰。

风廓线雷达回波信号直接获取的是风的径向分量,即沿着波束指向的多普勒频移,风的切向分量是无效的,所以雷达垂直指向波束的回波仅仅受到风的垂直分量影响。由于雷达波束宽度有限,水平风 v_H 一般对它影响很小。如图 7.13 所示,在波束中心地带,水平风仅有一个切向分量 v_{HT};径向分量 $v_{HR} = v_H \sin\theta$,随偏顶角 θ 的增加而增加,正负号取决于面对波束或背离波束。这导致雷达回波能量在多普勒速度范围内产生一定的扩展,即产生平均多普勒频移相对于平均

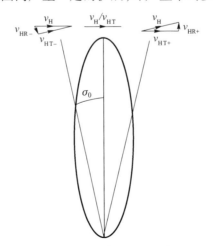

图 7.13 波束扩展的影响

径向速度的波束展宽,当垂直速度随湍流运动而起伏时将发生附加的展宽。从原理上讲,对波束展宽的影响进行校正后,可以从雷达回波谱宽中得到湍流强度。

垂直指向波束的双程方向图具有高斯形式:

$$f(\theta)\,\alpha\exp\left[-\frac{\sin^2\theta}{2\sin^2\sigma_0}\right] \tag{7.48}$$

式中:标准差 σ_0 代表波束半宽度。

作为波束展宽结果的多普勒速度分布 v_D,也将有一个以平均径向速度 $\bar{v}$ 为中心的高斯形式:

$$f(v_D)\,\alpha\exp\left[-\frac{(v_D-\bar{v})^2}{2\sigma_{\text{BEAM}}^2}\right] \tag{7.49}$$

式中:展宽波束标准差 σ_B 和标准差 σ_0 之间关系为

$$\sigma_B = v_H\sin\sigma_0 \tag{7.50}$$

由湍流运动引起的速度分布也认为符合高斯分布,其均值是平均径向速度,方差是标准差 σ_T,它可用来测量湍流强度,所以联合分布的标准差,即雷达回波谱宽 σ_{SW} 为

$$\sigma_{\text{SW}}^2 = \sigma_B^2 + \sigma_T^2 \tag{7.51}$$

将式(7.50)代入式(7.51),可提取出由湍流引起的径向速度变化的方差:

$$\sigma_T^2 = \sigma_{\text{SW}}^2 - v_H^2\sin^2\sigma_0 \tag{7.52}$$

因为影响观测谱宽的波束展宽随风速增大而增大,所以风速增加,提取湍流信息的可能性下降。

7.4.3.2　波束指向对风测量的影响

根据式(7.36)和式(7.37),可得

$$\begin{cases} v_H = \sqrt{\dfrac{v_{\text{re}}^2 + v_{\text{rn}}^2 + 2v_{\text{rz}}^2\cos^2\theta - 2v_{\text{re}}v_{\text{rz}}\cos\theta - 2v_{\text{rn}}v_{\text{rz}}\cos\theta}{\sin^2\theta}} \\ \varphi = \arctan\dfrac{v_{\text{re}} - v_{\text{rz}}\cos\theta}{v_{\text{rn}} - v_{\text{rz}}\cos\theta} \end{cases} \tag{7.53}$$

对于偏顶角不准确带来的测量误差,取基准 $\theta=15°$,假定垂直速度为零,由式(7.53)可得

$$\begin{cases} \Delta v_H = 3.73 v_H \Delta\theta \\ \Delta\varphi = 3.73\Delta\theta \end{cases} \tag{7.54}$$

式中：$\Delta\theta$ 为偏顶角的绝对误差。

上述都在假定波束方向是正北、正东的情况下得到的，对于考虑方位角，可得

$$\begin{cases} u' = (u\cos\alpha_n - v\cos\alpha_e)/\sin(\alpha_e - \alpha_n) \\ v' = (v\sin\alpha_e - u\cos\alpha_n)/\sin(\alpha_e - \alpha_n) \end{cases} \tag{7.55}$$

式中：u'、v' 分别为考虑方位角后风的正东、正北分量；u 与 v 可由式（7.36）求得；α_e、α_n 分别为东波束与北波束的方位角。

令 $\alpha_e - \alpha_n = \alpha$，如 $\alpha = 90°$，即北波束与东波束正交，同上可得方位角不准确带来的测量误差：

$$\begin{cases} \Delta v_H = 0 \\ \Delta\varphi = \Delta\alpha \end{cases} \tag{7.56}$$

式中：$\Delta\alpha \neq 90°$ 为偏北角的绝对误差。

如 $\alpha \neq 90°$，即北波束与东波束不正交，且假定 $\alpha \neq 0$，由式（7.55）可得

$$\begin{cases} u' = (u - v\cos\alpha)/\sin\alpha \\ v' = v \end{cases} \tag{7.57}$$

由式（7.57），并取 $\alpha \neq 90°$ 可得波束不正交时，方位角不准确带来的测量误差：

$$\begin{cases} \Delta v_H = 0.5 v_H \Delta\alpha \\ \Delta\varphi = 0.5\Delta\alpha \end{cases} \tag{7.58}$$

7.5　终端产品与应用

风廓线雷达可提供水平风、垂直气流、C_n^2、信噪比等基本产品，还可提供风切变、降水、雷电、湍流等信息。

7.5.1　天气分析

从天气学知识可知，用加密观测的气球探空测风资料可以分析锋面、槽线等天气过境的时间及其演变。其基本方法是：将不同时间探测的风廓线显示在以横坐标为时间轴、纵坐标为高度轴的图上，组成风场的时间－高度显示垂直剖面图，由于我国绝大部分天气系统是自西向东移动的，剖面图的起始时间列在右端，时间从右向左推进。这样，从剖面图上分析出来的风场变化的表现形式，可参照等压面图上的情况进行识别。图 7.14 为某月 1—4 日每天两次气球探空观测的槽线过境时风廓线演变示意图。从图 7.14 可见，剖面图上显示的槽前为西

南风,槽后为西北风的特点,与等压面图上槽线过境前后风的变化表现是一致的。事实上这与泰勒"冰冻湍流"理论所反映出的时空可置换性,以及欧拉观测方法和拉格朗日观测方法的结果也是一致的。

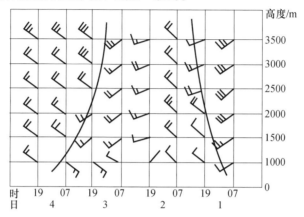

图7.14　槽线过境时风廓线演变模型图

风廓线雷达探测的数据与上述图例显示方式一样,只不过时空分辨率更高,信息量更大,因此也可以按照天气图分析方法来分析判断出过境的槽、脊、高压、低压等,为天气预报、科学研究服务。下面对几种典型天气过程风廓线探测图例进行分析。

1)高压过境

据天气学原理可知,高压环流为顺时针方向偏转。环流方向可以风向为判断依据,即风向顺时针偏转为高压环流。

图7.15为2006年2月4日高压过境的时空剖面图。图中显示,高压9:00经过本站。查看当日8:00时850hPa的天气图(图略),本站正处于一个弱高压的边缘,对流层风廓线雷达观测显示脊过境的时间正好是天气图外推的时间。从图中还可以看出,风场变化特点从地面延续到了8000m,这是一个深厚的高压系统。

2)槽线过境

槽线处风向为逆时针切变,槽前为西南风,槽后为西北风。在风场时空剖面图中,当风向从西南转向西北时,正好是槽线经过。图7.16为2006年3月15日对流层风廓线雷达观测到的低压槽线过境的过程。图中显示,在850hPa高度上槽的前沿在14:00左右到达本站,槽的后沿于18:00离开本站,槽内为西风。查看当日08:00的高空图(图略),本站处于槽前,20:00的高空图显示槽正在本站上空,风廓线雷达准确地监测到了槽线经过本站的时间。

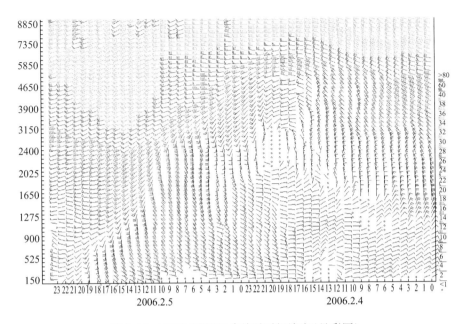

图 7.15 高压过境时风廓线随时间演变(见彩图)

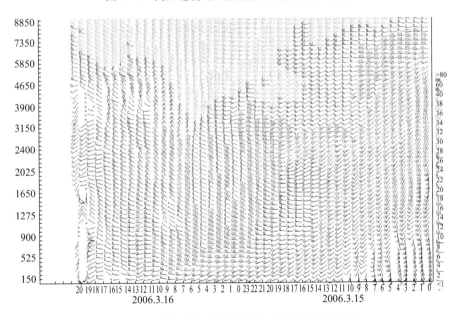

图 7.16 槽线过境时风廓线随时间演变(见彩图)

3) 冷锋过境

冷暖气团的交界面称为锋面。冷锋是指锋面在移动过程中,冷气团起主导作用,冷气团推动锋面向暖气团一侧移动的锋面。锋前多西南风,锋后多为西北风;锋面常位于风的气旋性切变最大处,即锋面过境前后风向会发生气旋性转变。图7.17是2006年2月21日观测到的锋面的情况,地面锋线于当日18:00经过本站。随着冷锋的东移,本站观察到的锋面位置逐渐抬升,于2006年2月22日5:00左右移出本站范围。

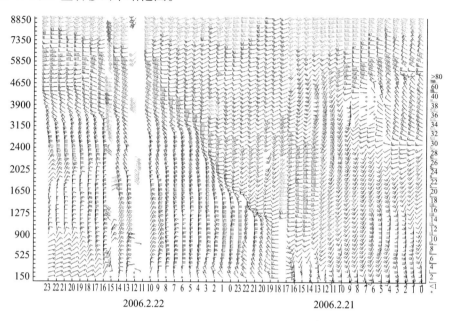

图7.17 锋面过境时风廓线随时间演变(见彩图)

7.5.2 降雨判断

大量的观测显示,晴天时风廓线雷达所测量的垂直气流很小,在0.5m/s以下,但是,当有降雨发生时,风廓线雷达在3000m以下所给出的垂直速度明显增大,一般能达到4m/s以上(图7.18),因此可据此进行天气状况识别。

7.5.3 风切变探测

风切变泛指空间任意两点之间风向和风速的变化,低空风切变主要来源于湍流及平均风的水平切变和垂直切变。但就风场对飞机造成的危害而言,多指风经过一个薄的垂直气层所发生的风向和风速的变化。

风的水平切变也简称水平风切变,一般是指相同高度的两个点在水平距离间隔内风的变化,目前尚无统一的强度标准。

美国在机场低空风切变警报系统中采用了一个水平风切变强度报警标准值。该系统在机场平面有6个测风站,即1个中央站和5个外站。各外站和中央站间距离平均约为3km。系统规定每1min与中央站的风矢量差达7.7m/s以

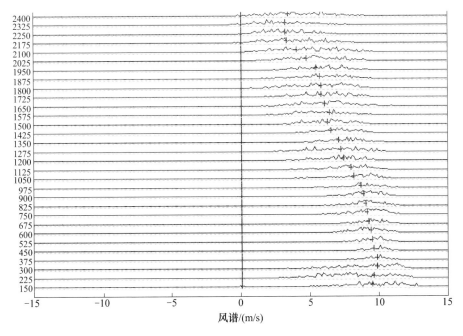

图 7.18　降雨时垂直波束测量的功率谱随高度的分布

上时系统即发出报警信号,以此推算,2.6m/s/km 可作为能对飞行构成危害的水平风切变强度标准。

　　在风廓线雷达测量的时间高度剖面显示图上,相邻时刻的风切变反映了风场随时间的变化特征,计算时采用前后相差法,即相邻时刻的两根风廓线数值相减,而不做精确的时间平均。当天气系统过境时,在水平风切变等值线图上也可以看出过境前与过境后的风场变化。

　　表 7.2 列出了国际上制定的不同风切变强度等级所对应的垂直风切变值,垂直风切变值按两种单位形式给出。

表 7.2　垂直风切变强度等级分类标准

强度等级	垂直风切变值	
	$(\mathrm{(m/s)/30m})$	s^{-1}
微弱	<1.0	<0.033
轻度	1.1~2.0	0.034~0.067
中度	2.1~4.0	0.068~0.133
强烈	4.1~6.0	0.134~0.20
严重	>6.0	>0.20

根据表7.2划分的风切变强度等级可以进行风切变强度等级的计算与显示,如图7.19所示。

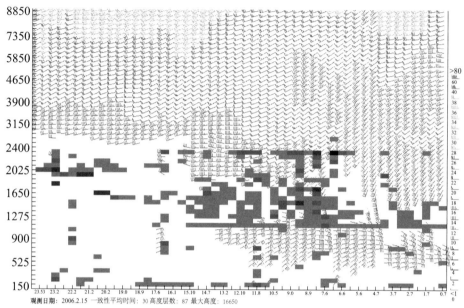

图7.19　风切变强度等级显示(见彩图)

第 8 章

气象雷达新技术

大气科学研究和气象保障服务得益于气象雷达的发展与应用,同时对气象雷达新技术的开发进步提供了强大的需求动力;更多的探测要素、更远的探测距离、更高的探测精度、更便捷的操作运用已成为气象雷达技术发展的不懈追求;雷达技术、微电子技术、计算机和数字技术的不断创新,使实现气象雷达探测新需求具备了技术支撑。

气象雷达新技术一方面源于军用现代雷达技术在气象雷达中的开发应用,如相控阵技术、脉冲压缩技术、双/多基地技术、全固态技术在风廓线雷达、天气雷达中的应用,单脉冲、假单脉冲技术在高空气象探测雷达中的应用;另一方面源于针对气象目标特性而拓展雷达工作波段,进而开发研制的新型气象雷达,如激光测风雷达、毫米波测云雷达、中频雷达、声雷达等。21 世纪以来,不同功能、不同体制、不同波段、不同模式的新型气象雷达在国内外陆续问世,成为大气探测的重要装备。本章简要介绍这些雷达的功能特点、工作机理、系统组成、主要性能等。

8.1 相控阵天气雷达

相控阵雷达是指通过控制阵列天线各阵元发射电磁波的相位实现天线波束扫描的雷达。相控阵技术应用于气象雷达,使气象雷达技术在多功能、多用途等方面得到快速发展,实现气象雷达功能和性能的跨越式进步,必将推动大气物理研究和气象服务上升到一个新的台阶。相控阵技术目前主要应用在风廓线雷达和天气雷达中,风廓线雷达已在第 7 章专门讨论,本节只讨论相控阵技术在天气雷达中的应用。

8.1.1 功能特点

相控阵多普勒天气雷达通过控制阵列天线中各单元激励信号的幅度、相位,实现跳跃式电扫描波束和天线方向图形状的自适应控制,使扫描和资料收集时间由 6min 降至 1min 以内,在足够短的时间内观测迅速演变的天气事件。由于相控阵天气雷达工作波段与传统抛物面天气雷达相同,所以在电磁波与天气目标粒子相互作用方面同样符合米散射与瑞利散射特性。

　　相控阵天气雷达的快速扫描有利于迅速准确地监测、预警下击暴流和微下击暴流等灾害性天气。现役地基多普勒天气雷达大都采用抛物面天线做机械扫描,完成对探测空域的一次立体扫描至少需要 5 ~10min,而下击暴流、微下击暴流等恶劣天气现象的生命史也就不到 10min。因此,机械扫描天线严重制约了天气雷达对这些瞬变灾害天气的监测取样时效。目前相控阵天气雷达一般在水平面上沿用传统的机械扫描,垂直面上采用电子相控扫描,雷达天线仅做一周方位扫描便可获取低层大气中三维立体的风场数据信息,体扫时间可缩短到 1min,采样层数增多,时间和空间分辨率大大提高,监测 10min 以内的瞬变微小尺度灾害天气变得顺理成章。

　　相控阵天气雷达有利于探测微弱气象目标。它可以形成多个波束(图 8.1),实现复杂扫描方式,跟踪已发现的多个小尺度天气目标的演变;用宽波束搜索较大范围新天气情况的发生,降低所需的搜索时间。对微弱天气目标(如晴空湍流)可以采用长驻留期、高重复频率的照射,获得较大的回波能量,提高天气雷达对弱目标的探测灵敏度。

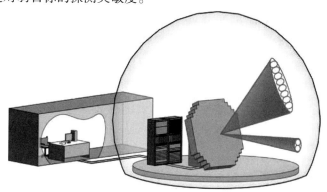

图 8.1　相控阵天气雷达波束示意图

8.1.2　工作原理

8.1.2.1　相位控制波束偏转

　　图 8.2 为由 N 个阵元组成的一维直线移相器天线阵,阵元间距为 d。为简化分析,假定每个阵元为无方向性的点辐射源,所有阵元的馈线输入端为等幅同相馈电,各移相器的相移量分别为 $0, \varphi, 2\varphi, \cdots, (N-1)\varphi$,即相邻阵元激励电流之间的相位差为 φ。

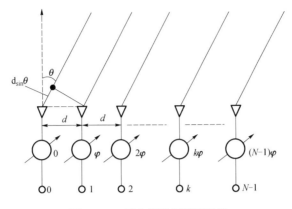

图 8.2　N 元直线移相器天线阵

偏离法线 θ 方向远区某点的场强 $\boldsymbol{E}(\theta)$ 是各阵元在该点的辐射场的矢量和：

$$\boldsymbol{E}(\theta) = \boldsymbol{E}_0 + \boldsymbol{E}_1 + \cdots + \boldsymbol{E}_i + \cdots + \boldsymbol{E}_{N-1} = \sum_{k=0}^{N-1} \boldsymbol{E}_k$$

因等幅馈电，且忽略各阵元到该点距离上的微小差别对振幅的影响，认为各阵元在该点辐射场的振幅相等，均为 E。若以零号阵元辐射场 E_0 的相位为基准，则

$$\boldsymbol{E}(\theta) = E \sum_{k=0}^{N-1} \mathrm{e}^{jk(\psi-\varphi)} \tag{8.1}$$

式中：$\psi = 2\pi d\sin\theta/\lambda$，是相邻阵元波程差引起的辐射场相位差；$\varphi$ 为相邻阵元激励电流相位差；$k\psi$ 为由波程差引起的 E_k 对 E_0 的相位超前；k_φ 为由激励电流相位差引起的 E_k 对 E_0 的相位滞后。

任一阵元辐射场与前一阵元辐射场之间的相位差为 $\psi-\varphi$。按等比级数求和并运用欧拉公式，式(8.1)化简为

$$\boldsymbol{E}(\theta) = E \frac{\sin\left[\dfrac{N}{2}(\psi-\varphi)\right]}{\sin\left[\dfrac{1}{2}(\psi-\varphi)\right]} \mathrm{e}^{j\left[\frac{N-1}{2}(\psi-\varphi)\right]}$$

由式(8.1)容易看出，当 $\psi=\varphi$ 时，各分量同相相加，场强幅值最大，显然

$$|E(\theta)|_{\max} = NE$$

故归一化方向性函数为

$$F(\theta) = \frac{|\boldsymbol{E}(\theta)|}{|\boldsymbol{E}(\theta)|_{\max}} = \left| \frac{1}{N} \frac{\sin\left[\dfrac{N}{2}(\psi-\varphi)\right]}{\sin\left[\dfrac{1}{2}(\psi-\varphi)\right]} \right|$$

$$= \left| \frac{1}{N} \frac{\sin\left[\frac{N}{2}\left(\frac{2\pi}{\lambda}d\sin\theta - \varphi\right)\right]}{\sin\left[\frac{1}{2}\left(\frac{2\pi}{\lambda}d\sin\theta - \varphi\right)\right]} \right| \tag{8.2}$$

$\varphi = 0$，各阵元等幅同相馈电。由式(8.2)可知，当 $\theta = 0$，$F(\theta) = 1$，即方向图最大值在阵列的法线方向。

$\varphi \neq 0$，则方向图最大值方向(波束指向)就要偏移，偏移角 θ_0 由移相器的相移量 φ 决定，其关系式为：$\theta = \theta_0$ 时，$F(\theta_0) = 1$，由式(8.2)可知，应满足

$$\varphi = \psi = \frac{2\pi}{\lambda}d\sin\theta_0 \tag{8.3}$$

式(8.3)表明，在 θ_0 方向，各阵元的辐射场之间，由于波程差引起的相位差正好与移相器引入的相位差相抵消，导致各分量同相相加获最大值。

显然，改变 φ 值满足式(8.3)，就可改变波束指向角 θ_0，从而实现波束扫描。根据天线收发互易原理，上述天线用作接收时，以上结论仍然成立。

8.1.2.2 波束宽度

当波束指向为天线阵面法线方向时，$\theta_0 = 0$，即 $\varphi = 0$，各阵元等幅同相馈电。由式(8.2)可得方向性函数为

$$F(\theta) = \left| \frac{1}{N} \frac{\sin\left(\frac{N\pi}{\lambda}d\sin\theta\right)}{\sin\left(\frac{\pi}{\lambda}d\sin\theta\right)} \right| \tag{8.4}$$

通常波束很窄，$|\theta|$ 较小，$\sin\left[(\pi d/\lambda)\sin\theta\right] \approx (\pi d/\lambda)\sin\theta$，式(8.4)变为

$$F(\theta) \approx \left| \frac{\sin\left(\frac{N\pi d}{\lambda}\sin\theta\right)}{\frac{N\pi d}{\lambda}\sin\theta} \right| \tag{8.5}$$

近似为 sinc 函数。由 sinc 函数曲线可知：当 $\sin x/x = 0.707$ 时，$x = \pm 0.443\pi$，即

$$\frac{N\pi d}{\lambda}\sin\theta_+ = 0.443\pi$$

$$\theta_+ \approx \frac{0.443\lambda}{Nd}$$

由此可求出波束半功率宽度为

$$\theta_{0.5} = 2\theta_+ \approx \frac{0.886}{Nd}\lambda(\text{rad}) \approx \frac{50.8}{Nd}\lambda(°) \tag{8.6}$$

式中:Nd 为线阵长度。

当 $d = \lambda/2$ 时,有

$$\theta_{0.5} \approx \frac{100}{N}(°) \tag{8.7}$$

可见,在 $d = \lambda/2$ 的条件下,若要求 $\theta_{0.5} = 1°$,则所需阵元数 $N = 100$。如果要求水平和垂直面内的波束宽度都为 $1°$,则需 100×100 个阵元。

8.1.2.3　波束扫描对波束宽度和天线增益的影响

天线扫描时,波束轴偏离法线方向,$\theta_0 \neq 0$,方向性函数由式(8.2)表示。波束较窄时,$|\theta - \theta_0|$ 较小,$\sin[(\pi d/\lambda)(\sin\theta - \sin\theta_0)] \approx \pi d/\lambda(\sin\theta - \sin\theta_0)$,式(8.2)可近似为

$$F(\theta) \approx \left| \frac{\sin\left[(\frac{N\pi d}{\lambda}(\sin\theta - \sin\theta_0)\right]}{\left[\frac{N\pi d}{\lambda}(\sin\theta - \sin\theta_0)\right]} \right| \tag{8.8}$$

也是 sinc 函数。设在波束半功率点上 θ 的值为 θ_+ 和 θ_-(图 8.3),故当 $\theta = \theta_+$ 时,有

$$\frac{N\pi d}{\lambda}(\sin\theta_+ - \sin\theta_0) = 0.443\pi \tag{8.9}$$

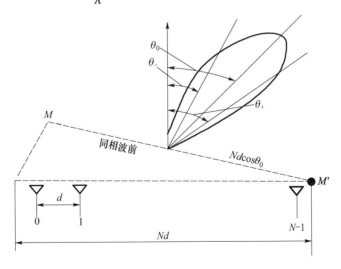

图 8.3　扫描时的波束宽度

波束很窄时,应用台劳级数容易证明

$$\sin\theta_+ - \sin\theta_0 \approx (\theta_+ - \theta_0)\cos\theta_0$$

代入式(8.9),整理得扫描时的波束宽度为

$$\theta_{0.5s} = 2(\theta_+ - \theta_0) \approx \frac{0.886\lambda}{Nd\cos\theta_0}(\text{rad}) = \frac{50.8\lambda}{Nd\cos\theta_0}(°) = \frac{\theta_{0.5}}{\cos\theta_0} \qquad (8.10)$$

式中:$\theta_{0.5}$为波束在法线方向时的半功率宽度;λ为波长。

从式(8.10)可看出,波束扫描时,随着波束指向θ_0的增大,$\theta_{0.5}$要展宽,θ_0越大,波束变得越宽。例如$\theta_0 = 60°$,$\theta_{0.5s} \approx 2\theta_{0.5}$。

随着θ_0增大,波束展宽,同时使天线增益下降。假定方天线阵的阵元总数为N_0,天线口径面积为A,无损耗,口径场均匀分布(口面利用系数等于1),阵元间距为d,则有效口径面积$A = N_0 d_2$,法线方向天线增益为

$$G(0) = \frac{4\pi A}{\lambda^2} = \frac{4\pi N_0 d^2}{\lambda^2} \qquad (8.11)$$

当$d = \lambda/2$时,$G(0) = N_0\pi$。

如果波束扫到θ_0方向,则天线发射或接收能量的有效口径面积A_s为面积A在扫描等相位面上的投影,即$A_s = A\cos\theta_0 = N_0 d_2 \cos\theta_0$。如果将天线考虑为匹配接收天线,则扫描波束所收集的能量总和正比于天线口径的投影面积A_s,所以波束指向处的天线增益为

$$G(\theta_0) = \frac{4\pi A_s}{\lambda^2} = \frac{4\pi N_0 d^2}{\lambda^2}\cos\theta_0$$

当$d = \lambda/2$时,$G(\theta_0) = N_0\pi\cos\theta_0$。可见增益随$\theta_0$增大而减小。

如果在方位和仰角两个方向同时扫描,以$\theta_{0\alpha}$和$\theta_{0\beta}$表示波束在方位和仰角方向对法线的偏离,则

$$G(\theta_{0\alpha}, \theta_{0\beta}) = N_0\pi\cos\theta_{0\alpha}\cos\theta_{0\beta}$$

当$\theta_{0\alpha} = \theta_{0\beta} = 60°$时,$G(\theta_{0\alpha}, \theta_{0\beta}) = N_0\pi/4$,只有法线方向增益的1/4。

相控阵雷达天线波束扫描的角范围通常限制在±60°或±45°内,以免天线波瓣宽度太大、增益太低。

等间距和等幅馈电的阵列天线副瓣较大(第一副瓣电平为−13dB),为了降低副瓣,可以采用"加权"的办法:一种是振幅加权,使得馈给中间阵元的功率大些,馈给周围阵元的功率小些;另一种是密度加权,即天线阵中心处阵元的数目多些,外围的阵元数少些。

8.1.3　系统组成与工作过程

根据微波发射功率产生方式的不同,相控阵雷达分为有源相控阵和无源相控阵。在源相控阵发射功率在辐射元产生,一个辐射元就是一部小雷达;无源相控阵发射功率由传统的大功率发射机产生,通过功分器配送到辐射元上。有源

相控阵雷达在功能、性能、造价和复杂性等方面远高于无源相控阵雷达，固态收发组件的发展使有源相控阵雷达前途无量。已有的相控阵天气雷达大都是无源相控阵雷达。

相控阵天气雷达系统组成框图如图 8.4 所示，与传统机械扫描天气雷达相比主要差别是它具有相控平面阵列天线及波束控制器。

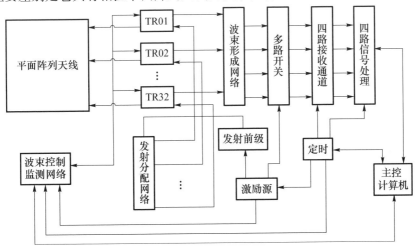

图 8.4　相控阵天气雷达系统组成框图

相控平面阵列天线由数百至数千个独立的辐射单元（开口波导、开槽波导或偶极子）组成，这些辐射单元在阵面上被规则地排列成行、列点阵。

8.1.4　典型设备

8.1.4.1　整机框图

国产某型相控阵天气雷达整机框图如图 8.5 所示。与常规机械扫描多普勒天气雷达相比，主要差别在于它具有平面裂缝阵列天线及波束控制器。

8.1.4.2　平面裂缝阵列天线

1）特点

一维相扫的平面裂缝阵列天线在方位平面内为 360°机械扫描，在仰角方向以一维单波束相位扫描，仰角扫描范围为 $-2° \sim +90°$。相位扫描由波控器控制五位数字移相器的相位来完成，波束扫描工作方式灵活可控，垂直波束宽度可按雷达要求改变。

2）主要性能

工作频率范围：　5500～5700MHz

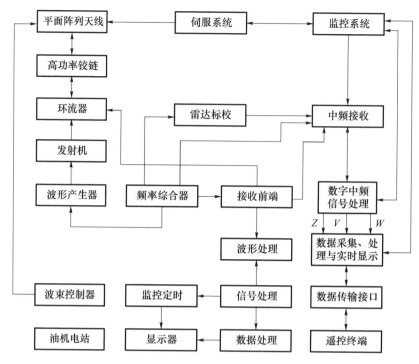

图 8.5　相控阵天气雷达整机框图

阵列口径尺寸(宽×高×厚)：　2.48m×3m×0.2m

仰角扫描范围：　-2°~+90°

水平波瓣宽度：　1.5°

垂直波瓣宽度：　1.5°(-2°~+50°);小于3.5°(+50°~+90°)

天线口面法线方向上仰：　25°

水平波瓣副瓣电平:近轴≤-25dB;远轴≤-40dB

垂直波瓣副瓣电平:近轴≤-25dB;远轴≤-40dB

偏振方式:水平线偏振

3) 天线系统组成

平面裂缝阵列天线系统由平面裂缝阵列天线、和馈电网络及波束控制器三大部分组成,如图8.6所示。

裂缝平面阵列天线由96行波导窄边开缝的裂缝线源组成,每行裂缝线源有80个缝隙,波导采用BJ-58的异型铝波导。

和馈电网络由一分为96的和功分波导、五位数字移相器、同轴负载、波导负载等器件组成。

波束控制器系统采用嵌入式计算机及超大规模可编程逻辑电路控制天线的数字移相,实现天线波束及其扫描指向的改变。

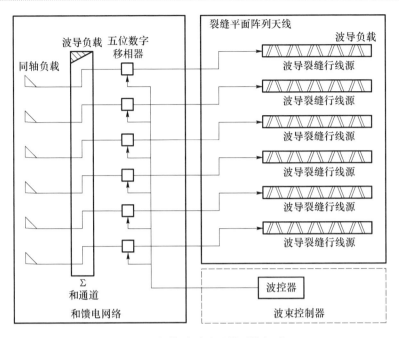

图 8.6　相控阵雷达天线系统组成

8.1.4.3　波束控制器

1）功能

波束控制器系统控制天线面阵上的 96 路数字移相器的移相量,以实现天线波束指向在一定范围内快速无惯性电子扫描。它由嵌入式计算机及超大规模可编程逻辑电路组成,在雷达每个重复周期接收从主监控发来的工作方式、波束指向、工作频率等指令,根据不同的指令,完成以下主要功能:

(1) 将配相码送至 96 路五位数字移相器,控制其移相量。

(2) 提供数字移相器收发状态转换的控制信号。

(3) 对 96 路移相器进行实时监测,对系统内各板以及电源进行实时故障检测,并将结果上报主监控。

(4) 为 96 路移相器提供直流电源。

2）主要性能

(1) 移相器配相码:5 位,96 路,TTL 电平。

(2) 移相器时序控制:TTL 电平,负脉冲。雷达脉冲信号发射期间,输出发射状态控制信号的时间宽度大于发射脉冲宽度,前后不大于 $3\mu s$,并根据雷达工作方式、波形格式的不同,自动调整时间宽度(保护信号起点时间不变)。发射状态结束后,送出接收状态控制信号,使移相器转为接收状态。

（3）输出直流电源电压。数字移相器 +5V、+21V、-18V。为保护数字移相器不受电源冲击，+21V 电压是在 +5V 电压和 -18V 电压接通后，控制继电器导通，然后加到移相器。

（4）系统在线实时故障检测。检测系统内 96 路数字移相器、各电路板、各组电源及天线车移相器风机等故障。

3）组成及基本工作过程

波束控制器系统由波束控制通信板、存储板、波束控制定时板、检测板、各种开关电源以及辅助控制电路等组成，如图 8.7 所示。

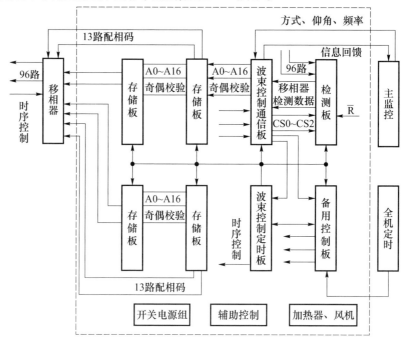

图 8.7　波束控制器系统框图

由于波束控制器工作于雷达天线的转台上，为减少汇流环的接点使用数，雷达工作时，所有对波束控制器的控制命令都是通过雷达主监控设备的 RS-485 串口向波束控制器发出，而波束控制器本身的 BITE 信息以及数字移相器自检信息也通过该串口向雷达主监控设备发出。

在广播通信时，通信板接收主监控发来的工作方式、频率、仰角等代码，将其组合成 13 个 17 位地址码，顺序送至四块存储板。将工作方式编码送至定时板及开关控制板。通信板从检测板读取 96 路移相器的故障信息以及外部输入的移相器风机故障和环流器冷却故障信息分组保存，并实时检测各开关电源的电压值与系统内各板的故障信息并保存；在定点通信时将以上信息上报主监控。

存储板根据送来的 13 个 17 位地址码,将数字移相器配相码从板内的存储器中读出并锁存,待触发脉冲到来时,将 13 路 5 位配相码同时输出,四块存储板共 96 路,从而实现了向 96 路移相器发送配相码的功能。

定时板有工作和仿真两种状态。在工作状态下,将全机定时送来的触发信号送至存储板、通信板、检测板,同时根据通信板送来的工作方式编码产生移相器所需的时序控制信号。在仿真状态下,产生系统所需的触发信号。

检测板检测 96 路移相器状态,在外部触发脉冲到来时,将 96 路移相器的故障输出置为"1"(故障状态),在 $\overline{R}$ 为低电平时,若移相器的状态脉冲 $\overline{C}$ 为低电平,则将该路故障状态清"0"(无故障),从而实现检测 96 路移相器功能。

8.2　双/多基地天气雷达

8.2.1　功能特点

双/多基地天气雷达只要用一部快速扫描雷达就可获得多部雷达同时快速扫描的效果,一方面能够观测快速变化的天气现象,另一方面能够提供直接观测到的三维风场;它不但能够利用天气目标粒子的后向散射特性,还能利用其测向散射特性,通过比较侧向散射强度与瑞利后向散射强度可以发现冰雹。军用天气雷达使用双/多基地技术还有电磁隐蔽、增强战场生存能力的重要意义。

单基地雷达是收发共址,即接收站和发射站位于同一个地方,而双/多基地雷达则是收发异址,具有一(多)个发射站和一(多)个接收站,以离散的形式配置。一般在现有的多普勒天气雷达周围配置多个接收站,构成双/多基地天气雷达系统。系统中的接收站不含昂贵的发射机、天线转动机构及其控制器,单个接收站的设备费用只需传统天气雷达的 2% 左右,且无需操纵维护人员。由雷达主站对多站数据进行融合处理,就能测出风场的三维矢量、降雨粒子的垂直速度等信息。另外,由于只用一部发射机,所以能保证对同一区域观测的同时性,这一点对于快速变化的天气现象有重要意义。以上优点使得双/多基地多普勒天气雷达在气象研究、飞行保障、天气预报等方面有重要作用。

利用单部多普勒天气雷达也能进行三维风场的反演,但要求对风场的特性做很强的假设,它的正确性不能保证。利用多部多普勒天气雷达布阵也能测出三维风场矢量,但过于昂贵。另外,由于对相同气象单元观测的非同时性,对于快速变化的气象目标,应用起来有所限制。双/多基地多普勒天气雷达系统在一个多普勒天气雷达周围配置多个接收站来获取冗余风场和垂直气流的直接测量值,能够提供直接观测到的三维风场信息,也可改善对较弱的气象回波的探测效果。

国内外专家的工作已证实双/多基天气雷达系统是有效和实用的,用它直接而且廉价测出的矢量风场在科学研究与气象服务中都有广泛的用途。

8.2.2 工作原理

双/多基地雷达探测目标的原理与单基地雷达相似,都是根据目标散射回波测量目标距离、角度、强度和速度等。不同之处在于,单基地雷达仅关心目标后向散射回波,而双/多基地雷达则要关心前向、后向及侧向散射回波。为简化起见,下面以双基地雷达为例说明双/多基地雷达探测目标的基本原理。

8.2.2.1 目标定位

双基地雷达探测目标的几何关系如图 8.8 所示。图中,R_b 为收、发站之间的距离,R_t 为发站至目标之间的距离,R_r 为收站至目标之间的距离,ϕ_t 为发站雷达天线波束指向角,ϕ_r 为收站雷达天线波束指向角,ϕ_b 为双基地角。

由图 8.8 可知,发站雷达发射信号经两条途径到达收站,一条是从发站直接传输被收站雷达接收(称直达波),另一条是经目标散射被收站雷达接收。

双基地雷达所能测量的位置参数包括:发站雷达天线波束指向角 ϕ_t、发站雷达发射电磁波路径总长度 $R(R = R_t + R_r)$,即收站雷达接收目标回波信号总时延、收站雷达天线波束指向角 ϕ_r、直达波和目标散射回波信号频率等。收、发站之间的距离 R_b 是已知的,经过简单的三角计算,即可对目标探测定位。

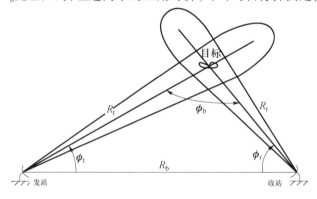

图 8.8 双基地雷达探测目标的几何关系

当双基地雷达系统参数一定时,其等距离 R 探测边界可用图 8.9 所示的卡西尼(Cassini)卵形线来描述。图中 R_b 为收、发站之间的距离,参变量 C 为

$$C = \sqrt{R_t R_r}/a$$

式中:$a = R_b/2$。

当 $C > 1$ 时,等距离探测轨迹为一椭圆,收站和发站为椭圆的两个焦点。当

$C=1$ 时,等距离探测轨迹为一双扭线,将 R_b 分为两部分,最大探测距离从收站沿基线 R_b 一直延伸到 $0.414a$ 的长度上。当 $C<1$ 时,等距离探测轨迹为两个分别在收、发站附近的扭曲的圆,这是不希望的。因此,选择双/多基地雷达阵地应满足探测空域要求。

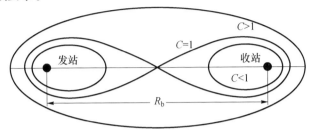

图 8.9　双基地雷达探测空域

根据图 8.8 所示几何关系,当收站雷达测得 ϕ_r 和 R_r 后,则有

$$R_t^2 = R_r^2 + R_b^2 - 2R_r R_b \cos\phi_r$$

$$R_r = \frac{R^2 - R_b^2}{2(R - R_b \cos\phi_r)}$$

可见,对双站系统来说,经数据处理不难得到目标定位数据。

8.2.2.2　双基地雷达距离方程

双基地雷达距离方程在形式上与单基地雷达距离方程相似,可用类似的方法推导出。双基地雷达的最大作用距离方程可以写成

$$(R_t R_r)_{max} = \left[\frac{P_t G_t G_r \lambda^2 \sigma_b F_t^2 F_r^2}{(4\pi)^3 k T_e B_n (S/N)_{min} L_t L_r} \right]^{1/2} \tag{8.12}$$

式中:P_t 为发射机输出功率;G_t 为发射天线的功率增益;G_r 为接收天线的功率增益;σ_b 为双基地雷达的目标截面积;F_t 为发射机至目标路径的方向图传播因子;F_r 为目标至接收机路径的方向图传播因子;k 为玻耳兹曼常数;T_e 为接收系统的噪声温度;B_n 为接收机检波前滤波器的噪声带宽;$(S/N)_{min}$ 为检波所需的信噪比;L_t、L_r 分别为发、收系统的损耗(大于1)。

8.2.3　系统组成与工作过程

双/多基地天气雷达系统一般由一部常规多普勒天气雷达与一个(或多个)没有发射系统和天线伺服系统、布置在远处的接收站组成,如图 8.10 所示。

双/多基地雷达系统收、发分置,必须解决空间、时间、相位(频率)同步等关键技术,才能实现所需的探测功能。

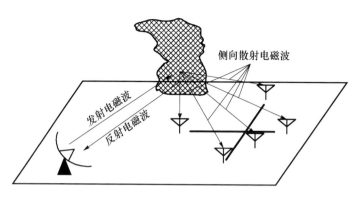

侧向散射电磁波

发射电磁波

反射电磁波

图 8.10　双/多基地天气雷达系统组成示意图

8.2.3.1　空间同步

在双基地雷达中，只有当目标同时被发站和收站雷达天线波束照射时，收站雷达才能对目标进行探测。这就要求收站雷达天线波束与发站雷达天线波束协调同步，即空间同步。

空间同步的方法有三种：收、发站雷达天线波束等探测距离同步扫描法，脉冲追赶法，固定多波束法。

图 8.11 是收、发站雷达天线波束等探测距离同步扫描示意图。预定等探测距离椭圆根据 $R = R_t + R_r$（Cassini 曲线）选定。收、发雷达位于该椭圆的两个焦点上。即使发站雷达天线转速 ω_t 为常数，收站雷达天线转速也是 R、R_t、ϕ_t 的复杂函数。不同的等探测距离区域椭圆，有不同的转速。同步扫描法的数据率较低，发射脉冲能量利用差。

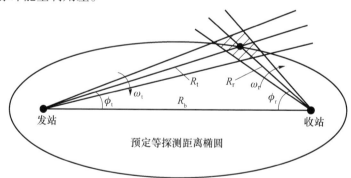

图 8.11　收、发站雷达天线波束同步扫描示意图

脉冲追赶法是使收站雷达天线波束去追赶发射脉冲的照射空间（图 8.12），从而使可能的目标回波信号始终落在收站雷达天线波束内。

固定多波束法可以避免上述两种空间同步扫描复杂的计算和控制，收站雷

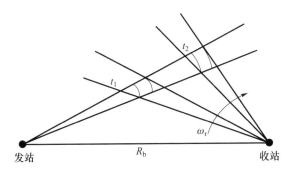

图 8.12　脉冲追赶法示意图

达天线采用固定多波束照射。但每一个波束设置一个独立的接收通道,系统较复杂,成本较高。为此,可采用由主波束和其栅瓣组成的多波束天线来代替,如图 8.13 所示。此时,收站雷达接收通道数仅为主瓣的个数。为了消除栅瓣引起的测角模糊,应在每个接收通道中设置一个距离波门,该波门的中心位置随 $R_t + R_r$ 的变化而变化。

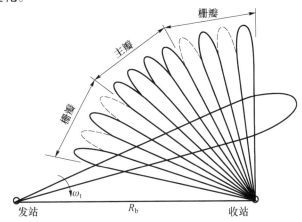

图 8.13　含栅瓣的多波束空间同步示意图

8.2.3.2　时间同步

收站雷达为了测量电磁波传播路径总延时,必须知道发站雷达发射脉冲信号时间基准,即时间同步。时间同步常用的方法有三种:

(1) 在发站和收站之间建立一条数据链,由发站直接向收站提供发射脉冲信号时间基准等参数。

(2) 在收站用辅助天线专门截获发站直达信号,并用直达信号作为收站雷达测量目标回波的时间基准。

（3）利用卫星定位导航系统定时信号（如 GPS、北斗）作为双基地雷达的时间基准。

8.2.3.3 相位/频率同步

为了进行相参处理和多普勒频移的测量，收站雷达必须确知发射信号的频率和相位，即相位/频率同步。实现方法有两种：

（1）发站和收站分别采用高稳定度基准频率源，如原子钟等，并通过数据链进行周期性同步。

（2）采用辅助天线直接从接收直达波中获得发射信号的相位/频率基准信息。

8.2.3.4 实时测量收、发站位置

收站雷达要对目标进行探测必须求解由发站、目标和收站三点所构成的双基地三角形，此时，收站雷达必须实时确知收、发站之间的相对位置。

对地基双/多基地固定站雷达，只要实测两者的地理坐标即可。但是，对安装在运动平台上的多基地雷达来说，则在采用辅助天线完成时间同步时，同时测量直达信号的时延和到达角，从而确定收、发站的位置。也可利用卫星定位导航系统实时提供收、发站的经纬度。

双/多基地天气雷达接收站需要知道发站雷达发射脉冲的时间及天线指向，以便对目标进行同步定位接收。另外，要探测目标的速度，发射信号与接收信号必须是相参的。所以双基地雷达需要配备精确的外部时间信号源与频率源来同步发射站与接收站。时间同步首选 GPS 的时间信号，它是一种现成又方便的技术，可是作为双基地雷达的基准时间还不够精确；原子钟可提供精确的外部时间，但原子钟之间有漂移，相噪很高，所以要经常进行校准，且费用昂贵；也可用直接接收发射天线的旁瓣能量来同步，但收、发站之间不能有障碍物。

8.2.4 典型设备

图 8.14 给出了某型双/多基地天气雷达组成框图。

雷达工作在 C 波段，系统时间同步精度为 50ns，频率同步精度为 10^{-11}，空间同步精度为 30m。为了同步，发射站与接收站都用高稳定的 10MHzVCXO 作为主振荡源，并用它锁定全机其他频率源的相位，VCXO 由 GPS 时间信号来控制。另外 GPS 信号、天线指向信息及偏振信息等合在一起通过通信线路传送到接收站。接收天线因为没有伺服系统，所以需要很宽的天线主瓣，较低的天线旁瓣。

目前的双/多基地天气雷达系统还存在不尽如人意之处：被动低增益接收站

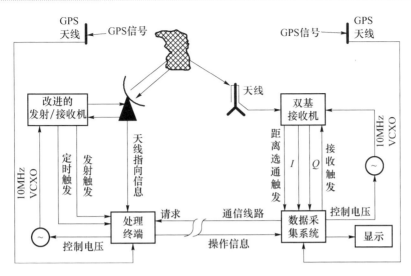

图 8.14　某型双/多基地天气雷达组成框图

易受到发射波束旁瓣及气象回波二次散射的干扰;低增益天线不能探测较弱的气象回波;双/多基地天气雷达系统重建的三维风场的误差是由相同雷达组网所获得数据重建的三维风场误差的 2 倍。

8.3　毫米波测云雷达

8.3.1　功能特点

毫米波测云雷达是指工作波长在 1～10mm(频率 30～300GHz)的气象雷达,主要用来探测非降水云及弱降水云的空间位置、强度、速度、谱宽和线性退偏振比等参数。

目前,毫米波测云雷达主要工作在 Ka(8.6mm,35GHz)和 W(3mm,94GHz)两个波段,这是毫米波段中的两个大气吸收"窗口"。毫米波测云雷达对小冰粒子和云滴的敏感性强,特别适合探测非降水云及弱降水云,如层积云、高层云、卷云、碎雨云等,也可以用来进行烟、雾、沙尘等污染的监测。由于大气中的液水和水汽对毫米波雷达的衰减比对厘米波雷达大得多,因此,毫米波测云雷达的最大探测距离一般只有 30km 左右,甚至更小,而且不适合在中雨到大雨天气下探测。

与厘米波雷达相比,毫米波测云雷达具有以下显著特点:

(1)对小粒子敏感性强。在瑞利散射区(粒子尺寸远小于波长),目标反射率因子 Z 与雷达波长 λ 无关,而雷达后向散射截面 $\sigma_b(\mathrm{mm}^2)$ 与 λ^{-4} 成正比。因此,使用更短的波长,可以显著增加小水凝体的后向散射截面。例如,与波长10cm的天气雷达相比,小散射体对94GHz雷达的后向散射截面要大60dB。也就是说,一个云滴对3mm波长雷达入射波的散射是10cm波长雷达的10^6倍。

（2）容易受到衰减影响。电磁波在空中传播时,会受到大气中水汽、云中液水、降雨等的衰减,衰减的大小与雷达波长成反比,即相同情况下,毫米波雷达比厘米波雷达受到的衰减要大。

（3）不容易受到布拉格散射的影响。布拉格散射是指水汽变化（折射指数）与湍流所引起的后向散射。对于波长为10cm的雷达,布拉格散射的反射率因子超过了10dBZ,这限制了厘米波雷达在研究水凝体增长方面的应用。对WSR-88D天气雷达（波长为10cm）探测非降水云灵敏性的验证发现,在很多情况下,折射指数不均匀引起的布拉格散射与云散射的量级相同。布拉格散射回波在Ka波段比在S波段低40dB,即使在极端天气条件下,Ka波段雷达也很难探测到布拉格回波。

（4）地杂波影响较小。地杂波是指由建筑、树木、地形等固定目标反射雷达波束,从而产生的非气象回波。单位面积的地杂波截面积σ_0是雷达波长的函数,σ_0与λ^{-1}成正比。云滴回波与λ^{-4}成正比,波长从$10 \sim 0.32$cm,强度增加了近60dB,而σ_0即使增加10dB,地杂波与云回波相比至少减小了50dB。实际应用表明,即使周围都是建筑和树木,毫米波测云雷达在近距离内不会显示任何地杂波。

（5）适合配置在移动系统上。雷达波束宽度θ与雷达波长λ和天线直径D的关系为$\theta \propto \lambda D^{-1}$。若具有相同的波束宽度（0.1°）和灵敏度,3.2mm波长雷达需要直径2m的天线和1kW峰值功率的发射机,而10cm波长的雷达需要直径60m的天线以及1MW峰值功率的发射机。因此,在具有相同灵敏度和分辨率的情况下,毫米波雷达可以做得更小、更轻、更紧凑,特别适合配置在移动载体（汽车、舰船、飞机、卫星等）上。

8.3.2　工作原理

就基本工作原理而言,毫米波测云雷达探测云粒子位置、强度、平均径向速度、速度谱宽及双线偏振参数与测雨雷达没有差别。仅仅由于两种雷达工作波长差别太大,导致系统技术性能、结构形式、元器件要求等方面的较大差异。

雷达测量到的反射率因子应该是雷达测量波束空间内的所有相态粒子的反射率因子总和:

$$Z = 10\lg(Z_r + Z_s + Z_c + Z_{sh} + \cdots\cdots) \tag{8.13}$$

式中:Z_s、Z_c、Z_r、Z_{sh}分别是雪花、霰粒、雨、小冰雹的雷达反射率因子。

毫米波雷达对云目标等效反射率因子的有效探测范围在 $-50 \sim +30 \text{dB}Z$ 之间。粒子尺寸和粒子数量是决定反射率因子 Z 值的主要因素。

反射率因子只能反映气象目标的强弱信息,对结构和性质各异的不同目标,笼统地用一个反射率因子来描述,显得过于粗糙。在云物理结构和大气探测等研究中,要求获得更多的目标特征信息,如目标散射的幅度特性、相位特性及偏振(极化)特性等。双偏振多普勒测云雷达的研制和应用就是希望能进一步获取云粒子的偏振特性,作为特征识别/目标分类的依据。

早在雷达技术发展初期,人们就已经认识到,一般目标都具有改变探测信号偏振方式的特性,或者说"退偏振效应"。云粒子的退偏振效应是由其非球状属性以及不同偏振状态下电磁波传播特性等所引起的。雷达发射的电磁波在大气中传播,当遇到气溶胶粒子时,便产生散射波(前向、后向等各个方向的散射)。当雷达天线发射的电磁波偏振面和散射粒子的对称轴完全平行时,则后向散射波的偏振面将平行于入射波的偏振面。在这种情况下,雷达天线可以把后向散射波的能量最多的接收下来送往接收机。但在实际情况下,大气中散射粒子形状和姿态是千变万化的,它们的对称轴不可能都平行于入射波的偏振面,因此它们的后向散射波的偏振面也不完全都与入射波的偏振面相平行。在实际应用中,测云雷达往往关心的是后向散射波在两个交叉方向上的偏振分量,一个是偏振面与入射波偏振面相平行的分量(同偏振),另一个是偏振面与入射波偏振面相垂直(正交)的分量(正交偏振)。双偏振测云雷达就是利用不同散射体之间相异的退偏振行为,增强雷达对空中微结构凝聚物分析和气象判别等方面的能力。与一般毫米波测云雷达不同的是,双偏振多普勒测云雷达除了能测量气象目标的强度、径向速度和谱宽外,还可以通过对回波的偏振信息的处理,以进一步了解气象目标的形状、相态和空间取向等特征。雷达回波信号偏振变化程度与入射波偏振类型以及水滴尺寸、形状和取向等因素有关。

对于双偏振测云雷达,根据应用特点和工程设计上的全面考虑,采用固定的45°斜线偏振发射,同时接收 45°斜线偏振和正交的 135°斜线偏振。

线性退偏振比表示同偏振接收与正交偏振接收的回波功率差异情况。线性退偏振比为

$$L_{\text{DR}} = 10 \lg \frac{135°\text{斜线极化接收功率}}{45°\text{斜线极化接收功率}}$$

根据电磁场理论,云粒子形状越接近为圆球形,则退偏振比越小,即雷达的正交偏振接收通道接收到的回波信号功率越低,因此对于双偏振雷达,提高系统的正交隔离度、增强对弱信号的检测能力,以及降低天馈线系统的交叉偏振比都非常重要。毫米波雷达对云目标的线性退偏振比有效探测范围在 $-5 \sim -30 \text{dB}$ 之间。

8.3.3 系统组成与工作过程

毫米波测云雷达基本组成如图 8.15 所示。该雷达工作在 Ka 波段,采用 45°斜线偏振发射、45°和 135°斜线偏振双通道同时接收方式。发射机为全相干放大链式,发射管为行波管;接收机高频部分采用双通道放大、混频模块,接收机中频部分采用高性能的大动态数字接收模块,具有完善的 BIT 设计和自动标校功能。雷达使用脉冲压缩技术,距离分辨率小于或等于 75m,具有 PPI、RHI、THI (时间高度显示)、体扫(层数可设定)等多种扫描方式。

发射机行波管输出大功率射频脉冲经环行器后通过 45°扭波导变为 45°斜线偏振波,由抛物面天线辐射出去;天线辐射出去的电磁波如遇到云目标时,便会产生后向散射,散射回来的电磁波能量在 45°斜线方向和 135°斜线方向上的偏振分量分别称为同偏振分量和正交偏振分量;天线接收到的回波信号通过正交模耦合器后分为两路,两路回波信号各自通过低噪声放大和混频后形成中频信号,经数字中频接收机处理,形成反映信号强度和相位信息的数字式正交视频信号 I、Q,再送往信号处理器;信号处理器对两路数字中频接收机输出的 I、Q 视频信号进行处理后,最终输出气象目标的反射率因子(dBZ)、线性退偏振比 L_{DR}、平均径向速度 V 和速度谱宽 W 等重要参数,最后由数据处理终端进行处理和显示。

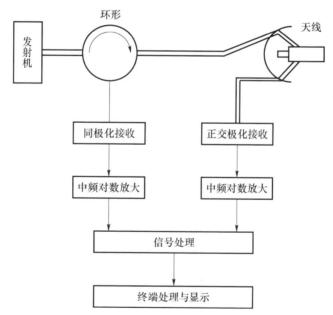

图 8.15　单发双收偏振毫米波测云雷达基本组成框图

毫米波雷达技术的关键在于毫米波器件。近年来,Ka 波段器件已经基本成熟,发射管、环行器、开关等大功率器件已商品化,低噪声放大/混频模块、功率放大、衰减/耦合/检波器等均有多家供应单位;对于 W 波段,波导、连接器、衰减/耦合/检波器、振荡器、频率源、混频器、功率放大等模块均有成熟应用。

目前国际上雪崩二极管固态源 35GHz 单管输出功率大于 15W,脉宽可达 100ns;94GHz 单管输出功率大于 10W,脉宽可达 100ns;215GHz 单管输出功率大于 520mW。电真空器件振荡源中磁控管在 35GHz 可输出 125kW 峰值功率,95GHz 可输出 6kW 峰值功率。

由砷化镓肖特基势垒二极管组成的混频器双边带噪声系数在 100GHz 可达 3.8dB,在 230GHz 可达 12.6dB。现有 Ka 波段的单片混频器,工作频率为 31 ~ 40GHz,镜频抑制度大于 20dB,变频损耗小于 30dB。

毫米波低噪声放大器在 60GHz 噪声系数小于 1.6dB,增益可达 7dB;在 95GHz 噪声系数小于 1.3dB,增益可达 8.2dB。单片 Ka 频段低噪声放大器芯片可做到增益大于 18dB,噪声系数小于 2.5dB。

国内 8mm 器件相对比较成熟,3mm 器件主要依赖进口。目前国外 3mm 波段微带集成混频器变频损耗典型值在 7 ~ 8dB。3mm 波段锁相源输出功率大于 10dBm,相位噪声小于 -90dBc/Hz(10kHz)。3mm 波段宽带相参收发前端接收噪声小于 10dB,接收增益大于 20dB,发射功率大于 22W。

8.3.4 典型设备

8.3.4.1 主要性能

毫米波测云雷达可以探测站点周围 30km 以内云的空间位置、强度、速度、谱宽和线性退偏振比等信息。表 8.1 列出了某型毫米波测云雷达系统主要性能参数。

表 8.1 某型毫米波测云雷达主要性能参数

项目	参数	项目	参数
工作波段	Ka	距离范围/km	0.075 ~ 30
强度范围/dBZ	-50 ~ 30	速度范围/(m/s)	-8.5 ~ 8.5
谱宽范围/(m/s)	0 ~ 4	线性退偏振比范围/dB	-30 ~ -5
天线直径/m	1.5	波束宽度/(°)	≤0.4
副瓣电平/dB	-25	天线增益/dB	≥50
天线交叉偏振比/dB	≤ -30	发射脉冲功率/W	≥600
极限改善因子/dB	≥35	脉冲宽度/μs	0.5、20、40
接收机噪声系数/dB	≤4.5	接收机动态范围/dB	≥80
A/D 位数/位	14	距离库长/m	75
方位库长/(°)	0.5	仰角库长/(°)	0.2

8.3.4.2　应用领域

1）云宏观特性研究

美国空军最早研制毫米波云雷达的目的就是探测云底高,来取代云幕测量仪。很多研究者对利用毫米波雷达反演云底高和云顶高进行了研究。通过35GHz 地基毫米波测云雷达和 GMS – 5 卫星反演的云顶高的对比发现,在多数情况下,雷达对云顶高的反演是准确的。利用毫米波云雷达进行云类型的识别也是重要的应用之一。

此外,在美国的 ARM 计划以及欧洲的 CloudNet 计划等大型的研究中,毫米波测云雷达都发挥了重要的作用。

2）云微观特性研究

云微观参数的反演也是毫米波测云雷达的主要应用方向之一。人们在反演粒子等效半径、滴谱分布和液水含量、云粒子相态等方面开展了大量研究。利用毫米波雷达反演云微物理参数的方法有单雷达法、双/多雷达法、毫米波雷达与其他主/被动探测设备联合法。

单雷达法是指使用单部毫米波测云雷达进行云参数的反演。主要是利用经验关系、偏振参量、谱数据等进行反演,也有的是利用概率理论、最优估计理论、数值模拟等进行反演。

双/多波长雷达是利用不同波长雷达回波的差异对云参数进行反演。双多波长雷达的组合方式有很多,如 Ka 和 X 波段组合、Ka 和 S 波段组合、Ka 和 W 波段组合等。研究结果表明,8mm 和 3～10cm 两种波长雷达匹配是反演云中液水含量的最佳组合。

毫米波雷达与其他主/被动探测设备联合,也是反演云微物理参数的有效方法。毫米波测云雷达可以与微波辐射计、红外辐射计、激光雷达等联合,对冰粒子形状、云粒子尺寸和浓度、液水含量等云参数进行反演。

3）云动力学特性研究

目前,毫米波测云雷达都采用垂直向上的观测方式,多普勒速度测量精度超过了5cm/s,并拥有较高的时间和空间分辨率,这种特性使其特别适合用于云动力学特性的研究。在垂直方向上,云滴的运动主要是受到空气运动以及湍流的影响,因此利用毫米波雷达观测的多普勒速度信息,可以研究诸如云中上升/下沉气流、湍流结构、重力波以及夹卷等现象。

8.4　声雷达

8.4.1　功能特点

声雷达(SODAR)是一种利用大气声回波信号强度和(或)频率偏移来测定气象要素的设备,主要用来探测大气温度层结及其稳定度、风向风速等气象要素的空间分布。

声雷达可以测出近地面几百米高度范围里的热气流,上升的热气流可以在声雷达的显示图像上看出来,还可以根据图像上出现的信号起伏特征和影像估计空气的稳定性。声雷达也可以用来测量低层大气逆温的分布情况,如果地面上空有一个逆温层,那么在图像上会出现一条强信号回波带。

声雷达可以探测风向风速随高度的变化。假定引起声波散射的空气团是随风飘移的,散射回波频率与发射波频率有一个偏移量,偏移量的大小与气流的径向速度成正比。只要同时测出南北、东西两个方向的偏移量,就可以测出风速的南北分量和东西分量,从而求得风向风速值。

由于声雷达测风系统测量范围大、测量误差小、安装简便以及价格相对低廉,现在越来越多地用于气象观测、城市环境监测、风电厂前期开发,它可以在距地面数百米高度范围内准确采集包括风向风速、大气湍流强度等数据,并通过卫星传递数据。与传统测风塔相比,声雷达系统使用更方便,能为用户连续提供更多直接采集得到的风场和温度场监测数据。

8.4.2　工作原理

大气对声波的散射机理是声雷达探测的物理基础,声雷达属于依靠发射声波进行大气探测的主动式遥感系统。声波在大气中传播时会受到大气湍流结构的影响,发生散射和衰减。目前,大多数声雷达是通过接收大气的后向散射回波,反演得到大气的特征参数。

声波是由机械运动产生的一种振动波,因此又称机械波。当人们的耳膜受到机械波的压迫而刺激听觉神经时,便引起声音的感觉,即听到了声音。人的耳膜可以感受到的声波频率在 20Hz ~ 20kHz 之间,这个频率范围称为音频(或声频)。

在大气中,声波是以纵波的形式传播的,它利用大气被声波压缩和膨胀的交替变化而达到传播的目的。声波在大气中传播的速度称为声速。声速的大小随着大气中的温度、湿度和风速的变化而变化。

声波在大气中传播时,如果遇到了大于其波长的障碍物时,将产生反射波。反射波服从于一般波的反射定律和折射定律。另外,在传播过程中,当遇到短于声波波长或相当于声波波长的障碍物时,将产生衍射(绕射)现象。

声波在大气中传播时的衰减主要由散射和吸收所造成。但是,在大气中,由于散射微粒子的尺寸很小,对声波的散射作用不大。只有当声波的波长很短,即超声波才易于产生散射作用。在非均匀介质中,散射作用常常是造成声波衰减的主要原因。介质对声波的吸收作用,会将一部分传播着的声能转化为介质的热能。

在大气中传播着的声波,当遇到障碍物时,一部分声波被障碍物反射,另一部分被吸收。

可见,声波的传播特性和无线电电磁波的传播特性有些相似。既然雷达可以电磁波的方式工作,当然也可以声波的方式工作。

8.4.2.1 声波散射截面积与回波功率

根据湍流大气中声波的散射理论,在假设局地各向同性的前提下,可推导出 θ 方向的声波散射截面积 $\beta(\theta)$(单位体积、单位入射功率,在 θ 方向散射到单位立体角内的有效截面积),用下式计算:

$$\beta(\theta) = 0.03K^{\frac{1}{3}} \cdot \cos^2\theta \left[\frac{c_v^2}{c^2} \cdot \cos^2\frac{\theta}{2} + 0.13\frac{c_T^2}{T^2} \right] \left(\sin\frac{\theta}{2} \right)^{-\frac{11}{3}} \quad (8.14)$$

式中:$K = 2\tau/\lambda$;θ 为散射角(入射波矢量方向为 $0°$);c_v^2 是风速结构常数,c_T^2 是温度结构常数,且有

$$c_v^2 = \left[\overline{\frac{v(x) - v(x+r)}{r^{1/3}}} \right]^2 \quad (8.15)$$

$$c_T^2 = \left[\overline{\frac{T(x) - T(x+r)}{r^{1/3}}} \right]^2 \quad (8.16)$$

式中:r 为沿 X 轴(X 轴方向可以根据需要选定)方向两点间的距离;$v(x)$ 为 x 处的风速。

声波的散射衰减与声波的波长有关,声波波长越长,散射衰减越小。由大气中的风速和温度脉动引起的散射与方向有关,在 $\theta = 90°$ 方向上无散射,在 $\theta = 180°$ 方向上只有温度脉动引起的散射。

需要特别指出的是,与风廓线雷达及其无线电 – 声探测系统(RASS)一样,声雷达的回波信号强度相对于大气本底噪声来说是很小的,即在实际测量时,接收到的大气对声的散射信号,其强度通常小于噪声,因此必须用"相关积累"的方法,把信号从噪声中分离出来,才能用声雷达测量大气参数。

声雷达接收到的散射波功率可由下列声雷达方程计算得到:

$$P_r = \frac{P_t \cdot \xi_t \cdot \xi_r \cdot c \cdot \tau \cdot A_r}{2R^2} \cdot \beta(\theta)\exp\left(-2\int_0^R k\mathrm{d}R \right) \quad (8.17)$$

式中：P_t 为声雷达发射功率；ξ_t、ξ_r 分别为发射与接收时的声 – 电转换系数；c 为声速；τ 为发射脉冲宽度；A_r 为天线有效面积；R 为距离；k 为大气的声波衰减系数；$\beta(\theta)$ 为声波散射截面积。

声雷达方程是对声雷达接收到的声波强度与发射声波强度、大气参数、声频率、发射声脉冲宽度以及声雷达参数等关系的描述。

8.4.2.2　大气温度层结的测量

由式(8.14)可知，当 $\theta = \pi$ 时，即后向散射：$\beta(\pi) = 3.9 \times 10^{-3} \cdot K^{1/3} \cdot c_T^2 / T^2$，仅温度起伏有贡献。对于单点测温声雷达而言，其天线应是垂直安置的，发射、接收共用一个天线，则天线接收的是后向散射，散射系数 $\beta(\pi)$ 只与温度的扰动项有关。

由于声雷达探测距离较短，通常在 1km 之内，可假定 $\exp\left(-\int_0^R k\mathrm{d}R\right) \approx 1$。根据声雷达的回波功率 P_r 随高度的分布特性，求得温度结构常数(c_T^2/T^2)随高度的分布特性。显然，在上述假设条件下，声雷达探测的回波功率为

$$P_r = \frac{A}{R^2}\left(\frac{c_T^2}{T^2}\right) \tag{8.18}$$

式中：A 为声雷达的性能常数，$A = 0.004P_t\eta_t\eta_rA_r\lambda^{-1/3}$。

另外，根据局地各向同性湍流理论可知，温度结构常数 c_T^2 与温度梯度的平方 $\left(\dfrac{\mathrm{d}T}{\mathrm{d}z}\right)^2$ 成正比。而由式(8.18)可知，声雷达的回波功率 P_r 与温度梯度的平方 $\left(\dfrac{\mathrm{d}T}{\mathrm{d}z}\right)^2$ 成正比。

因此，根据声雷达的探测结果，可以直观地了解边界层大气中逆温层、热对流、混合层结构以及重力波等的发生、发展和演变特性。

8.4.2.3　风向风速测量

由于风速的影响，声雷达发射的声波在不同层面上的后向散射回波产生多普勒频移，其大小正比于风速。回波信号和发射信号之间的时间差可以给出测量的距离信息，频率差可以给出大气相对于声波束的径向运动速度，从而得到大气各层次的风向风速和垂直气流的大小和方向。

图 8.16 是国产某型声雷达的阵列天线，声的发射和接收采用同一组声传感器。采用相控阵和移向的方法顺序发射一个垂直和两个成正交的倾斜(倾角通常为 10°)声波束，如图 8.17 所示。

图 8.17 中，设 A 波束方向上的径向风速为 v_A，B 波束方向上的径向风速为

v_B。而两个倾斜波束分别分解为一个垂直和一个水平分量,这样,加上垂直波束就有三个垂直分量,设为 $v_C = v_z$,假设这三个垂直分量相等,则可以导出以下关系:

$$\begin{cases} v_x = \dfrac{v_A - v_C \sin\theta}{\cos\theta} \\[3mm] v_y = \dfrac{v_B - v_C \sin\theta}{\cos\theta} \\[3mm] v_z = v_C \end{cases} \qquad (8.19)$$

图 8.16 国产某型声雷达的阵列天线

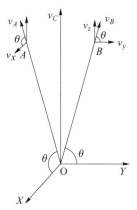

图 8.17 风速风向计算示意图

式中

$$\begin{cases} v_C = \dfrac{c\Delta f_C}{2f} \\[3mm] v_A = \dfrac{c\Delta f_A}{2f} \\[3mm] v_B = \dfrac{c\Delta f_B}{2f} \end{cases}$$

全风速矢量为

$$\boldsymbol{v} = (v_x \boldsymbol{i} + v_y \boldsymbol{j} + v_z \boldsymbol{k}) \qquad (8.20)$$

风速模量为

$$v = \sqrt{v_x^2 + v_y^2 + v_z^2} \qquad (8.21)$$

风向为

$$\tan\varphi = \frac{v_y}{v_x} \qquad (8.22)$$

$$\varphi = \arctan\frac{v_y}{v_x}$$

由 v_x 和 v_y 的正、负即可得出角度 φ 所在的象限,从而可以按照气象学的定义得到风向值。通过测量回波信号的频率和到达时间,计算风向风速值对应的不同距离,可直接用 v_z 给出垂直气流的方向和速度。

8.4.3 系统组成与工作过程

声雷达由主机和天线两部分组成。早期的声雷达使用大功率喇叭作为声源,目前,多采用相控阵天线,由收、发可逆压电陶瓷换能器组成,完成在垂直方向和倾斜方向的波束发射与接收;主机产生多频编码脉冲信号,同时对回波信号进行采集和处理。

目前实际采用的绝大多数是发射和接收天线合一的单端式声雷达,如图 8.18 所示。声雷达首先由声信号发生器产生一束声脉冲信号,经功率放大器放大,通过转换开关,从天线发射出去。发射时接收器关闭,在脉冲信号发射后,转换开关将天线转换为与接收器接通,天线收到的回波信号通过接收器之后,经过处理,在显示器上显示出来。从原理上说,也可以采用发射和接收天线异地分置的两端式声雷达,还可以应用调频连续波声雷达。

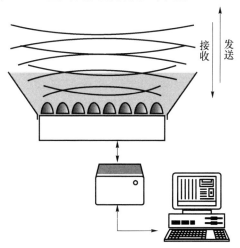

图 8.18 声雷达基本结构

声雷达常用的频率为 $500 \sim 5000\text{Hz}$,脉冲功率为数百瓦。由于大气对声波具有强烈的吸收和散射能力,因此探测的灵敏度高;同时,声波在大气中传播衰减也很快,故探测距离极为有限,目前最大作用距离通常在 600m 左右,少数情况下可达到 1000m。大气中存在的人为自然噪声也可影响声雷达的探测距离,这对声雷达天线的主波束特性和副瓣抑制提出了较高的要求。此外,声雷达对探测环境有较为苛刻的要求,探测时必须远离人为强噪声源。在大风和降水环境中通常也无法使用。

尽管存在上述局限性,但它的技术成熟,费用较低,具有连续监测低层大气温度层结的功能,已成为大气边界层探测的重要设备。

8.4.3.1　声脉冲雷达

声脉冲雷达的原理框图如图8.19所示。它的天线系统由声波辐射器和反射体组成。由辐射器辐射出的声波,经反射体反射后向外发射。

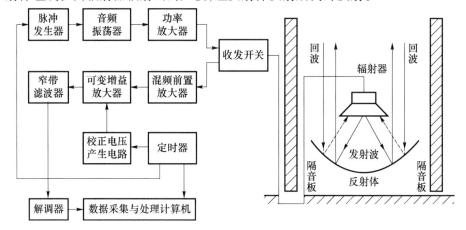

图8.19　声脉冲雷达原理框图

定时器是整个声雷达系统同步工作的指挥中心。但是,它所产生的定时脉冲的重复周期将随着探测距离不同而改变。当探测距离增加时,定时脉冲的重复周期也相应增加。

在定时脉冲的作用下,脉冲发生器产生一个时间宽度为50ms(或100ms,200ms)的闸门脉冲。用这个闸门脉冲去控制1.6kHz音频振荡器的工作,使它在闸门脉冲持续期间振荡,而在闸门脉冲以外,振荡器停止工作。可见,这个闸门脉冲相当于天气雷达中的调制脉冲。这样一来,音频振荡器的工作持续时间也是50ms(或100ms、200ms),而且振荡器工作的重复周期是7s(或14s)。音频振荡器输出的断续的音频信号送往功率放大器,将信号的功率放大到100W以上,再经收发开关送往天线发射。

在发射机工作完毕后,收发开关并不立即将天线系统从发射通道转移到接收通道,而是在发射机工作完毕60ms后才接通天线与接收机之间的通路。因此,在发射机的工作时间(50ms、100ms或200ms)和接收机的工作时间(7s或14s)之间,有60ms的"静寂时间"。这是因为喇叭辐射器的音圈从辐射器状态转入到传声器状态需要有个过渡时间;同时,隔音板内混响以及电路也都需要一个过渡时间。因此,要留有60ms的"静寂时间"。

雷达接收时,来自天线的回波信号首先经过前置放大器放大,然后送到可变增益放大器。可变增益放大器的主要作用是消除因传播距离所引起的衰减,只保留目标本身对回波信号的影响,它的作用与天气雷达中距离订正电路相似。当回波信号随着探测高度越来越高而越来越小时,通过校正电压产生电路输出的校正电压去控制可变增益放大器的增益,使其增益值随着探测高度的升高而增大。因此,只要适当地设计可变增益放大器的增益变化特性,便可以达到使回波信号强度与高度无关的目的。这就要求有一个随着探测高度的升高而线性变化的校正电压,用以控制可变增益放大器的增益,使之随着高度的升高而线性地增大。因此,校正电压的波形是一个和定时脉冲同步的锯齿波电压。

可变增益放大器输出的信号送往窄带滤波器进行滤波,以消除回波信号中的干扰噪声,提高信噪比。回波信号经解调后送往数据采集与处理计算机处理并存储。

8.4.3.2　声多普勒雷达

声多普勒雷达原理框图如图 8.20 所示。发射机的基准信号源是一个 9MHz 的晶体振荡器。振荡信号的频率降低到 1.6kHz 以后,再以持续时间为 50ms(或 100ms、200ms)的脉冲调制。调制后的脉冲波经过放大以后,送往天线向外发射。晶体振荡器还输出 1.6kHz 的信号作为标准时钟,对回波信号的频率计数。天线系统由喇叭辐射器和直径为 1.2m 的抛物面反射体组成。

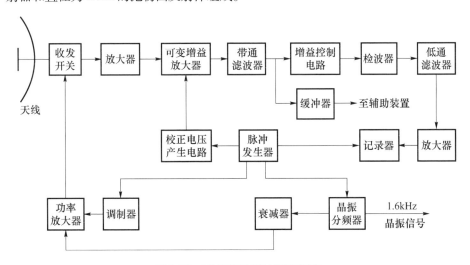

图 8.20　声多普勒雷达原理框图

回波信号经天线、收发开关,进入放大器,再经可变增益放大器放大。放大后的信号再通过一个中心频率为 1.6kHz、带宽为 5Hz 的带通滤波器,滤除回波信号中的噪声和干扰信号,以提高输出信号的信噪比。检波后的信号再经过一级低通滤波器,以增强多普勒速度计算值的稳定性。

8.4.4 典型设备

8.4.4.1 主要性能

不同型号的声雷达根据不同的需求,探测高度和分辨力等参数各有不同。表 8.2 列出了某型声雷达的主要性能参数。

表 8.2 某型声雷达的主要性能参数

发射频率/Hz	1650~2750
电(声)输出功率/W	50(7.5)
垂直分辨力/m	5/10
空间探测范围/m	30~1000
时间分辨力/min	1~60
风向测量允许误差/(°)	±(2~-3)
风速测量允许误差/(m/s)	±(0.1~0.3)
垂直气流测量允许误差/m/s	±(0.03~0.1)
气温测量允许误差/℃	±0.2
气温测量范围/℃	-50~60
工作盲区/m	30 以下

目前,声雷达主要存在以下三个问题:

(1) 探测距离较小;

(2) 受周围环境噪声的影响较大,在闹市区、海边和风雨较大的条件下探测误差较大;

(3) 雷达周围的建筑物和植物等会影响到声雷达的探测准确度。

8.4.4.2 探测产品

图 8.21 和图 8.22 是 Sintec 声雷达探测的风廓线和风羽图,声雷达探测大气风场的高度范围一般为 200~1000m,最大的距离分辨力可以达 5m,能够连续长时间测量,雷达的运行成本较低。但是要注意周围环境噪声的影响,雷达周围的遮挡物对探测精度也有影响。

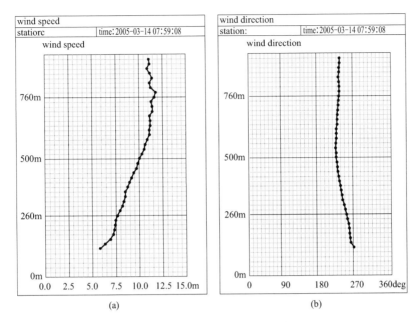

图 8.21　Sintec 声雷达探测的风廓线

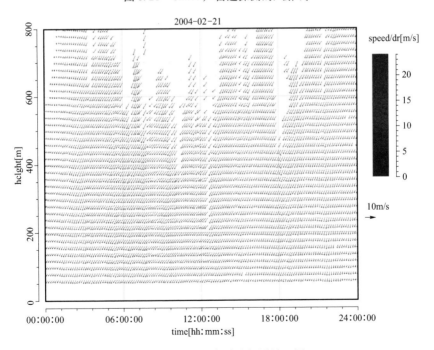

图 8.22　Sintec 声雷达探测风羽图

8.5 中层大气中频探测雷达

8.5.1 功能特点

中层大气中频探测雷达简称中频雷达,它利用中频电磁波(2MHz 左右)在低电离层的部分反射来测量 60～100km 高度的大气风场和电子密度分布。

中频雷达可连续、实时地提供中层大气风场及其他环境数据,是我国新时期战略武器、卫星和航天飞行器发射试验基地的必备气象保障配套设备。中层大气参数是各种空间飞行器选择发射和回收时机的重要数据,也是各种飞行器设计阶段必不可少的资料。将中频雷达设计成作战、训练及试验任务提供气象保障服务的系统,有益于提高战略导弹等新型武器高空飞行轨道的准确性,发挥武器最大杀伤效能,提高我军气象保障能力。

目前,获取高空气象资料的手段,一般在 30km 以上采用气象火箭和气象卫星探测,在 30km 以下采用常规探测手段。其中,中频雷达、VHF 雷达、非相干散射雷达、流星雷达、气象火箭等可用于中层大气的探测,VHF 雷达探测的高度是 70～90km,基本上只能在白天进行探测,非相干散射雷达研制费用和维护费用都十分昂贵,流星雷达追踪的目标是流星的余迹,受到客观条件的限制,火箭只能进行间隔而非连续的探测并且其成本较高。20 世纪 50 年代开始,中频电波的部分反射试验应用于测量低电离层电子密度不规则体结构。80 年代以来由于雷达技术的发展,中频电波部分反射试验应用于测量不规则体的飘移速度和电子密度,由于该层大气不规则体的飘移速度等于大气中性风速,所以中频雷达技术作为独立的中层大气风场探测技术得到了极大发展。由于其探测技术和分析方法的不断完善,特别是发射机实现了全固态化,具有设备性能可靠、自动化程度高、价格低和运行方便等突出优点,已成为中层大气风场和电子密度常规探测的最主要手段以及中层大气风场参考模式的最重要的资料来源。目前国外已经安装了 20 多部中频雷达,主要分布在北极、加拿大、美国、欧洲、日本、澳大利亚、南极等地,这些雷达为研究中层大气长期变化提供了非常宝贵的资料。

8.5.2 工作原理

中频雷达探测的目标散射回波信号来自大气不均匀体。它是通过电波发射到电离层,由于电离层的层间电子密度差别,电波在其界面发生部分反射或散射,地面接收返回电波。大气中折射指数扰动对电波具有散射作用,在对流层和平流层,这些折射指数扰动主要产生于气压、温度和湿度的起伏,在中层和低热层,则主要产生于电子密度的起伏。60～100km 高度大气的电子密度稀薄,且电子密度随高度迅速增加、梯度很大;在这里带电粒子与中性成分的碰撞频率很高,带电粒子被中性风携带,并以同样的速度运动,通过对反射回波分析可以提取大气风场信息。垂直入射电波在水平分界面上将发生菲涅尔部分反射,理论分析表明,其部分反射系数与电子密度的梯度成正比,与电波频率的平方成反比。频率越低,则部分反射信号越强;但当频率太低时,电波将在较低的高度上发生全反射。中频电波是进行该层大气部分反射实验的最佳选择。

中频雷达大都采用空间分布式天线(SA)和全相关分析(FCA)技术,利用三副接收天线同时接收的数据的自相关函数和互相关函数来计算风场。

对于垂直向上发射的雷达电波,电子密度不规则体散射信号具有相干性,回波信号在地面上形成某种衍射图案。如果散射体随大气中性风以某一个速度运动,则该衍射图案将以其 2 倍的速度在地面上运动。在地面上分开布置多副接收天线(至少 3 副),可以测量得到衍射图案的水平运动速度。SA 雷达模式即是指接收天线阵由多个分开布置的接收天线组成,通过分析各个接收天线信号的空间和时间相关性,得到大气水平风速。

设地面上信号的空间和时间相关函数为 $\rho(\xi,\eta,\tau)$,设 $f(x,y,t)$ 表示地面衍射图案中某点的信号,则相距 (ξ,η) 并具有时间差 τ 的信号之间的空间和时间相关函数为

$$\rho(\xi,\eta,\tau) = \frac{\langle f(x,y,t)f(x+\xi,y+\eta,t+\tau)\rangle}{|f(x,y,t)|^2} \tag{8.23}$$

该函数表示在地面上相距 (ξ,η) 两点并具有时间差 τ 信号之间的统计相关性。对于静态的结构,可以假设相关函数具有下面的形式:

$$\rho(\xi,\eta,\tau) = \rho(A\xi^2 + B\eta^2 + K\tau^2 + 2H\xi\eta) \tag{8.24}$$

式中:A、B、K、H 为统计常数,表征等离子体云的空间和时间尺度。

如果衍射图案具有水平速度 (v_x,v_y),则式(8.24)中的 ξ 和 η 应当用 $(\xi-v_x\cdot\tau)$ 和 $(\eta-v_y\cdot\tau)$ 代替,则其形式为

$$\rho(\xi,\eta,\tau) = \rho[A(\xi-v_x\cdot\tau)^2 + B(\eta-v_y\cdot\tau)^2 + K\tau^2 + 2H(\xi-v_x\cdot\tau)(\eta-v_y\cdot\tau)]$$

上式可以重新写为

$$\rho(\xi,\eta,\tau) = \rho(A\xi^2 + B\eta^2 + K\tau^2 + 2F\xi\tau + 2G\eta\tau + 2H\xi\eta) \tag{8.25}$$

比较式(8.24)和式(8.25),得到下面的关系式:

$$Av_x + Hv_y = -F \tag{8.26}$$

$$Bv_y + Hv_x = -G \tag{8.27}$$

由上式可得速度矢量。

在实际应用中,通过计算各个天线信号的自相关函数和信号之间的互相关

函数,分析其特性,可以确定式(8.25)中的各个参数(A、B、K、F、G、H),然后利用式(8-26)、式(8-27),计算得到衍射图案的水平运动速度,从而得到中性大气的水平运动速度。如果接收天线超过三副,则可由最小二乘法得到速度值。FCA方法考虑了媒质的随机运动和各向异性的影响,可以得到复杂情形下的风场值。

8.5.3 系统组成与工作过程

中频雷达系统主要包括天线阵、发射机、天线调谐器和接收机等,如图8.23所示。

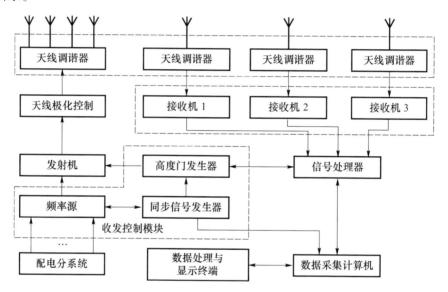

图 8.23 中频雷达系统结构框图

中频雷达天线阵由两副相互垂直的发射天线阵和三副分布于等边三角形顶点的接收阵组成。中层大气等离子体受地球磁场控制,它具有各向异性的双折射特性。当给定频率的电波通过时,有两种圆偏振特征波在介质中传播,且它们之间相互正交。因此,可以通过正交天线阵发射和接收某一个圆偏振波,而避免另一个圆偏振波的干扰,消除等离子体各向异性的影响。

发射机含有10个2.5kW的发射模块。这些模块每5个一组,分别合成两个12.5kW的独立信道。每个信道可通过相位调整得到圆偏振和线偏振工作模式。发射模块根据数据采集计算机输出的MOD信号决定工作状态。当MOD=1(高电平)时,发射模块正常工作,发射2.5kW高频脉冲信号;当MOD=0(低电平)时,发射模块停止工作。MOD信号持续时间可通过终端的控制软件进行修改。

发射天线调谐器如图 8.24 所示,它将每个发射信道分解为两个通路,以馈给一对偶极子发射天线。发射机每个输出信道的输出负载为50Ω。单根发射天线的阻抗先通过调谐线圈变换为100Ω,并联后成为50Ω,与发射机输出负载相匹配。发射天线的负载应调整到纯阻状态。

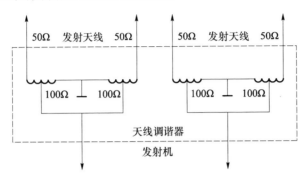

图 8.24　发射天线调谐器

接收机的输入阻抗也是50Ω,每根接收天线对应一个调谐线圈。接收机的下变频器具有相位控制功能,可允许两个圆偏振模式和线偏振模式工作。接收机接收雷达回波,经正交检波后,由 A/D 采样得到复振幅信号。对复振幅信号的全相关分析得到风场随高度的分布,对信号的振幅或相位微分处理可以得到电子密度剖面。

数据采集计算机接收并保存接收机接收的当前数据,并发送到数据处理终端;监测发射机当前的工作状态,采集触发脉冲序列的驻波比(SWR),并根据其接收的前向和反射功率值计算出 SWR;显示雷达各部分的工作状态并可通过电话线进行远距离操作控制,传输观测数据,实现无人值守。

当 SWR > 1.5 时,将减小发射机功率。这时,调制器的驱动电压将减小到一个较低的值,发射功率变小;然后驱动电压逐渐增加,发射功率和 SWR 也随之增加,直到 SWR 又达到1.5。如果天线匹配一直保持较差的状况,输出功率将不断循环变化。

数据处理与显示终端负责风场数据的计算、储存和显示,向有关的输出设备(如打印机、磁盘等)输出;同时承担控制雷达发射机工作状态的任务。

8.5.4　典型设备

8.5.4.1　主要性能

某型中频雷达的主要性能指标见表8.3。

表 8.3　某型中频雷达的主要性能指标

最低探测高度/km	≤60
最高探测高度/km	≥100
高度分辨力/km	≤2
时间分辨力/min	≤2
风速误差	≤10% v(v 为实际风速)
风向误差/(°)	≤12
工作频率/MHz	2.01
发射脉冲功率/kW	≥25
脉冲重复频率/Hz	20、40、80(可选)
脉冲宽度/μs	15 ~ 50(半功率)
脉冲形状	高斯分布波形
馈线驻波比 SWR	≤1.5
占空比(%)	0.5(最大)
接收机中频/MHz	3.8
接收机噪声系数/dB	<4
接收机带宽/kHz	≈20(基带带宽)

中频雷达的探测高度范围主要受制于电离层的散射特性,每天正午前后太阳辐射最强,中层离子密度最大、最活跃,雷达回波信噪比最好,能够探测到的高度范围最大;夜间则相反。

中频雷达的高度分辨力主要受发射脉宽的影响。发射脉宽越窄,高度分辨力越好;但是发射脉宽越窄,发射能量越小,雷达可探测的最大高度降低。因此必须在确保最大探测高度前提下,选择较小脉宽,实现高度分辨力要求。

中频雷达的时间分辨力主要受脉冲重频、回波累积数、终端计算机处理速度等因素的影响。脉冲重频高、回波累积数少、计算机速度快,有利于时间分辨力的改善。

中频雷达的探测精度主要受制于系统技术体制、回波特性、信号处理算法等。雷达系统相参性好、回波强且累积数多有利于探测精度的提高。

8.5.4.2　探测产品

中频雷达采用空间天线分布模式和全相关分析技术得到中层大气的水平风场。SA 雷达模式即是指接收天线阵由多个分开布置的接收天线组成,通过分析各个接收天线信号的空间和时间相关性,得到大气水平风速。FCA 方法通过计算各个天线信号的自相关函数和信号之间的互相关函数,得到衍射图案的水平运动速度,从而得到中性大气的水平运动速度。风场的时空变化图是中频雷达的直接产品,图 8.25、图 8.26 分别为 FCA 方法得到的风场时空变化矢量图和风羽图。

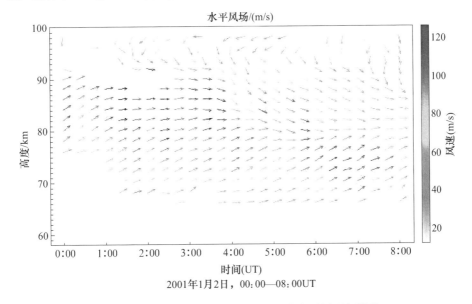

图 8.25　FCA 方法得到的风场时空变化矢量图(见彩图)

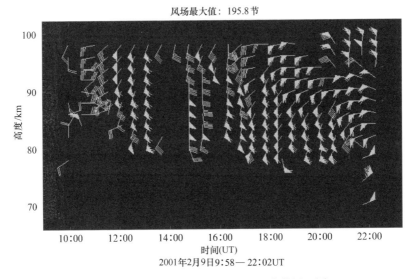

图 8.26　FCA 方法得到的风场时空变化风羽图

中频雷达的微分吸收实验(DAE)可测量低电离层的电子密度。DAE 要求中频雷达的发射天线和接收天线具有极化控制的能力。60～100km 大气为稀薄等离子体,由于地磁场的作用,线极化的电磁波入射时,将产生双折射现象,即电波将分为两支特征模传播(O 波和 X 波)。利用发射天线垂直向上发射中频脉冲电波,电波的极化为右旋或左旋圆偏振;在地面上的接收天线接收来自 D 层的部分反射信号,测量得到它们的振幅比 A_x/A_0 随高度的变化;高度可通过电波的时间延迟得到。由于两支特征模的折射指数不同,电离层对其吸收也不同,根据磁等离子体理论,可以直接由振幅比推算得到各个高度上的电子密度值。图 8.27 为测量得到的电子密度随高度的分布。

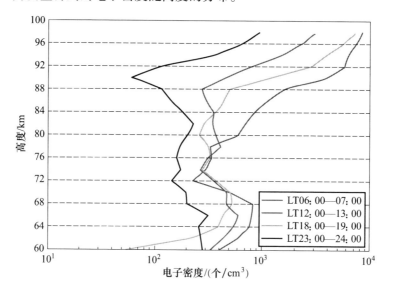

图 8.27　电子密度随高度的分布(见彩图)

对中频雷达风场数据资料进行统计分析,可取得雷达站点上空中层平均小时风场日变化、日平均风场廓线、日平均风场变化,明确中层大气风场随时间、高度变化的规律,确定雷达站点上空中层大气风场急流区和剪切区。对中频雷达风场数据资料进行频谱分析,了解大气重力波、潮汐波、行星波对中层大气风场的影响。

图 8.28 是一幅日平均风场变化图,它是将 2002 年 2 月至 3 月每天的小时平均风场连续表现出来得到的,各个高度上的周日振荡现象清晰可见。由于在当地夜间电离层 D 层消失,所以在夜间难以测量 60～80km 的风场。

根据中频雷达电子密度数据资料可取得 D 层电子密度的日变化、月变化特征。

电子密度剖面主要采用电子密度的高度剖面直观地显示每个高度上电子密度的大小,如图 8.27 所示;还可以用一个月在各个高度上所有电子密度数据相加做平均,得到电子密度月平均高度剖面,表示该月的电子密度平均剖面。

电子密度日变化将一天在同一小时之内各个高度的数据相加平均得到小时平均电子密度数据,将一个月之内的每天相同小时平均电子密度相加后再作平

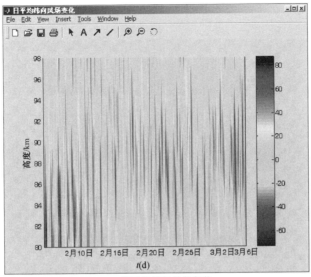

(a)日平均纬向风的变化

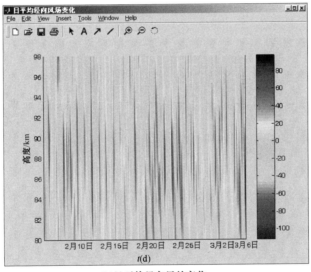

(b)日平均经向风的变化

图 8.28 2002 年 2 月至 3 月日平均纬向风和日平均经向风的变化(见彩图)

均则得到月平均的小时电子密度日变化图,它代表了电子密度的典型特征。图 8.29 是 2002 年 2 月 5 日至 14 日 10 天内电子密度的变化情况。图中存在着明显的 24 小时周日变化,并且白天电子密度比夜间要大出一个数量级。

电子密度月变化用相邻两个月内的相同几日在同一高度同一时刻的电子密度做比较,可说明电子密度受太阳高度角的影响。

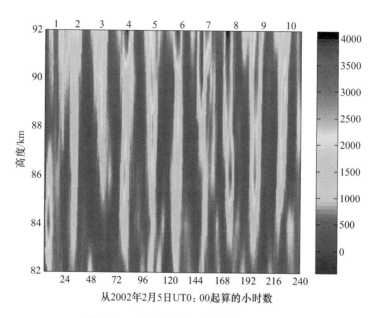

图 8.29　电子密度的日间变化(见彩图)

图 8.30 给出了 2002 年 2 月份各高度上每天相同时刻平均后的电子密度日变化。

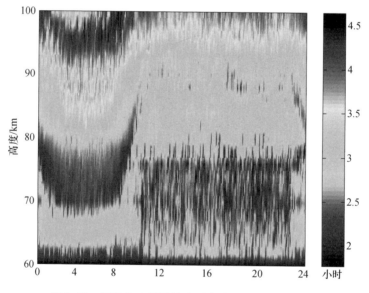

图 8.30　2002 年 2 月平均电子密度日变化(见彩图)

各个高度上电子密度的日变化很明显,白天高,夜晚低。在夜间 90km 以上,电子密度的 12 小时振荡现象也很明显,这可能与该高度上大气半日潮汐相关。观测 D 层电子密度的日变化可以发现,其最大值出现在世界时 5:00UT,即地方时 13:00LT 附近,而不是出现在正午 12:00。这是 D 层的上、下午的不对称特性。

8.6　激光测风雷达

8.6.1　功能特点

顾名思义,激光测风雷达是利用激光波测量大气风场的雷达。以激光器为光源向大气发射激光脉冲,接收大气(气溶胶粒子和大气分子)的后向散射信号,通过分析激光的径向多普勒频移来反演风速。按照测量原理可分为相干探测(外差检测)激光测风雷达和非相干探测(直接探测)激光测风雷达。

相干检测激光测风雷达可以利用参考光信号与回波光信号直接得到多普勒频移,进而得到径向风速;而非相干激光测风雷达进行风速反演时,需要首先确定零风速时对应的系统测量值,再以此为基准得到多普勒频移。

非相干激光测风雷达利用频率检测器件将多普勒频移信息转换为光能量的变化,进而通过探测光能量的变化得到多普勒频移和径向风速。非相干技术除了可以测量气溶胶散射,还可以利用波长较短的激光测量对流层以及平流层内大气分子的瑞利散射信号。非相干测风激光雷达通常在夜间工作,白天探测能力有限,无法进行业务化连续观测。因此需要研究和解决非相干测风激光雷达的白天探测问题。目前国内外的非相干激光测风雷达正处在业务化运行的实验阶段,并主要针对均匀风场进行风廓线测量。

相干激光测风雷达是利用光的多普勒效应,测量激光光束在大气中传输其回波信号的多普勒频移来反演不同高度处的风速分布。由于激光具有单色性、相干性强的特点,而且波长较短,因此利用气溶胶的后向散射光,能够获得足够强的多普勒测风信息,有利于探测微风速,具有较高的测风精度。

8.6.2　工作原理

激光雷达测量大气参数是建立在激光与大气组分相互作用的基础上,当激光雷达系统发射的激光在大气中传输时,大气中的各种组分会对激光产生吸收和散射,从而改变后向散射光的能量、光谱特性、偏振状态等。通过接收和分析后向散射光的光学特性,可以反演出相应大气组分的性质及风速、温度等各种大气参数。

根据多普勒效应,大气分子或气溶胶粒子因风速的作用以径向速度 v 整体运动时,频率为 f_0 的单频激光与运动的大气分子或气溶胶粒子发生散射,散射光的频率会产生多普勒频移 Δf_d，多普勒频移的大小与径向风速 v 成正比：

$$\Delta f_d = 2f_0 \frac{v}{c} = \frac{2}{\lambda_0} v$$

式中：λ_0 为发射激光波长。当 $\lambda_0 = 532\text{nm}$ 时，1m/s 径向风速引起的多普勒频移为 3.76MHz，相当于激光频率的 6.7×10^{-9}。

多普勒激光雷达通过检测距离 r 处大气后向散射光信号的多普勒频移，得到该距离处的风速信息。多普勒频移的检测可以通过相干检测和直接探测两种方法来实现。

相干检测方法将本振光和信号光进行混频，得到信号光相对于本振光的差频信号，即多普勒频移信号。使用 $2\mu\text{m}$ 和 $10\mu\text{m}$ 激光波长的相干多普勒激光雷达是探测低层大气风速的有效手段，尤其适合在以气溶胶散射为主的大气边界层内进行探测。最初的相干激光测风雷达一般使用连续 CO_2 激光器，后来由于探测距离的需要，推动了脉冲相干多普勒激光雷达的发展。随着固体激光器的发展，又陆续出现了基于 $Nd:YAG$ 激光器的相干多普勒激光雷达系统。

但是在探测以分子散射为主的高层大气时，由于分子散射的光谱较宽，相干检测的方法无法得到准确的差频信号，需要采用直接探测方法。直接探测方法利用频率检测器件将多普勒频移信息转化成光强的变化，通过探测光强的变化得到多普勒频移。由于采用的频率检测器件的透过率随频率剧烈变化，很小的频率改变就能产生很大的光强变化。按照频率检测器件的不同，直接探测技术主要可以分为双边缘法布里－珀罗（Fa－P）技术和碘分子吸收滤波器技术。

双边缘 Fa－P 技术将两个 Fa－P 干涉仪的透过率峰分别置于大气散射光谱的两侧，大气光谱的多普勒频移会使两个 Fa－P 干涉仪的透过率发生相反的变化，进而得到风速信息。

Fa－P 边缘检测技术可以对干涉仪的参数如自由光谱范围（FSR）进行设计选择，进而有针对性地探测窄线宽的气溶胶散射或线宽较宽的分子散射。在以气溶胶散射为主的低层大气，通常采用较长的激光波长（如 1064nm）和较小的 FSR 进行探测。探测分子散射时，则采用较短的激光波长（如 355nm）和较大的 FSR。

碘分子吸收滤波器技术巧妙地利用 532nm 激光波长范围内的多普勒展宽的碘分子吸收线，吸收线的边缘可以把由径向风速引起的大气后向散射光的多普勒频移转变为后向散射光通过碘分子吸收器时的透过率的变化，进而用光电探测器件探测光能量的大小，最后根据透过率反演出多普勒频移，并得到风速。碘分子吸收滤波器技术的优点是可以同时测量大气分子和气溶胶散射。

8.6.3　系统组成与工作过程

　　激光雷达系统主要由发射机和接收机两部分组成,如图 8.31 所示。发射机由脉冲信号源、激光器、发射光学天线等部分组成。接收机由接收光学天线、滤光器、探测器、信号处理电路、显示等部分等组成。

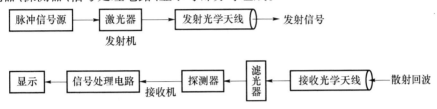

图 8.31　激光雷达系统组成

　　为了得到较大的输出功率,系统采用的是本振光加放大级的方式,激光器提供了频率稳定度较高的本振光输出,同时分出一束激光作为种子光注入脉冲激光放大器中进行调制和放大,这样就得到功率较大的激光脉冲输出。放大级输出的激光脉冲经分束器分出一部分与经过声光调制后的光信号混频,这样只有声光频率作为参考光到参考光探测器,而大部分激光此时经过声光调制器后,经发送状态的光学收发开关后,发送到卡塞格伦天线和扫描器。发射的激光脉冲经气溶胶或大气分子后向散射后被天线接收,此时光学收发开关处于接收状态,与本振光进行混频后,这时回波信号频率只有声光调制的频率与大气回波的多普勒频移;回波信号和参考信号进行混频,进行光外差后,再经过信号处理,可以得到发射激光由于气溶胶或大气后向散射而导致的多普勒频移。

8.6.4　典型设备

　　某型测风激光雷达系统框图如图 8.32 所示。

　　发射子系统主要由两个激光器组成,一个是半导体泵浦单纵模 Nd:YAG 连续光可调谐种子激光器,具有基频 1064nm 和二倍频 532nm 两路输出,利用 532nm 输出将种子激光频率锁定在碘分子 1109 吸收线的高频边上,稳频的 1064nm 激光注入到另一台灯泵 Nd:YAG 脉冲激光器,倍频后产生频率稳定的、单纵模的 532nm 脉冲激光,作为激光雷达系统的探测光源,脉冲光的线宽约为 100MHz,单脉冲能量为 100mJ,重复频率为 10Hz。激光经 10 倍扩束镜扩束,发散角由 1mrad 压缩到 100μrad 后,通过一个通光孔径 30cm、可以进行方位角和仰角扫描的扫描转镜发射到大气中。带有多普勒频移信息,即风速信息的后向散射光信号进入接收系统,28cm 口径的卡塞格伦望远镜将光信号收集,经光纤传输给窄带干涉滤光片以滤除白天背景光。之后,将光信号分为两

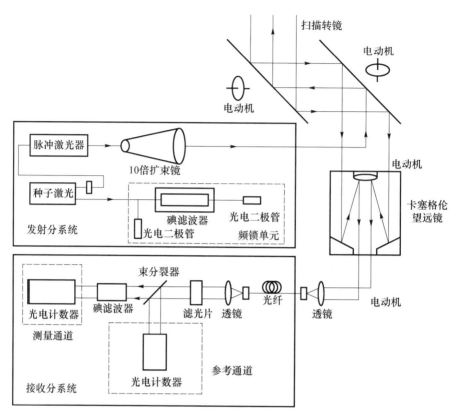

图 8.32 某型测风激光雷达系统框图

路:一路为测量通道,经过碘分子滤波器进行频率检测;另一路为参考通道,用作能量测量。两路相比即可消除发射激光能量起伏的影响,将后向散射光的多普勒频移转化为透过碘分子滤波器时的光能量变化,从而通过能量探测获取多普勒频移信息。

测风激光雷达系统的主要性能指标见表 8.4。

表 8.4 测风激光雷达系统的主要性能指标

发射系统		接收系统	
波长/nm	532	望远镜孔径/cm	28
重复频率/Hz	10	接收视场角/μrad	200
脉冲能量/mJ	100	光纤直径/μm	100
脉冲宽度/ns	10	光纤数值孔径	0.22
线宽/MHz	100	干涉滤光片带宽/nm	0.11
光谱纯度/%	>99	干涉滤光片峰值透过率/%	76
远场发散角/μrad	100	接收效率/%	52

参考文献

[1] 丁鹭飞,等. 雷达原理[M]. 西安:西安电子科技出版社,2006.

[2] 向敬成,等. 雷达系统[M]. 北京:电子工业出版社,2001.

[3] 张培昌,等. 大气微波遥感基础[M]. 北京:气象出版社,1995.

[4] 张培昌,等. 雷达气象学[M]. 北京:气象出版社,2001.

[5] 焦中生,等. 气象雷达原理[M]. 北京:气象出版社,2005.

[6] 马振骅,等. 气象雷达回波信息原理[M]. 北京:科学出版社,1986.

[7] 胡明宝,等. 多普勒天气雷达资料分析与应用[M]. 北京:解放军出版社,2000.

[8] 唐万年,等. 气象工作者雷达指南[M]. 北京:国防大学出版社,2004.

[9] 胡明宝. 天气雷达探测与应用[M]. 北京:气象出版社,2007.

[10] BRINGI V N,等. 偏振多普勒天气雷达原理和应用[M]. 李忱,等译. 北京:气象出版社,2010.

[11] 何平. 相控阵风廓线雷达[M],北京:气象出版社,2006.

[12] 向敬成,张明友. 毫米波雷达及其应用[M]. 北京:国防工业出版社,2005.

[13] 张光义. 相控阵雷达技术[M]. 北京:电子工业出版社,2006.

[14] RICHARD J D,Dusan S Z. 多普勒雷达与气象观测[M].2 版. 李忱,高玉春,译. 北京:气象出版社,2013.

[15] DOVIAK R J,et al. Doppler radar and weather observations[M].2nd Eol. USA:Academic Press,1993.

[16] ATLAS D,et al. Radar in meteorology. American Meteorological Society,1990.

[17] SKOLINK M I. Introduction to radar systems[M].3rd Ed. McGram – Hill Book Co,2004.

[18] SKOLINK M I. Radar handbook[M]. McGram – Hill Book Co,1990.

[19] 贺宏兵,等. 双(多)基地天气雷达技术及其应用[J]. 解放军理工大学学报,2001,2(4):82 – 86.

[20] 李妙英,等. 双线极化多普勒天气雷达的发展及应用[J]. 气象仪器装备,2002,1:10 – 12.

[21] 胡明宝,等. 风廓线雷达技术及其发展[J]. 气象仪器装备.1999,3:6 – 8.

[22] 张越. 相控阵技术在天气雷达中的应用[J]. 现代雷达,2003,25:23 – 25.

[23] 莫月琴,等. 双(多)基地多普勒天气雷达探测能力分析[J]. 气象学报,2005(12):994 – 1004.

[24] 仲凌志,等. 毫米波测云雷达的特点及其研究现状与发展[J]. 地球科学进展,2009(4):383 – 391.

［25］杨金红,等. 相控阵技术在大气探测中的应用及面临的挑战［J］,地球科学进展,2008, 23(2):142 – 150.

［26］杨金红,等. 相控阵天气雷达波束特性［J］. 应用气象学报,2009,37(3):485 – 488.

［27］胡明莹,贺唤兰,张鹏. 风廓线雷达探测模式分析与设计［J］. 现代雷达,2012,34(11): 26 – 30.

［28］陈少应,王凡,风廓线雷达测量精度分析［J］. 现代雷达,2000,22(5):11 – 17.

［29］STEVEN F, et al. Mean wind and tide in the upper middle atmosphere at urbana during 1991 – 1992. Journal of Geoohysical Research,1993,98(10):18607 – 18615.

主要符号表

A	方位角,信号幅度,天线面积,常数,随不同雨型、天气条件等因素而变化的系数
A_s	有效口径面积在相位面上的投影
A_e	天线的有效接收面积
a	常数
a_n	散射场的系数,常数
$a(t)$	实振幅函数
B	带宽,常数
B_e	能量带宽
B_n	等效噪声带宽
B_3	3 dB 带宽
B_w	接收机带宽
$B(r)$	结构函数 $D(r)$ 的相关函数
b	随不同雨型、天气条件等因素而变化的系数,常数
b_n	散射场的系数
C	大气折射率差衰减系数
C_{DR}	圆退偏振比
C_e^2	湿度结构常数
C_T^2	温度结构常数
C_{Te}^2	温湿结构常数
c	声速,光速
D	直径,天线口径
D_g	定高度风的风向
D_h	合成风的风向
D_j	规定高度相邻的上、下计算层的风向
$D(r)$	结构函数
d	距离,大气层结尺度,直径
E	电场强度,仰角

E_e	各个原子核轨道运动的电子的能量
E_m	电场振幅
E_v	原子在其分子平均位置周围的振动能量
E_x	X 轴方向电场分量
E_{xm}	X 轴方向电场分量的振幅
E_y	Y 轴方向电场分量
E_{ym}	Y 轴方向电场分量的振幅
$E(t)$	气温 t 时的纯水平液面饱和水汽压
E_0	0℃时纯水平液面的饱和水汽压
e	水汽压
F	脉冲重复频率,噪声系数
F_S	频域上离散信号的谱线间隔/采样频率,频域上离散信号的谱线间隔
f_r	雷达发射脉冲的重复频率
f_d	多普勒频率
f	信号频率
f_z	中频信号频率
f_0	中心频率,载频频率
f_l	本振信号频率
f_L	最低频率
f_H	最高频率
$f(T)$	气温拟合的分布函数
G	天线功率增益
G_g	规定高度风的风向
G_{i+1}	层风风向
G_j	规定高度相邻的上、下计算层风速的东西分量
G_t	天线发射增益
G_r	天线接收增益
g_n	标准重力加速度 $9.80665 \mathrm{m/s^2}$
$g_{0\varphi}$	纬度 φ 的海平面处的重力加速度
H	高度,距离订正值
H_g	规定高度
H_i	位势高度
H_{max}	最大探测高度
H_j	规定高度相邻的上、下计算层位势高度

h	高度,脉冲长度,照射深度
h_0	放球地点的海拔
I	降水强度,同相分量与 θ(正交分量)对应
I_h	采用水平极化反射率因子的雷达降雨量估计
I_{DR}	基于 Z_{DR} 的雷达降雨量估计
I_{DP}	基于 K_{DP} 的雷达降雨量估计
I_{DK}	基于 Z_{DR}、K_{DP} 的雷达降雨量估计
Im	取虚部运算
I_r	正交相位检波后输出的回波脉冲
I_t	正交相位检波后输出的发射脉冲
I_{snr}	信噪比改善因子
$I(t)$	包络函数的余弦分量
i	折射角,复数虚部(i),序列常数
j	入射角,复数虚部(j)
K	波数,曲率,常数,与波束形状有关的常数
K_B	玻耳兹曼常数
K_{1e}	平均的等效独立采样次数
K_{2e}	平均的等效独立采样次数
K_{DP}	差分传播常数
K_1	衰减系数
k_{ab}	吸收系数
k_c	云的衰减系数
k_p	雨的衰减系数
k	介质的吸收系数,谱线序号,风速梯度,相移常数,参数,与波束形状有关的常数
k_1	衰减系数
k_2	与波长和温度有关的系数
L	长度,系统损耗
L_{DR}	线退偏振比
L_t、L_r	馈线损耗
M	梯度,含水量,质量,倍数
m	复折射指数,整数
m^2	介电常数
N	数值常数,大气折射率,单位体积内气体分子数,噪声功率
N_0	噪声功率,地面和某一高度的大气折射率差

N_F	噪声系数
N_{FFT}	谱变换点数
N_s	谱平均数,频域积累次数
N_t	相干积分次数
N_e	积分库内总的等效独立样本数
$N(D)$	雨滴谱分布
n	折射指数,序列,折叠次数,大气折射率,滤波器的阶数
n_0	地面处的大气折射率
$n_1(x_1)$	折射率在 x_1 的脉动量
$n_1(x_2)$	折射率在 x_2 的脉动量
P	功率,压力
PRF	雷达脉冲重复频率
PRT	雷达脉冲重复周期
$\overline{P}$	平均功率,$P_{n-1} \sim P_n$ 之间的平均气压
$\overline{P}_r$	平均回波功率
$\hat{P}$	峰值功率
P_{in}	输入功率
P_r	接收功率
P_{out}	输出功率
P_t	发射功率
$\overline{P}_{r0}$	未经衰减时的平均回波功率
$P_D(v)$	D 直径粒子的速度概率分布
Q	信号的正交分量(与 I(同相分量)对应)
Q_r	正交相位检波后输出的回波脉冲
Q_t	正交相位检波后输出的发射脉冲
$Q(t)$	包络函数的正弦分量
R	测量距离,斜距,雨强
R_i	斜距
R_d	287.05J/(kg·K)
R_{max}	最大不模糊距离
R_{min}	天线直径 D 与波束形成的最小距离
R_r	本重复周期目标移动的距离
R_ε	取实部运算,测量距离
$R(0)$	回波平均功率

现代气象雷达

$R(t)$	本重复周期目标的距离
$R(T_r)$	回波信号自相关函数
R_0	雷达上一个重复周期目标的距离
r	半径,距离
S	散射参数,气旋的方位切变,信号功率
SNR	信噪比
S_{HH}	发射水平偏振波并接收水平偏振波的回波强度
S_{VV}	发射垂直偏振波并接收垂直偏振波的回波强度
$S(t)$	回波信号
S_1'	功率密度
$S_I(t)$	相参信号(本振信号)
$S_Q(t)$	回波信号
$S_a(\pi)$	粒子后向散射到雷达天线的功率密度
S_i	到达气象粒子的入射波功率密度
s	路径
s_j	某点 j 所代表的面积
T	温度
T_d	波束驻留时间
T_n	噪声温度
T_R	脉冲重复周期
T_r	取样间隔
T_s	系统噪声温度,取样时间间隔
$\overline{T}_V$	$P_{n-1} \sim P_n$ 气压层之间的平均虚温
t	时间
t_d	露点温度
t'_d	露点温度迭代初值
t_r	回波脉冲将滞后于发射脉冲的时间
U	相对湿度
U_r	中频回波脉冲信号电压
U_t	中频发射脉冲信号电压
$U(f)$	信号频谱
$U(\omega)$	信号角频率谱
$\overline{U}$	$P_{n-1} \sim P_n$ 气压层之间的平均相对湿度
u_g	定高度风风速的南北分量
$u(t)$	调制函数

V	速度,体积
V_g	规定高度风的风速
V_h	某一高度合成风的风速
VIL	某底面积的垂直柱体中的总含水量
V_{max}/V_m	最大不模糊速度
V_j	规定高度相邻的上、下计算层的风速,规定高度相邻的上、下计算层风速的南北分量
V_r	径向速度
V_{i+1}	层风风速
v	速度
v_f	高度 h 的垂直速度
v_g	定高度风风速的东西分量,规定高度风的风速
v_h	高度 h 的水平风速
v_j	某点 j 在间隔内的雨量
v_{ja}	某点 j 在间隔内累计的雨量
v_D	直径 D 粒子的平均速度
v_r	雷达与目标之间的径向速度
v_{rd}	测得的径向速度
v_{rr}	真实的径向速度
v_{rmax}	最大不模糊速度
W_t	粒子下落速度
W	权系数,速度谱宽
X_{k-n}	每一次取样的输入信号
Y_K	经过 K 次取样平均以后的输出信号
Z	反射率因子,天气雷达目标强度,气球的几何高度
Z_i	第 i 层高度上的雷达反射率因子,气球的几何高度
Z_{DR}	差分反射率因子
Z_{dB}	目标强度
Z_e	气象目标强度的雷达度量,等效反射率因子
Z_H	水平方向反射率因子
Z_{HH}	发射接收水平方向发射率因子
Z_{HV}	发射水平接收垂直方向发射率因子
Z_V	垂直方向反射率因子
Z_{VV}	发射接收垂直方向发射率因子
Z_{VH}	发射垂直接收水平方向发射率因子

Z_{10}	10cm 波长发射率因子
$Z_{//}$	发射波平行的偏振分量的反射率因子
$Z_{\perp}$	与发射波正交的偏振分量的反射率因子
Z'	位势高度 H_i 对应的几何高度
α	角度,常数
α_i	气球的方位角
α_n	常数
β	均方根带宽,仰角,常数
$\beta(\theta)$	θ 方向的声波散射截面积
$\beta(\pi)$	散射系数
δ	误差,波束偏角,实测仰角
δ_i	气球的仰角
δ'	目标点的旁切角
Δ	分辨力,偏差
ΔR	距离分辨力
ΔA	方位分辨力
ΔD	方位单元的大小
ΔE	仰角分辨力
$\Delta H_{n-1,n}$	$P_{n-1} \sim P_n$ 气压层之间的厚度
$\Delta\phi$	相位差
$\Delta\theta$	角度差
Δh_i	第 i 层和第 $i+1$ 层之间的高度差
ΔH	高度分辨力
η	效率,反射率
θ	角度,波瓣宽度,标准化多普勒速度
θ_0	水平风向和 X 轴的夹角,波瓣宽度
Φ	信号相位,波束宽度
$\Phi_n(r)$	折射率脉动的谱密度
ϕ	相位角,垂直波瓣宽度
ϕ_d	雷达测得的相位差
ϕ_L	本振信号初相
ϕ_m	磁控管振荡的随机初相
ϕ_T	真实的相位差
ϕ_0	初相,波瓣宽度
$\phi(t)$	实相位函数

ϕ_{DP}	双程差分传播相位
ϕ_{HH}	水平偏振回波的相位
ϕ_{VV}	垂直偏振回波的相位
λ	电磁波波长
σ	目标散射面积,标准偏差
σ_A	方位均方根误差
σ_{ab}	吸收截面积
σ_b	标准化的后向散射截面积,由波束宽度产生的谱宽
σ_B	展宽波束标准差
σ_E	仰角均方根误差
σ_f^2	多普勒频谱方差
σ_R	距离均方根误差
$\sigma_{\dot{v}}$	速度均方根误差
σ_T	湍流引起的谱宽
σ_s	风切变多普勒速度谱宽
σ_{SW}	雷达回波谱宽
σ_D	多普勒速度谱宽
σ_T	湍流引起径向速度变化标准化
σ_v	多普勒速度谱的宽度
σ_v^2	径向速度谱方差
σ_w	雨滴落速差引起的多普勒速度谱宽
σ_1	未经平均的回波强度标准差
$\sigma^2(D)$	粒子的速度方差
σ_b^2	横向风效应引起的谱宽方差
σ_r^2	湍流引起的谱宽方差
σ_s^2	风切变引起的谱宽方差
σ_w^2	雨滴落速差引起的谱宽方差
σ_0	标准差
τ	脉冲宽度,射线弯曲角
τ_c	相干积分时间
ε	相对介电常数
ε'	绝对介电常数
ε_0	真空中绝对介电常数
μ	相对磁导率

μ'	绝对磁导率
μ_0	真空绝对磁导率
ω	角速度
ω_d	多普勒角频率
ω_0	载波角频率
γ	与波长和温度有关的系数
φ	天线垂直波束宽度,测站的地理纬度
$\varphi(f)$	信号的功率谱密度
φ_v	径向速度谱密度
ρ	密度
ρ_{HV}	相关系数
$\rho_{HV}(0)$	零滞后相关系数
ψ	相邻阵元波程差引起的辐射场相位差
$\zeta_t、\zeta_r$	发射与接收时的声-电转换系数

缩略语

A/D	Analog/Digital	模/数变换
AFC	Automatic Frequency Control	自动频率控制
ARM	Acorn RISC Machine	一种微处理器
BIT	Built – in Test	机内检测
BWER	Bouundary Weak Echo Region	有界弱回波区
CAPPI	Constant Altitude Plan Position Indicator	等高平面位置显示
CINRAD	CINRAD	中国气象局新一代天气雷达
CR	Combined Reflectivity	组合反射率因子显示
D/A	Digital/Analog	数/模变换
DAE	Differential Absorption Experiment	微分吸收实验
DAFC	Digital Automatic Frequency Control	数字自动频率控制信号
DAGC	Digital Automatic Gain Control	数字自动增益控制信号
DDS	Direct Digital Synthesis	直接数字合成
DFT	Discrete Fourier Transform	离散信号傅里叶变换
DVIP	Digital Video Integration Processing	数字视频积分处理
ETPPI	Electronic Test Plan Position Indicator	回波顶高显示
FCA	Full Correlation Analysis	全相关分析技术
FFT	Fast Fourier Transform	快速里叶变换法
GPS	Global Positioning System	全球定位系统
HPA	High Power Silicon Rectifiers	高功率放大器
IIR	Infinite Impulse Response	无限冲击响应
ITU	International Telecommunication Union	国际电信联盟
LDR	Linear Depolarization Ratio	线性退偏振比
LNA	Low Noise Amplifier	低噪高频放大器

LRA	The Layer Composite Reflectivity Average	层组合反射率因子平均值
LRM	The Layer Composite Reflectivity Maximum	层组合反射率因子最大值
LTA	The Layer Composite Turbulence Average	层组合湍流平均值
LTM	The Layer Composite Turbulence Maximum	层组合湍流最大值
MF rad	Middle Frequency Radar	中层大气中频探测雷达
MST	Mesosphere – Stratosphere – Troposphere	中间层 – 平流层 – 对流层
NCAR	National Center for Atmospheric Research	美国国家大气研究中心
NEXRAD	Next Aeneration Weatherradar	下一代天气雷达
NWS	National Weather Service	美国国家天气局
OTH	Over the Horizon	超视距
PPI	Plane Position Indicator	平面位置显示方式
PPP	Pulse Pair Processing	脉冲对处理法
PRF	Pulse Repetition Frequency	雷达脉冲重复频率
PRT	Pulse Repetition Time	雷达脉冲重复周期
RACS	Radial Azimuthal Compound Shear	径向方位合成切变
RAM	Random Access Memory	随机存取存储器
RASS	Radio Acoustical Sounding System	无线电声探测系统
RHI	Range Height	距离高度显示方式
ROM	Read – Only Memory Indicator	只读存储器
S/N	Signal/Noise	信噪比
SA	Spaced Antenna	空间分布式天线
SNR	Signal Noise Ratio	信噪比的分贝值
SODAR	Sodar	声雷达
SRM	Storm – Relative Mean Radial Velocity Map	相对于风暴的平均径向速度图
SRR	Storm – Relative Mean Radial Velocity Region	相对于风暴的平均径向速度区
STI	Storm Tracking Information	风暴跟踪信息
SWA	Severe Weather Analysis	强天气分析

SWR	Standing Wave Ratio	反射率因子/触发脉冲序列的驻波比
SWS	Standing Wave Shear	径向切变
SWV	Standing Wave Velocity	平均径向速度
SWW	Standing Wave Width	谱宽
TBSS	Three Body Scatter Spike	三体散射长钉
THI	Time Height Indicator	时间高度显示
UPS	Uninterrupted Power Supply	不间断电源
UHF	Ultrahigh Frequency	特高频
VAD	Velocity – Azimuth – Display	速度方向显示
VAS	Velocity Azimuthal Shear	方位切变
VCXO	Voltage Controlled X'tal Oscillator	压控钟振
VHF	Very High Frequency	甚高频
VIL	Vertically Integrated Liquid	垂直累积液态含水量
VRS	Velocity Radial Shear	径向切变
VHF	Very High Frequency	甚高频
VCS	Vertical Cross Seetions	任意垂直剖面
MSL	Mean Sea Level	平均海平面(高度)
RACS	Radial Azimuth Composite Shear	径向方位合成切变

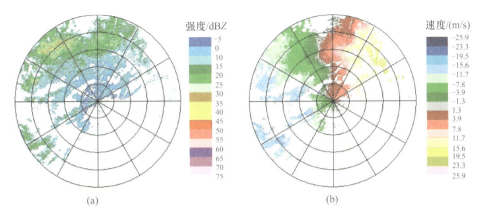

图 3.4　天气雷达的平面位置显示

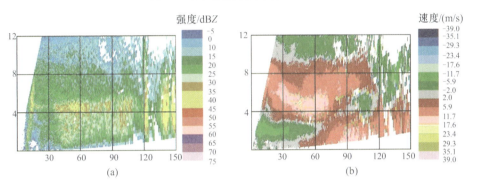

图 3.5　天气雷达的距离高度显示

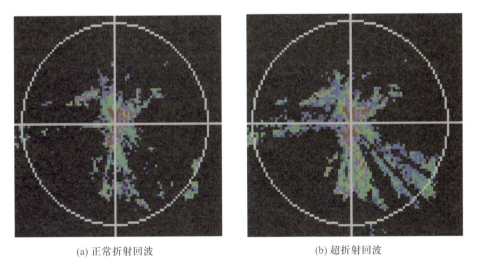

(a) 正常折射回波　　　　　　　　(b) 超折射回波

图 3.6　地物回波图

图 3.7　海浪回波

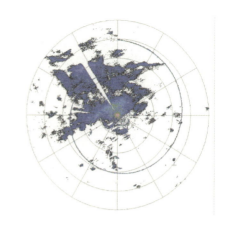

图 3.8　同波长干扰回波(奔牛场站观测)

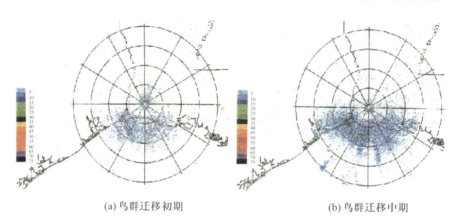

(a) 鸟群迁移初期　　　　　　　　　　(b) 鸟群迁移中期

图 3.9　鸟群迁移的回波反射率因子图像(仰角为 0.5°)

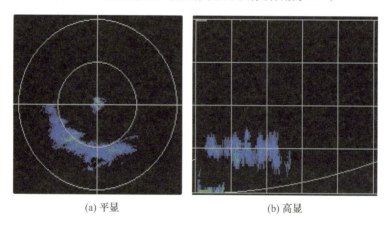

(a) 平显　　　　　　　　　　(b) 高显

图 3.10　层状云回波

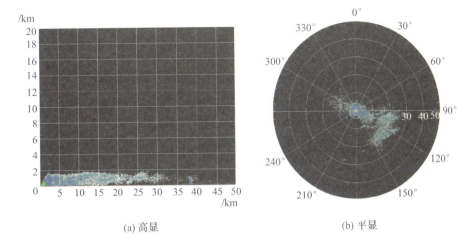

(a) 高显   (b) 平显

图 3.11　雾的回波

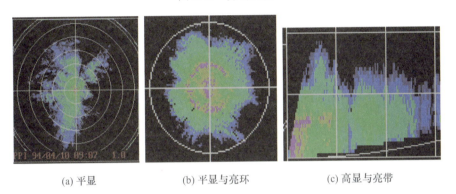

(a) 平显   (b) 平显与亮环   (c) 高显与亮带

图 3.13　稳定性降水回波

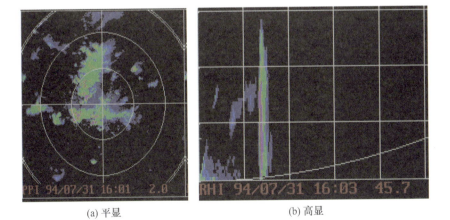

(a) 平显   (b) 高显

图 3.14　对流性降水回波

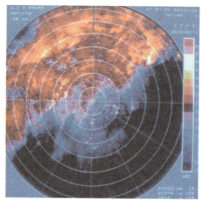
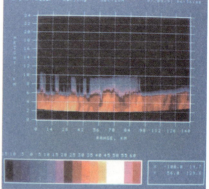

(a) 平显   (b) 高显

图 3.15   混合性降水回波

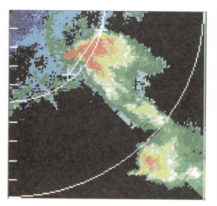
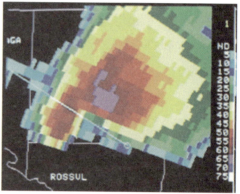

图 3.17   V 形缺口的雷达回波图像   图 3.18   入流缺口的雷达回波图像

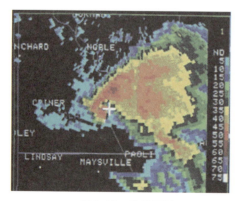
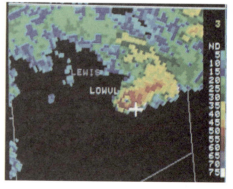

图 3.19   钩状回波   图 3.20   有界弱回波区

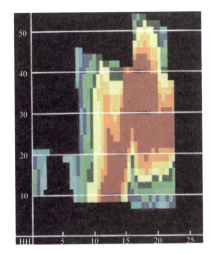

图 3.21　弱回波穹窿

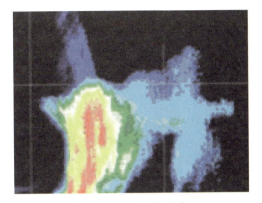

图 3.22　尖顶状假回波

速度色标(+12~-12m/s)

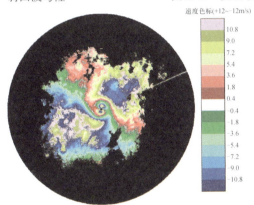

图 4.13　一次实测的多普勒速度回波 PPI 图像

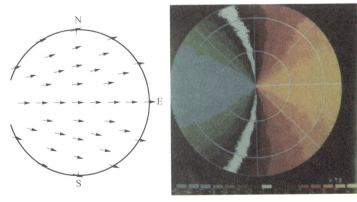

(a)箭头显示　　　　　　　(b)色块显示

图 4.16　风向辐散的多普勒速度图像

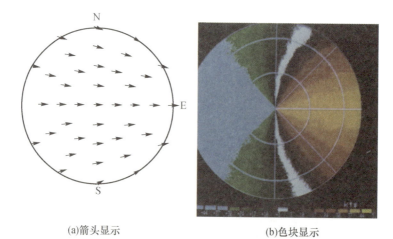

<table>
<tr><td>(a)箭头显示</td><td>(b)色块显示</td></tr>
</table>

图 4.17　风向辐合的多普勒速度图像

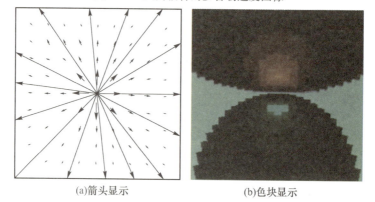

(a)箭头显示　　　　　(b)色块显示

图 4.18　轴对称辐散气流的多普勒速度图像

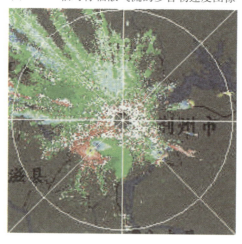

图 4.21　下击暴流的速度图

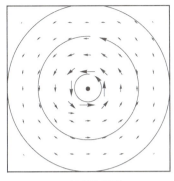

(a)箭头显示 　　　　　　(b)色块显示

图 4.22　典型中尺度气旋的多普勒速度图像

图 4.23　中尺度气旋的多普勒速度图像

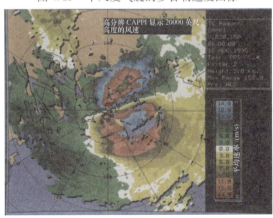

图 4.24　台风的多普勒速度图像

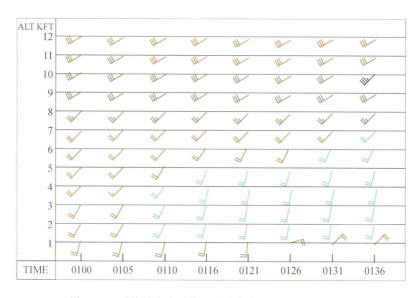

图 4.29　平均风向和平均风速随高度和时间变化剖面图

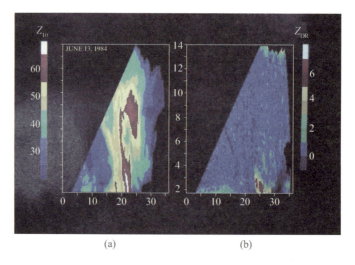

(a)　　　　　　　　　　(b)

图 5.14　一次冰雹云的 Z_{10} 与 Z_{DR} 对比

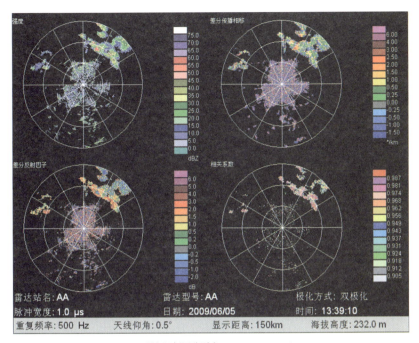

(a) 平显(四幅图分别为Z_H、Z_{DR}、K_{DP}、ρ)

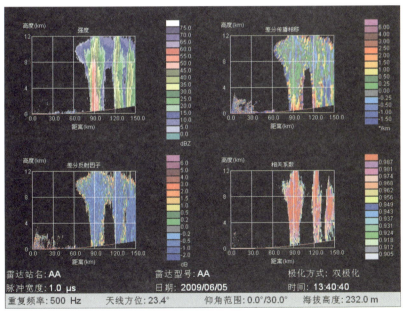

(b) 高显(四幅图分别为Z_H、Z_{DR}、K_{DP}、ρ)

图 5.17　双偏振全相参多普勒天气雷达观测的一次降雹回波

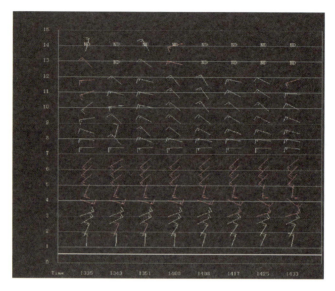

图 6.17　风廓线图

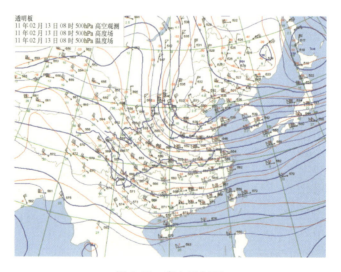

图 6.18　高空天气图

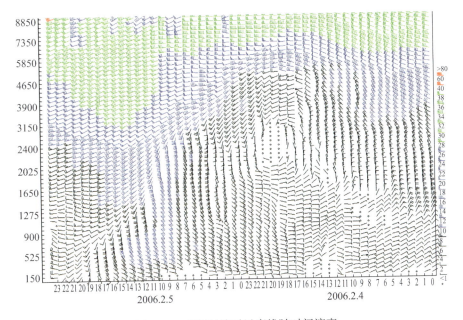

图 7.15　高压过境时风廓线随时间演变

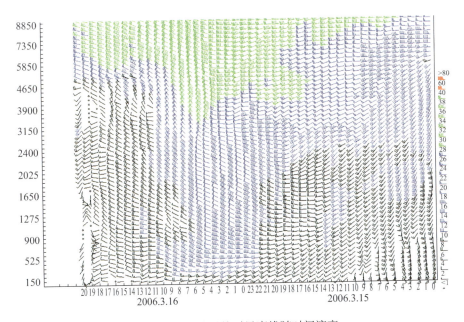

图 7.16　槽线过境时风廓线随时间演变

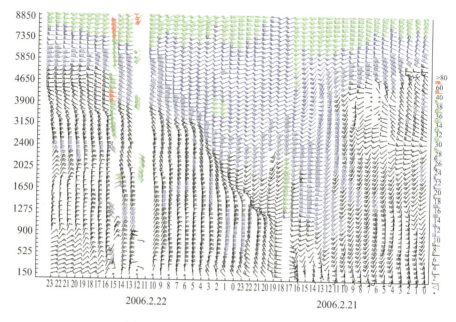

图 7.17　锋面过境时风廓线随时间演变

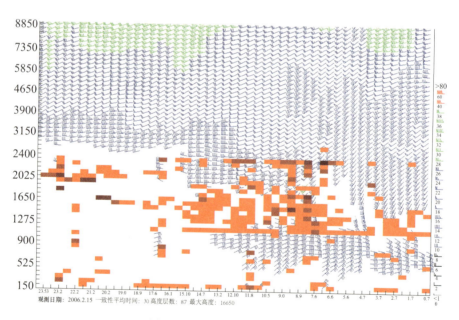

图 7.19　风切变强度等级显示

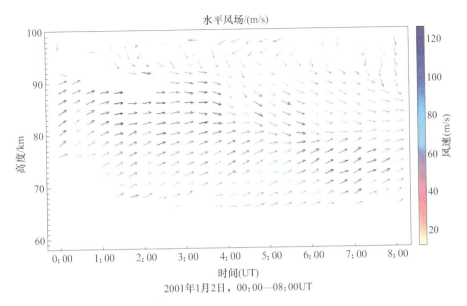

图 8.25　FCA 方法得到的风场时空变化矢量图

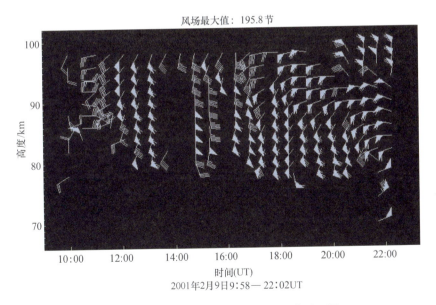

图 8.26　FCA 方法得到的风场时空变化风羽图

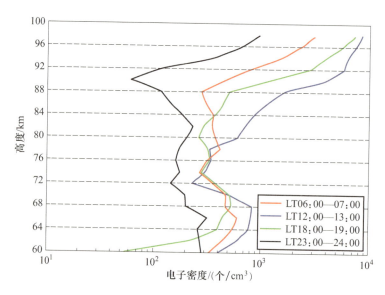

图 8.27　电子密度随高度的分布

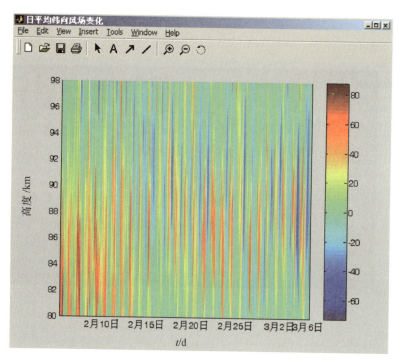

（a）日平均纬向风的变化

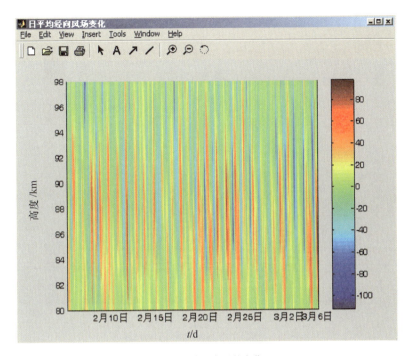

（b）日平均经向风的变化

图 8.28　2002 年 2 月至 3 月日平均纬向风和日平均经向风的变化

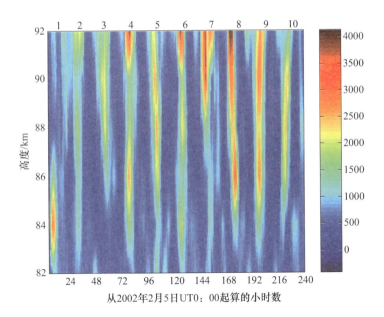

图 8.29　电子密度的日间变化

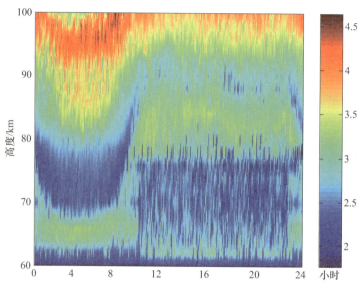

图 8.30   2002 年 2 月平均电子密度日变化